U0223465

"十二五"国家重点图书出版规划项目

INTELLIGENT OPTIMIZATION ALGORITHM THEORY AND APPLICATIONS

智能优化算法原理与应用

李士勇 李研 编著

哈爾濱工業大學出版社
HARBIN INSTITUTE OF TECHNOLOGY PRESS

内 容 提 要

智能优化算法是指通过计算机软件编程模拟自然界、生物界乃至人类自身的长期演化、生殖繁衍、竞争、适应、自然选择中不断进化的机制与机理，从而实现对复杂优化问题求解的一大类算法的统称。本书主要介绍模糊逻辑推理算法、神经网络学习算法、遗传算法、模拟退火算法、禁忌算法、人工免疫算法、人工蚁群算法、微粒群算法、混沌优化算法、量子优化算法，以及智能优化算法在函数优化、聚类分析、系统辨识、路径规划、航迹规划等方面的应用。

本书可作为高校自动化、计算机、系统工程、管理工程、人工智能等相关专业研究生学习用书，也可供相关专业的科研人员及工程建设人员学习参考。

图书在版编目(CIP)数据

智能优化算法原理与应用/李士勇等编著.—哈尔滨：哈尔滨工业大学出版社，2012.12

"十二五"国家重点图书

ISBN 978-7-5603-3238-3

Ⅰ.①智… Ⅱ.①李… Ⅲ.最优化算法 Ⅳ.①O242.23

中国版本图书馆CIP数据核字(2011)第038384号

责任编辑　田新华
封面设计　高永利
出版发行　哈尔滨工业大学出版社
社　　址　哈尔滨市南岗区复华四道街10号　邮编150006
传　　真　0451-86414749
网　　址　http://hitpress.hit.edu.cn
印　　刷　哈尔滨工业大学印刷厂
开　　本　787mm×1092mm　1/16　印张12　字数266千字
版　　次　2012年12月第1版　2012年12月第1次印刷
书　　号　ISBN 978-7-5603-3238-3
定　　价　45.00元

(如因印装质量问题影响阅读，我社负责调换)

前　言

在科学研究、工程设计、经济管理诸多领域中存在着大量的问题需要优化求解,然而许多实际问题建立数学模型很复杂,难以优化求解,还有许多问题根本就无法建立精确的数学描述。随着科技的快速发展和社会的不断进步,人们所要解决的优化问题会变得越来越复杂,传统的基于问题精确数学模型的优化求解方法受到了日益严峻的挑战。

传统的优化求解方法除了需要被优化问题的精确数学模型外,还存在以下不足:基于梯度的搜索方法不能用于非连续的目标函数,难于对离散问题优化,易限于局部最优;优化解对随机选定的初始解依赖性较大;一种传统的优化方法难以用于多种类型问题的优化;特别是传统的优化方法不能运用于并行运算。

随着被优化的问题日益复杂化,描述其优化问题的精确数学模型难以建立,因而传统的基于精确模型数值求解的优化方法受到了极大的限制。然而,人们通过模拟人脑、生物遗传系统、免疫系统的信息处理机制,模拟社会性昆虫——蚁群、蜂群及鸟群、鱼群、青蛙乃至细菌的觅食行为,模拟动物的捕食搜索策略等,提出了大量的通过软计算实现的进化算法、搜索算法,由于这些算法都具有模拟智能的特点,所以统称为智能优化算法。

和传统的优化方法相比,智能优化算法不需要优化问题的精确数学模型,采用启发式的概率搜索,具有仿生行为特征,具有智能性;一种优化算法往往可用于多种问题求解,具有通用性;采用启发式随机搜索能够获得全局最优解或准最优解,具有全局性;能适应于不同的初始条件进行寻优,具有适应性;尤其是群体智能优化算法适合于复杂大系统问题的并行求解,具有并行性;智能优化算法中的个体(人工生命体)和群体及它们之间的相互作用无一不是非线性的。因此,智能优化算法本质上是一个人工的软计算智能系统,它具有非线性、智能性、适应性、通用性、全局性和并行性,从而获得了日益广泛的应用。

作者从2005年开始为哈尔滨工业大学自动化专业研究生开设“智能优化算法及应用”选修课,并编写了校内讲义。本书的内容是在原讲义的基础上,稍加修改并增加了一些算法应用的例子而形成的。本书主要介绍模糊逻辑推理算法、神经网络学习算法、遗传算法、模拟退火算法、禁忌算法、人工免疫算法、人工蚁群算法、微粒群算法、混沌优化算法、量子优化算法,以及智能优化算法在函数优化、聚类分析、系统辨识、路径规划、航迹规划等方面的应用。

参加本书编写和提供素材的有李盼池、李巍、赵宝江、黄忠报、章钱、李浩、杨丹、郭玉、李国庆、李庆波、柳静、孙冲等。书中介绍的有关算法参考的文献都列入书末的参考文献，谨向被引用文献的作者表示谢意！第8章中的应用例子都是作者及其指导的博士、硕士研究生们取得的成果。由于智能优化算法涉及知识面宽，有些算法的理论还处于进一步研究与发展中，书中存在一些缺点和不足在所难免，恳请读者批评指正。

作　者

2012年10月

目　录

第1章　绪　　论

1.1　最优化问题的描述

在初等数学中求二次函数极值问题，就是最简单的一类优化问题。例如，求二次函数 $y=(x-1)^2+5$ 的极值，这是一个具有确定函数表达式的优化问题，容易求解。然而，在许多科学研究、工程技术及经济管理等领域中存在着大量优化问题，通常可以归结为有约束条件下的最优化问题，即

$$\begin{aligned}&\min f(x)\\&\text{s.t.}\quad g(x)\geqslant 0,x\in S\end{aligned}\tag{1.1}$$

其中，x 是决策变量，简称为变量；S 是解域（集）；$f(x)$ 是目标函数；$g(x)$ 是约束函数。变量是在求解过程中选定的基本参数，对变量取值的种种限制称为约束，衡量可行解的标准函数称为目标函数。因此，变量、约束和目标函数称为最优化问题的三要素。

各种最优化问题可以根据 S、f、g 的不同加以分类，如 f，g 均为线性函数，则式（1.1）为线性最优化问题；如果 f 与 g 至少有一个是非线性函数，则为非线性最优化问题。线性规划是一类典型的线性最优化问题，其约束条件形式为 $g(x)\geqslant 0$ 或 $g(x)=0$。

线性规划是处理在线性等式及不等式组的约束条件下，求线性函数极值问题的方法；非线性规划是处理在非线性等式及不等式组的约束条件下，求非线性函数极值问题的方法。线性规划、非线性规划问题的一般形式分别由式（1.2）、（1.3）描述为

$$\begin{cases}\max \boldsymbol{C}^{\mathrm{T}}\boldsymbol{X}\\ \text{s.t}\qquad \boldsymbol{AX}=\boldsymbol{B}\\ \qquad\quad\ \boldsymbol{X}\geqslant 0\end{cases}\tag{1.2}$$

$$\begin{cases}\min f(x)\quad（或\ \max f(x)）\\ \text{s.t}\quad g_j(x)\leqslant 0,j=1,2,\cdots,p\end{cases}\tag{1.3}$$

其中，$\boldsymbol{C}=(c_1,c_2,\cdots,c_n)^{\mathrm{T}}$；$\boldsymbol{A}=(a_{ij})_{m\times n}$，$\boldsymbol{B}=(b_1,b_2,\cdots,b_m)^{\mathrm{T}}$；$\boldsymbol{X}=(x_1,x_2,\cdots,x_n)^{\mathrm{T}}$ 为决策向量。

最优化问题根据优化函数是否连续又可分为函数优化问题与组合优化问题两大类。

1.2　函数优化问题

函数优化问题是指对象在一定区间内的连续变量,通常可描述为:

设 S 为 R^n 上的有界子集,$f:S \rightarrow R$ 为 n 维实值函数。函数 f 在 S 域上全局最小化,就是寻找点 $X_{\min} \in S$ 使得 $f(X_{\min})$ 在 S 域上全局最小,即 $\forall X \in S:f(X_{\min}) \leqslant f(X)$。

一种优化算法的性能往往通过对于一些典型的函数优化问题来评价,这类问题称为 Benchmark 问题。例如 Schaffer 函数

$$f(x) = 0.5 + \frac{\sin^2 \sqrt{x_1^2 + x_2^2} - 0.5}{[1.0 + 0.001(x_1^2 + x_2^2)]^2}, \mid x_i \mid \leqslant 100$$

就是一种常用的测试函数。

1.3　组合优化问题

组合优化问题是运筹学的一个重要分支,典型组合优化问题如旅行商问题(TSP),加工调度问题(JSP),物流分配等。

TSP 问题是指有 n 个城市并已知两两城市之间的距离,要求从某一城市出发不重复经过所有城市并回到出发地的最短距离。

调度问题是设有 n 个工件在 m 个机器上加工,在确定的技术约束条件下求加工所有工件的加工次序,使加工性能指标最优。

组合优化问题通常描述如下:

设所有状态构成的解空间 $\Omega = \{S_1, S_2, \cdots, S_n\}$,$C(S_i)$ 为状态 S_i 对应的目标函数值,组合优化问题是要寻求最优解 S^*,使得 $\forall S_i \in \Omega, C(S^*) = \min C(S_i), i = 1,2,\cdots,n$。

在组合优化问题中,上述状态空间中的每个状态对应着一个离散事件,或是一个参数。组合优化的过程就是去寻求离散事件(或参数)的最优组合、排序或筛选等。

1.4　最优化问题的智能优化求解方法

1. 模糊逻辑系统(FLS,Fuzzy Logic System)

1965 年,由美国加利福尼亚大学 Zadeh 教授创立。模糊逻辑系统模拟人脑左半球模糊逻辑思维功能。由模糊集合、模糊关系和模糊推理构成的模糊系统具有非常强的非线性映射能力。已经证明:一个模糊系统能以任意精度逼近任意的非线性连续函数。因此,模糊系统可以作为万能逼近器。

2. 神经网络算法(NNA)

人工神经网络从连接机制上模拟人脑右半球形象思维功能,神经网络系统具有非常强的非线性映射能力。一个三层前向网络能以任意精度逼近任意的非线性连续函数。

3. 遗传算法(GA,Genetic Algorithm)

1975年,由美国密歇根大学心理学、计算机科学教授J. Holland受生物进化论的启发而提出的。达尔文的生物进化论认为,遗传、变异和选择是生物发展进化的三个主要原因。它揭示了生物长期自然选择进化的发展规则,进化论的自然选择过程蕴涵着一种搜索和优化的先进思想。遗传算法正是基于上述思想而创立的。

4. 模拟退火算法(SA,Simulated Annealing)

由Kirkpatrick在1983年提出,认为组合优化问题与物理学中退火过程相似。

5. 禁忌搜索算法(TS,Tabu Search)

1986年Glover提出的一种全局逐步寻优算法。它的基本思想是采用禁忌技术标记已得到的局部最优解,并在进一步的迭代中避开这些局部最优解,从而获得全局最优解。

6. 免疫算法(IA,Immune Algorithm)

IA是模拟人类免疫系统原理的一种智能优化算法,目前主要有:

(1)反向选择算法(S. Forrest,A. S. Perelson,1994)。

(2)免疫遗传算法(J. S. Chun,M. K. Kim,H. K. Jung,1997)。

(3)克隆选择算法(De. Castro等,2001)。

(4)基于疫苗的免疫算法(王磊,焦李成,2000)。

(5)基于免疫网络算法(N. Toma等,2000)。

7. 蚁群优化算法(ACO,Ant Colony Optimizition)。

1991年,由意大利M. Dorigo提出,它的基本原理是模拟蚂蚁群体在从蚁穴到食物源的觅食过程能够寻找出最短路径的功能。

8. 微粒群算法(PSO,Particle Swarm Optimizition)

1995年,由美国心理学家J. Kennedy和电气工程师R. Eberbart提出,他们受鸟类群体行为研究结果的启发,并利用了生物学家F. Heppner的生物群体模型。

9. 混沌优化(COA,Chaotic Optimizition Algorithm)

混沌是一种非线性运动形式,具有独特性质:

(1)随机性,即混沌是类似随机变化的杂乱表现。

(2)遍历性,能不重复地历经一定范围的所有状态。混沌优化是利用其遍历性,避免优化过程陷入局部极值。

(3)规律性,即混沌由确定性的迭代形式产生,介于确定性与随机性之间,有丰富的时空动态,系统的动态演变可以导致吸引子转移。

10. 量子优化算法(QOA,Quantum Optimization Algorithm)

量子优化算法是量子信息学与优化算法的融合,用量子比特表示信息,使量子优化算法比传统优化方法更具并行性,提高了全局搜索能力和收敛速度。

1.5 智能优化算法的实质——智能逼近

为了深入研究软计算系统的本质特征,有必要对系统和复杂系统的概念加以研究。关于系统的含义有多种表述。其中,现代系统论开创者贝塔朗菲(L. V. Bertalanffy)1968年关于系统的定义影响较大,他把系统定义为相互作用的多元素的复合体。我国著名科学家钱学森把系统定义为,由相互作用和相互依赖的若干组成部分结合成的具有特定功能的有机体。

总结上述定义,不难看出,组成一个系统需要有三要素:

1. 多元性

系统由两个或两个以上的部分组成,这些部分又称元素、单元、基元、组分、部件、子系统等。需指出,这些组成元素的规模可大可小,如可小到一个微观粒子、一个基因,可大到一个太阳系。元素的性质可硬可软,如大规模集成电路中的一个晶体管,一个电阻、电容等都是硬件,而计算机操作系统中的每一个指令代码等都是软件单元。

2. 相关性/相干性

组成系统的各部分之间存在着直接或间接的相互联系,它们相互作用,相互影响。

3. 整体性

组成系统的各部分作为一个整体具有某种功能,这一要素表明了系统整体的统一性和功能性。

从组成系统元素的性质分,系统可分为硬系统和软系统两大类,如一块机械式手表,是由许多精密机械零件,通过相互连接而构成具有计时功能的硬系统;一个计算机操作系统,就是一个典型的软系统,一个软计算算法本身也是由软件实现的一种软系统。

线性系统:整体功能=各部分功能之和,即1+1=2。

复杂系统的特性:整体功能大于局部功能之和,即1+1>2。复杂系统的特性也是复杂的,例如具有:

(1)非线性,是复杂系统的重要特性,是导致复杂性的根源。

(2)多样性。

(3)多重性(多层性)。

(4)多变性。

(5)整体性,对于一个复杂的非线性系统,系统的整体行为并非简单地与子系统的行为相联系,必须从整体上研究系统特点。

(6)统计性。

(7)自相似性,复杂系统存在层次不同的自相似性,它们既可以是几何图形相似,又可以是“功能”或“行为”相似。

(8)非对称性。

(9)不可逆性。

(10)自组织临界性。

霍兰教授在《隐秩序——适应性造就复杂性》一书中论述了复杂系统演化、适应、聚集、竞争、合作的规律,为经济学、生态学、生物演化和思维研究提出重要的洞见,为研究复杂性如何涌现和适应奠定了重要理论基础,并得出重要结论:“适应性造就了复杂性。”从而创立了“复杂适应系统”(CAS,Complex Adaptive System)理论。

作为人造复杂适应系统的多种智能优化算法与传统优化算法相比具有以下优点:

(1)无须建立被优化对象的精确模型,它们均为基于数据(输入、输出)的优化方法。

(2)智能优化算法具有模拟人类、生物、自然等智能特点。

(3)具有进化优化、启发式搜索、自学习等特点。

(4)具有非常强的非线性映射能力,表现为智能逼近特点。

人造(人工)复杂系统的目的在于使其造就一种适应性,使该系统能够以任意精度逼近任意非线性函数(映射)。因此,可以认为智能模拟和智能逼近是智能优化算法的本质特征。

除了上述介绍的智能计算系统外,人工智能计算复杂系统还包括:

(1)支持向量机(SVM,Support Vector Mechanism)。

(2)粗糙集(RS,Rough Sets)。

(3)基因计算(DNA Computing)。

(4)量子计算(Quantum Computation)。

第 2 章　模糊逻辑推理算法

2.1　模糊集合与模糊逻辑

2.1.1　经典集合与二值逻辑

19 世纪末 Cator 创立的集合论,把具有某种属性、确定的、彼此间可以区别的事物的全体称为集合。集合的概念实质上就是对事物分类,或者是按照某种属性的一种划分。将组成集合的事物称为集合的元素,被研究对象所有元素的全体称为论域。

设 A 是论域 U 中的一个子集,定义映射 $\chi_A : U \to \{0,1\}$ 为集合 A 的特征函数,即

$$\chi_A(x) = \begin{cases} 1 & x \in A \\ 0 & x \notin A \end{cases} \tag{2.1}$$

集合 A 的特征函数如图 2.1 所示。

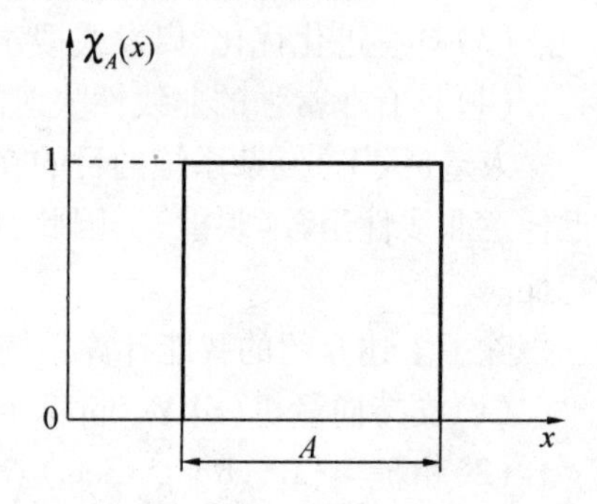

图 2.1　集合 A 的特征函数

一个意义明确的可以分辨真假的句子叫命题,一个命题的真或假,叫做它的真值,分别记为“1”或“0”。显然,由特征函数描述的经典集合对应的逻辑是二值逻辑,即元素要么属于集合,特征函数值为1;要么元素不属于集合,特征函数取值为0,二者必居其一。于是,特征函数与集合 $\{0,1\}$ 相对应。

2.1.2　模糊集合与模糊逻辑

在经典集合中,一个事物要么属于某集合,要么不属于,没有模棱两可的情况,它适用描述“非此即彼” 的清晰对象。然而,实际中存在着大量的“亦此亦彼” 的模糊事物、模糊现象和模糊概念,无法用经典集合加以描述。在这样的集合中,不能简单地认为元素属于或不属于集合,而是存在一种模棱两可的情况。

1965 年,美国加利福尼亚大学 K. J. Zadeh 教授为了描述模糊概念,把特征函数的取值由 $\{0,1\}$ 推广到 $[0,1]$ 闭区间,开创性地提出了模糊集合(Fuzzy Set) 的概念。

设定论域 U 到 $[0,1]$ 闭区间的任一映射

$$\mu_{\underset{\sim}{A}}:U \to [0,1] \qquad (2.2)$$
$$u \to \mu_{\underset{\sim}{A}}(u)$$

都确定 U 的一个模糊子集 $\underset{\sim}{A}$，$\mu_{\underset{\sim}{A}}(u)$ 称为 $\underset{\sim}{A}$ 的隶属函数，$\mu_{\underset{\sim}{A}}(u)$ 称为论域 U 内元素 u 对于 $\underset{\sim}{A}$ 的隶属度，可简记为 $\underset{\sim}{A}(u)$，如图 2.2 所示。

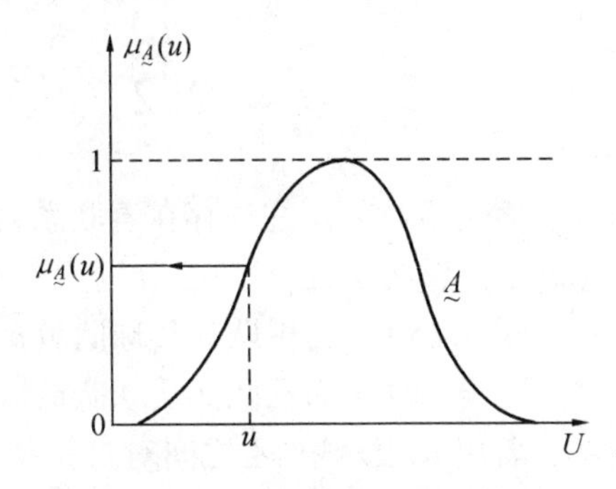

图 2.2　模糊集合 $\underset{\sim}{A}$ 的隶属函数

若给定一个模糊集合 $\underset{\sim}{A}$，实际上就是给出它的隶属函数，当论域 $U=\{u_1,u_2,\cdots,u_n\}$ 为有限集合时，$\underset{\sim}{A}$ 常用以下形式表示。

Zadeh 表示法：

$$\underset{\sim}{A}=\underset{\sim}{A}(u_1)/u_1+\underset{\sim}{A}(u_2)/u_2+\cdots+\underset{\sim}{A}(u_n)/u_n \qquad (2.3)$$

向量表示法：

$$\underset{\sim}{A}=(\underset{\sim}{A}(u_1),\underset{\sim}{A}(u_2),\cdots,\underset{\sim}{A}(u_n))$$

当 U 为有限连续域时，F 集 $\underset{\sim}{A}$ 表示为

$$\underset{\sim}{A}=\int_U \frac{\mu_{\underset{\sim}{A}}(u)}{u}$$

当论域 U 为有限集时，模糊集合实际上是通过属于 $[0,1]$ 闭区间的一组数来描述一个模糊概念，这组称为隶属度的数定量地刻画了论域内元素隶属于模糊集合所表示的模糊概念的程度。显然，由隶属函数所描述的模糊集合对应的是 $[0,1]$ 闭区间取值的多值逻辑，称为模糊逻辑。隶属度值的大小定量地刻画了论域内元素属于模糊概念真的程度，越接近于 1 就越真；否则，越接近于 0 就越假。

不难看出，经典集合是模糊集合中只取 0，1 的两个值的特例，而模糊集合是经典集合的推广。

2.1.3　模糊集合的运算及其性质

模糊集合的包含、相等与经典集合类同，有关模糊集合并、交、补运算分别定义如下：

并：$\mu_{\underset{\sim}{A}\cup\underset{\sim}{B}}(u) \triangleq \max(\mu_{\underset{\sim}{A}}(u),\mu_{\underset{\sim}{B}}(u)) \triangleq \mu_{\underset{\sim}{A}}(u) \vee \mu_{\underset{\sim}{B}}(u)$　　(2.4)

交：$\mu_{\underset{\sim}{A}\cap\underset{\sim}{B}}(u) \triangleq \min(\mu_{\underset{\sim}{A}}(u),\mu_{\underset{\sim}{B}}(u)) \triangleq \mu_{\underset{\sim}{A}}(u) \wedge \mu_{\underset{\sim}{B}}(u)$　　(2.5)

补：$\mu_{\underset{\sim}{A}^c}(u) \triangleq 1-\mu_{\underset{\sim}{A}}(u)$　　(2.6)

模糊集合的运算同经典集合中的幂等律、交换律、结合律、分配律、吸收律、同一律、复原律及对偶律都相同，只是模糊集不再满足互补律，因为 $\underset{\sim}{A}$ 与 $\underset{\sim}{A}^c$ 均无明确的边界，它们的并 $\mu_{\underset{\sim}{A}\cup\underset{\sim}{A}^c}(u) \triangleq \mu_{\underset{\sim}{A}}(u) \vee \mu_{\underset{\sim}{A}^c}(u) \neq 1$。

2.2 模糊关系与模糊矩阵

客观事物之间往往存在着联系,关系是描述事物之间联系的一种数学模型,常用符号 R 表示。设两个集合甲、乙分别为

甲 = $\{x \mid x$ 为甲队乒乓球队员$\} = \{1,2,3\}$,

乙 = $\{y \mid y$ 为乙队乒乓球队员$\} = \{a,b,c\}$。

若用 R 表示甲、乙之间对打关系,则有 $1Ra$,$2Rb$,$3Rc$ 等。如果甲、乙两队分别用集合 X、Y 表示,则由 X 到 Y 的关系 R 可用序对 (x,y) 来表示。在集合 X 与集合 Y 中各取一个元素排列成序对构成的集合,称为 X 和 Y 的直积。

2.2.1 直积与关系

集合 X 与 Y 的直积定义为

$$X \times Y \triangleq \{(x,y) \mid x \in X, y \in Y\} \tag{2.7}$$

显然关系 R 是 X 与 Y 直积的一个子集,即 $R \subset X \times Y$。

集合 X 到集合 Y 中的一个模糊关系 $\underset{\sim}{R}$,是直积 $X \times Y$ 中的一个模糊子集,集合 X 到集合 X 中的模糊关系,称为集合 X 上的模糊关系。

例 2.1 考虑集合 $X = \{1,5,7,9,20\}$ 上的"大得多"的关系 $\underset{\sim}{R}$,它可以通过在 $X \times X$ 直积中的序对从属于"大得多"的程度加以描述为

$$\begin{aligned}\underset{\sim}{R} = {} & 0.5/(5,1) + 0.7(7,1) + 0.1/(7,5) + 0.8/(9,1) + 0.3/(9,5) + \\ & 0.1/(9,7) + 1/(20,1) + 0.95/(20,5) + 0.9/(20,7) + 0.85/(20,9)\end{aligned}$$

2.2.2 模糊矩阵及其运算

如果一个矩阵元素均在 $[0,1]$ 闭区间取值,则该矩阵称为模糊矩阵。当论域为有限集时,模糊关系可以用模糊矩阵来表示。用模糊矩阵 $\boldsymbol{R}$ 表示模糊关系时,矩阵内元素 r_{ij} 表示 X 中第 i 个元素和集合 Y 中第 j 个元素从属于关系 $\underset{\sim}{R}$ 的程度 $\mu_{\underset{\sim}{R}}(x,y)$,也反映了 x 与 y 关系的程度。

下面通过举例说明模糊矩阵并、交、补、合成(乘)运算的方法。

例 2.2 设 $\boldsymbol{A} = \begin{bmatrix} 0.5 & 0.3 \\ 0.4 & 0.8 \end{bmatrix}$, $\boldsymbol{B} = \begin{bmatrix} 0.8 & 0.6 \\ 0.3 & 0.9 \end{bmatrix}$

则 $$\boldsymbol{A} \cup \boldsymbol{B} = \begin{bmatrix} 0.5 \vee 0.8 & 0.3 \vee 0.6 \\ 0.4 \vee 0.3 & 0.8 \vee 0.9 \end{bmatrix} = \begin{bmatrix} 0.8 & 0.6 \\ 0.4 & 0.9 \end{bmatrix}$$

$$\boldsymbol{A} \cap \boldsymbol{B} = \begin{bmatrix} 0.5 \wedge 0.8 & 0.3 \wedge 0.6 \\ 0.4 \wedge 0.3 & 0.8 \wedge 0.9 \end{bmatrix} = \begin{bmatrix} 0.5 & 0.3 \\ 0.3 & 0.8 \end{bmatrix}$$

$$A^C = \begin{bmatrix} 1-0.5 & 1-0.3 \\ 1-0.4 & 1-0.8 \end{bmatrix} = \begin{bmatrix} 0.5 & 0.7 \\ 0.6 & 0.2 \end{bmatrix}$$

$$A \times B = \begin{bmatrix} (0.5 \wedge 0.8) \vee (0.3 \wedge 0.3) & (0.5 \wedge 0.6) \vee (0.3 \wedge 0.9) \\ (0.4 \wedge 0.8) \vee (0.8 \wedge 0.3) & (0.4 \wedge 0.6) \vee (0.8 \wedge 0.9) \end{bmatrix} =$$

$$\begin{bmatrix} 0.5 \vee 0.3 & 0.5 \vee 0.3 \\ 0.4 \vee 0.3 & 0.4 \vee 0.8 \end{bmatrix} =$$

$$\begin{bmatrix} 0.5 & 0.5 \\ 0.4 & 0.8 \end{bmatrix}$$

模糊矩阵的积对应模糊关系的合成,可以通过下面例子来说明。

例 2.3　设有一个家庭的子、女与父、母外貌相似关系为 R,父母与子女的祖父、祖母外貌相似关系为 S,并分别表示为

R	父	母
子	0.8	0.2
女	0.1	0.6

S	祖父	祖母
父	0.5	0.7
母	0.1	0

也可用模糊矩阵分别表示为

$$\underset{\sim}{R} = \begin{bmatrix} 0.8 & 0.2 \\ 0.1 & 0.6 \end{bmatrix} \qquad \underset{\sim}{S} = \begin{bmatrix} 0.5 & 0.7 \\ 0.1 & 0 \end{bmatrix}$$

模糊关系 $\underset{\sim}{R}$ 和 $\underset{\sim}{S}$ 的复合,即为模糊矩阵 $\underset{\sim}{R}$ 和 $\underset{\sim}{S}$ 的合成。

$$\underset{\sim}{R} \times \underset{\sim}{S} = \begin{bmatrix} 0.8 & 0.2 \\ 0.1 & 0.6 \end{bmatrix} \times \begin{bmatrix} 0.5 & 0.7 \\ 0.1 & 0 \end{bmatrix} =$$

$$\begin{bmatrix} (0.8 \wedge 0.5) \vee (0.2 \wedge 0.1) & (0.8 \wedge 0.7) \vee (0.2 \wedge 0) \\ (0.1 \wedge 0.5) \vee (0.6 \wedge 0.1) & (0.1 \wedge 0.7) \vee (0.6 \wedge 0) \end{bmatrix} =$$

$$\begin{bmatrix} 0.5 & 0.7 \\ 0.1 & 0.1 \end{bmatrix}$$

不难看出,该家庭中孙子与祖父、祖母相似程度分别为 0.5、0.7,而孙女与祖父、祖母相似程度分别只有 0.1。

2.3　模糊语言与模糊推理

2.3.1　模糊语言变量

自然语言是以字、词为符号的一种符号系统,它具有模糊性,又称模糊语言,可以用模

糊集合加以描述。

机器语言是使用一些符号、指令组成的一个系统，形式上起到记号的作用，又被称为形式语言，它不具有模糊性，而具有生硬、一丝不苟、刻板等特点。

为了描述自然界客观事物在量的大小或质的程度方面的差异，人们通常采用大、中、小三个等级加以描述，考虑到方向上的正、负，可有七个语言词集{负大，负中，负小，零，正小，正中，正大}，分别用{NB,NM,NS,O,PS,PM,PB}表示，称NB,NS…… 为语言变量。显然，语言变量是构成模糊系统的最基本元素。

2.3.2　模糊条件语句与模糊推理规则

模糊条件语句也是一种模糊推理，它常用"若 …… 则 ……"与"若 …… 则 …… 否则 ……"两种形式。

1. 若 $\underset{\sim}{A}$ 则 $\underset{\sim}{B}$(如果 x 是 $\underset{\sim}{A}$，则 x 是 $\underset{\sim}{B}$)

例如，"如果今天是晴天，则今天暖和"。简言之，"若晴则暖"这样的句子称为模糊推理句。

2. 若 $\underset{\sim}{A}$ 则 $\underset{\sim}{B}$，否则 $\underset{\sim}{C}$

例如，"若明天是好天气，就去旅游，否则去图书馆"，图 2.3 示出了该语句的真域。

如果用 $\mu_{\underset{\sim}{A}(x)}$ 及 $\mu_{\underset{\sim}{B}(y)}$ 分别表示 $\underset{\sim}{A}$、$\underset{\sim}{B}$ 的隶属函数，则上述模糊条件语句对应的模糊关系

$$\underset{\sim}{R}(x,y) = [\underset{\sim}{A}(x) \wedge \underset{\sim}{B}(y)] \vee [(1 - \underset{\sim}{A}(x)) \wedge \underset{\sim}{C}(y)] \tag{2.8}$$

简记为

$$\underset{\sim}{R} = \underset{\sim}{A} \times \underset{\sim}{B} + \underset{\sim}{A}^c \times \underset{\sim}{C} \tag{2.9}$$

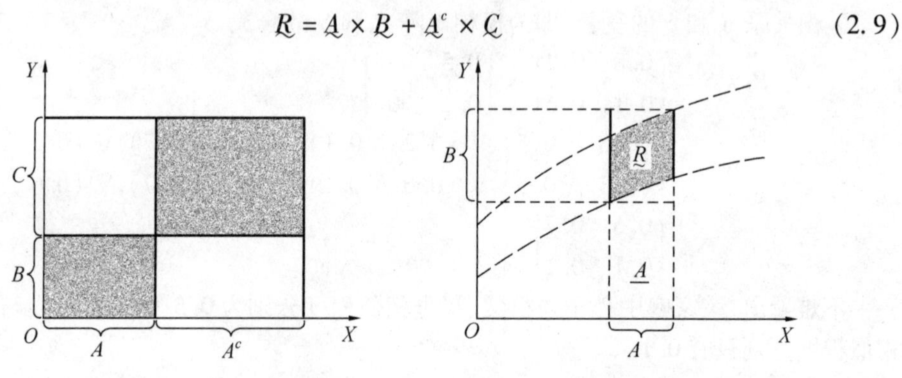

图 2.3　"若 $\underset{\sim}{A}$ 则 $\underset{\sim}{B}$，否则 $\underset{\sim}{C}$"的真域　　　图 2.4　模糊推理合成规则

如果 $\underset{\sim}{A}$ 是论域 X 上的一个模糊子集，$\underset{\sim}{R}$ 是从论域 X 到 Y 的一个模糊关系，如图 2.4 所示，以 $\underset{\sim}{A}$ 为底的柱状模糊集合 $\underline{A}$ 与模糊关系 $\underset{\sim}{R}$ 的交构成模糊集合 $\underset{\sim}{A} \cap \underset{\sim}{R}$，如图中阴影区域所示。将其投影到 Y 论域可得

$$\underset{\sim}{B} = \underset{\sim}{A} \times \underset{\sim}{R} \tag{2.10}$$

如果$\underset{\sim}{R}$是X到Y上的模糊关系,且A是X上的一个模糊子集,则由$\underset{\sim}{A}$和$\underset{\sim}{R}$所推得的Y上的模糊子集为

$$Y = \underset{\sim}{A} \times \underset{\sim}{R} \tag{2.11}$$

此式称为模糊推理合成规则。

3. Mamdani 推理的最小 - 最大 - 重心法

对于两输入单输出的 3 条模糊规则可表示为

R_1:IF x_1 is $\underset{\sim}{A}_1$ and x_2 is $\underset{\sim}{B}_1$ THEN y is $\underset{\sim}{C}_1$.

R_2:IF x_2 is $\underset{\sim}{A}_2$ and x_2 is $\underset{\sim}{B}_2$ THEN y is $\underset{\sim}{C}_2$.

R_3:IF x_3 is $\underset{\sim}{A}_3$ and x_2 is $\underset{\sim}{B}_3$ THEN y is $\underset{\sim}{C}_3$.

若两输入分别为x_0和y_0,则根据最小 - 最大 - 重心法可得推理结果C'_i的隶属函数为

$$\mu_{C'}(z) = \mu_{A_i}(x_0) \wedge \mu_{B_i}(y_0) \wedge \mu_{C_i}(z) \quad i = 1,2,3 \tag{2.12}$$

其中,∧ 表示取小(MIN)。

$$\mu_{C'}(z) = \mu_{C'_1}(z) \vee \mu_{C'_2} \vee (z) \vee \mu_{C'_3}(z) \tag{2.13}$$

其中,∨ 表示取大(MAX)。

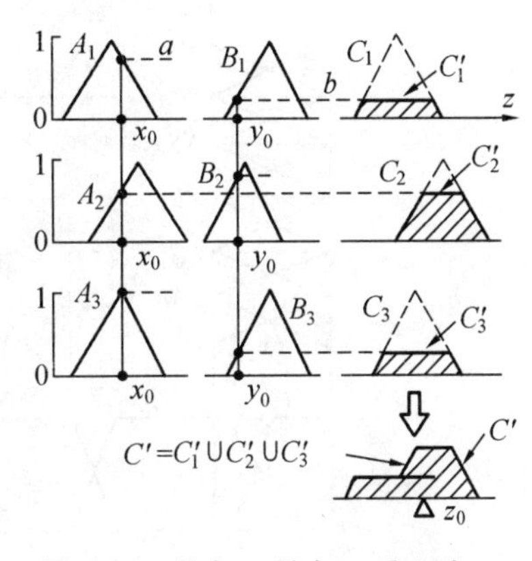

图 2.5　最小 - 最大 - 重心法

模糊集合C'的重心z_0如图 2.5 所示,计算式为

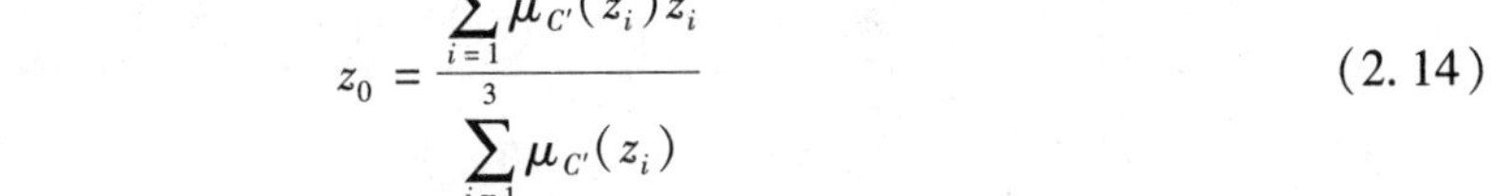

$$z_0 = \frac{\sum_{i=1}^{3} \mu_{C'}(z_i) z_i}{\sum_{i=1}^{3} \mu_{C'}(z_i)} \tag{2.14}$$

上述的推理方式由 Mamdani 提出,故又称为 Mamdani 最小 - 最大 - 重心法。

2.4　可加性模糊系统

"若X为A,则Y为B"形式的规则定义了输入、输出空间$X \times Y$上的模糊子集,或称模糊补块。如果输入输出空间$X = Y = \{NB,NM,NS,ZE,PS,PM,PB\}$,模糊规则"若$X = PS$,则$Y = NS$"可视为模糊集$PS$与$NS$的$PS \times NS$的笛卡儿积。$PS \times NS$在$X \times Y$空间形成一个模糊补块。如图 2.6 中阴影区域所示,它也是一个模糊子集。

设一个可加性模糊系统模糊具有m条模糊规则:"若$X = \underset{\sim}{A}_j$,则$Y = \underset{\sim}{B}_j$"可加性模糊系统输出B为被激活规则结论的模糊集合之和,即

$$B = \sum_{j=1}^{m} \omega_j B'_j = \sum_{j=1}^{m} \omega_j a_j(x) B_j \tag{2.15}$$

其中，$a_j(x)$ 为输入值 x 对前项模糊集合的隶属度，而 ω_j 为对第 j 条规则的加权，反映对该条规则的可信度。可加性模糊系统的结构模型如图 2.7 所示。

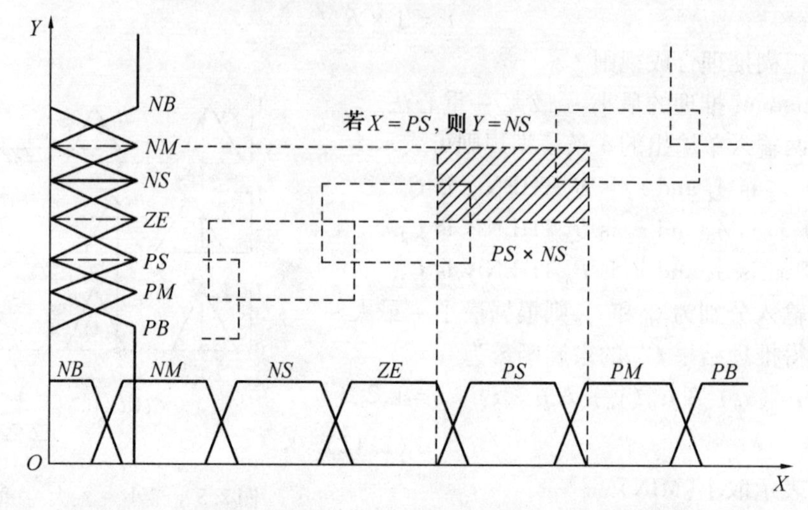

图 2.6　模糊规则“若 $X = PS$，则 $Y = NS$” 形成的模糊补块

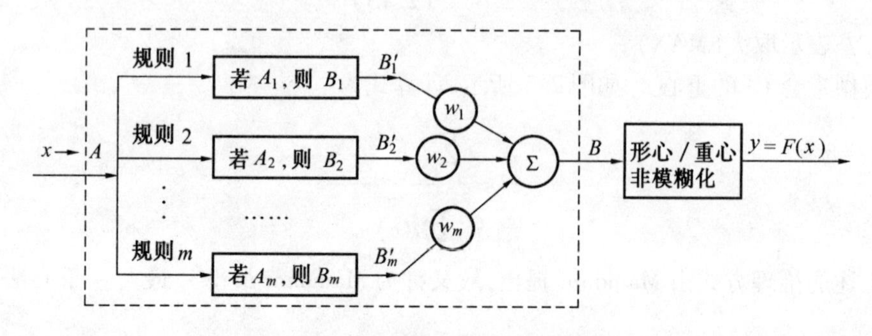

图 2.7　可加性模糊系统的结构模型

2.5　模糊系统的逼近特性

一个模糊系统由若干条“若 - 则” 规则构成从输入到输出的非线性映射，形成若干个模糊补块。

若规则越模糊，补块越大；反之越精细，补块越小，在完全精确条件下，补块退化为一个点。

可以用模糊规则构成的模糊补块的重叠来覆盖任意函数 $f:X \to Y$，从而达到用模糊系统 $F: X \to Y$ 去逼近函数 $f: X \to Y$ 的目的，如图 2.8 所示。

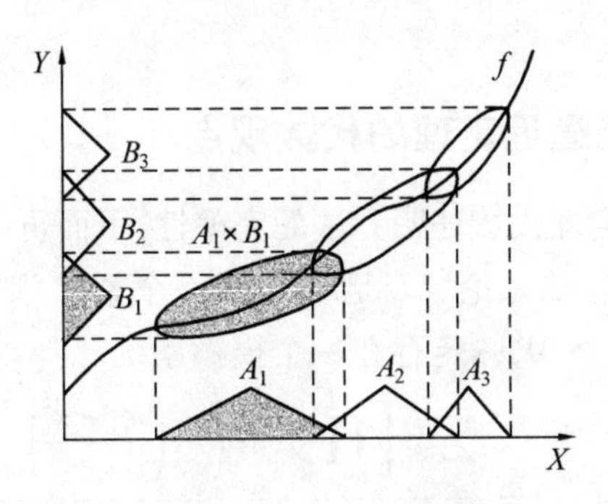

图2.8　$X \times Y$空间上的模糊覆盖

2.6　模糊系统的万能逼近定理

2.6.1　模糊逼近定理的几何观点

如果X是R^n的一个紧(闭且有界)子集,向量映射$f:X \rightarrow Y$是连续的,则一个可加性模糊系统$F:X \rightarrow Y$,一致地逼近$f:X \rightarrow Y$。

证明:选定一个任意小的$\varepsilon > 0$,须证明对于所有$x \in X$,都有$|F(x) - f(x)| < \varepsilon$。在可加性模糊系统模型中$X$是$R^n$中的紧子集,且$F(x)$最终结果是输出模糊集的形心。

因为在紧域X上f是连续的,所以f是一致连续的。对于X中的所有x与z,存在一个固定距离δ,若$|x - z| < \delta$,则$|f(x) - f(z)| < \varepsilon/4$。我们构造$n$个立方体$M_1, M_2, \cdots, M_n$,使它们在$n$个坐标上一个接一个有序地重叠,且使每个立方体的顶角都位于与其相邻的立方体中点c_j。选择在$f(c_j)$处中心化的结论部分模糊集B_j,故$f(c_j)$即为B_j的形心。

选择$u \in X_u$至多位于2^n个重叠的开放立方体中。在相同的立方体集合中选择w。设$u \in M_j$,且$w \in M_k$,对任意$v \in M_j \cap M_k$,有$|u - v| < \delta$且$|v - w| < \delta$。一致连续性保证了$|f(u) - f(w)| \leqslant |f(u) - f(v)| + |f(v) - f(w)| < \varepsilon/2$。对立方体中心$c_j$与$c_k$,都有$|f(c_j) - f(c_k)| < \xi/2$。

同样,选取$x \in X$至多位于具有形心c_j的2^n个立方体中,所以有$|f(c_j) - f(x)| < \varepsilon/2$,根据$F(x)$形心计算公式,沿着空间$R^p$的第$k$个坐标,可加性形心$F(x)$的第$k$个分量,在输出结论部分集合$B_j$形心的第$k$个分量上,或位于它们之间。这样就使得若对于所有的$f(c_j)$均有$|f(c_j) - f(x)| < \varepsilon/2$成立,则$|F(x) - f(c_j)| < \varepsilon/2$,于是有$|F(x) - f(x)| \leqslant |F(x) - f(c_j)| + |f(c_j) - f(x)| < \varepsilon/2 + \varepsilon/2 = \varepsilon$。

上述对于模糊逼近定理的证明是科斯科(B. Kosko)从几何角度给出的。关于模糊万能逼近定理的代数证明最早是由王立新(Wang Lixin)给出的,下面简要介绍一下代数证明方法。

2.6.2 模糊万能逼近定理的代数观点

为了表述万能逼近定理代数证明方法的完整性,下面再一次给出这个定理。

万能逼近定理 假定输入论域U是R^n上的一个紧集,则对于任意定义在U上的实连续函数$g(x)$和任意的$\varepsilon > 0$,一定存在一个模糊系统

$$f(x) = \frac{\sum_{i=1}^{m} \bar{y}^l \left[\prod_{i=1}^{n} a_i^l \exp\left(-\left(\frac{x_i - x_i^l}{\sigma_i^l} \right)^2 \right) \right]}{\sum_{i=1}^{m} \left[\prod_{i=1}^{n} a_i^l \exp\left(-\left(\frac{x_i - x_i^l}{\sigma_i^l} \right)^2 \right) \right]} \tag{2.16}$$

使式

$$\sup_{x \in U} | f(x) - g(x) | < \varepsilon \tag{2.17}$$

成立。即具有求积推理机、单值模糊器、中心平均解模糊器和高斯隶属函数的模糊系统是万能逼近器。

在证明本定理前,有必要对式(2.16)定义的模糊系统作简要说明。该系统具有以下特征:

(1) 模糊系统是由 IF-THEN 规则组成的,第l条规则的形式为

$$R_u^l:\text{若 } x_1 \text{ 为 } A_1^l \text{ 且 } x_2 \text{ 为 } A_2^l \text{ 且 } \cdots \text{ 且 } x_n \text{ 为 } A_n^l\text{,则 } y \text{ 为 } B^l \tag{2.18}$$

其中,A_i^l和B^l分别是$U_i \subset R$和$V \subset R$上的模糊集合,输入$x = (x_1, x_2, \cdots, x_n)^T \in U$,输出语言变量$y \in V, l = 1,2,\cdots,M$,$M$为规则数目。

在上述规则集中,对任意$x \in U$都至少存在一条规则使其对规则 IF 部分的隶属度不为零,称这样的规则是完备的。

(2) 采用乘积推理机制,即给定U上的一个输入模糊集合A',输出V上的模糊集合B'按下式给出

$$\mu_{B'}(y) = \max_{l=1}^{m} \left[\sup_{x \in U} \left(\mu_{A'}(x) \prod_{i=1}^{n} \mu_{A_i^l}(x) \mu_{B'}(y) \right) \right] \tag{2.19}$$

(3) 采用单值模糊器,所谓单值模糊器是一种模糊化方法,即将一个实值点$x^* \in U$映射成U上的一个模糊单值A',A'在x^*点上的隶属度为1,在其他点上均为0,即

$$\mu_{A'}(x) = \begin{cases} 1 & x = x^* \\ 0 & x \neq x^* \end{cases} \tag{2.20}$$

采用单值模糊器可以使模糊推理计算过程大为简化。

(4) 应用中心平均法解模糊,取代重心法解模糊,主要考虑重心法解模糊计算复杂,而中心平均法是其很好的近似形式,具有计算简单、直观合理等优点。

设 $\bar{y}^l$ 为第 l 个模糊集的中心，w_l 为其高度，中心平均解模糊计算 y^* 为

$$y^* = \frac{\sum_{l=1}^{M} \bar{y}^l w_l}{\sum_{l=1}^{M} w_l} \tag{2.21}$$

图 2.9 给出 $M = 2$ 的情况，应用式(2.21) 可得

$$y^* = \frac{\bar{y}^1 w_1 + \bar{y}^2 w_2}{w_1 + w_2}$$

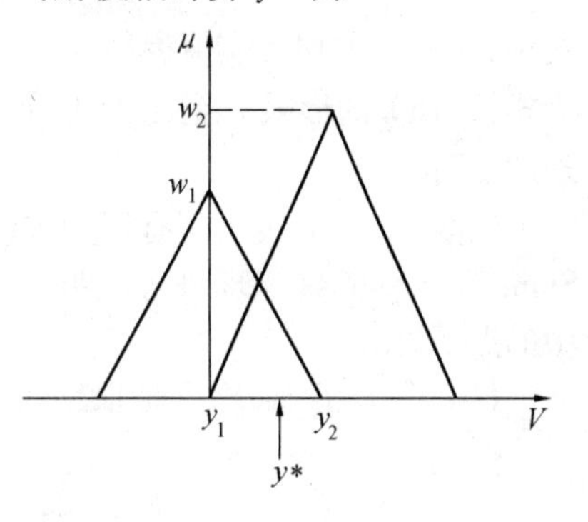

图 2.9　中心平均法解模糊图示

(5) 选用高斯隶属函数。一个模糊系统采用上述模糊规则形式(2.18)、乘积推理形式(2.19)、单值解模糊方法式(2.20) 及中心平均解模糊方式(2.21)，它可以表示为

$$f(x) = \frac{\sum_{l=1}^{M} \bar{y}^l \left[\prod_{i=1}^{n} \mu_{A_i^l}(x) \right]}{\sum_{l=1}^{M} \left[\prod_{i=1}^{n} \mu_{A_i^l}(x) \right]} \tag{2.22}$$

其中，$x \in U \subset R^n$ 为模糊系统的输入；$f(x) \in V \subset R$ 是模糊系统的输出。

将式(2.20) 代入式(2.19) 可得

$$\mu_{B'}(y) = \max_{l=1}^{M} \left[\prod_{i=1}^{n} \mu_{A_i^l}(x_i^*) \mu_{B^l}(y) \right] \tag{2.23}$$

对于给定输入 x_i^*，式(2.23) 中第 l 个模糊集(即隶属函数为 $\mu_{A_i^l}(x_i^*)\mu_{B^l}(y)$ 的模糊集) 的中心是 B' 的中心，故式(2.20) 和式(2.23) 中的 $\bar{y}^l$ 是相同的。式(2.23) 中第 l 个模糊集的高度(即为式(2.21) 中的 w_l) 为

$$\prod_{i=1}^{n} \mu_{A_i^l}(x_i^*) \mu_{B'}(\bar{y}^l) = \prod_{i=1}^{n} \mu_{A_i^l}(x_i^*) \tag{2.24}$$

式中，B' 是标准模糊集，即 $\mu_{B'}(\bar{y}^l) = 1$。

将式(2.23) 代入式(2.21) 可得

$$y^* = \frac{\sum_{l=1}^{M} \bar{y}^l \left[\prod_{i=1}^{n} \mu_{A_i^l}(x_i^*) \right]}{\sum_{l=1}^{M} \left[\prod_{i=1}^{n} \mu_{A_i^l}(x_i^*) \right]} \tag{2.25}$$

将式(2.25) 中 y^* 记为 $f(x)$，x_i^* 记为 x_i，则式(2.25) 即为式(2.22)。

当选择 $\mu_{A_i^l}$ 及 $\mu_{B'}$ 为高斯隶属函数时，即

$$\mu_{A_i^l}(x_i) = a_i^l \exp\left[-\left(\frac{x_i - \bar{x}_i^l}{\sigma_i^l} \right)^2 \right] \tag{2.26}$$

$$\mu_{B'}(y)=\exp[-(y-\bar{y}^l)^2] \tag{2.27}$$

式中，$\bar{x}_i^l$、$\bar{y}^l\in R$均为实值参数，$a_i^l\in(0,1]$；$\sigma_i^l\in(0,\infty)$。于是式(2.22)的模糊系统就变为式(2.16)的形式。至此为止，证明万能逼近定理的准备工作已经完成，下面给出该定理的证明。

证明　令Y表示所有形如式(2.16)的模糊系统的集合。欲证明该定理成立，根据Stone-Weierstrass定理只需证明三点：(1) Y是代数；(2) Y分离了U上的点；(3) Y使得U中的点不为零。

(1) 令f_1、$f_2\in Y$，于是根据式(2.16)可将f_1、f_2分别表示为

$$f_1(x)=\frac{\sum_{l=1}^{M1}\overline{y1}^l\left[\prod_{i=1}^{n}a1_i^l\exp\left(-\left(\frac{x_i-\overline{x1}_i^l}{\sigma1_i^l}\right)^2\right)\right]}{\sum_{l=1}^{M1}\left[\prod_{i=1}^{n}a1_i^l\exp\left(-\left(\frac{x_i-\overline{x1}_i^l}{\sigma1_i^l}\right)^2\right)\right]} \tag{2.28}$$

$$f_2(x)=\frac{\sum_{l=1}^{M2}\overline{y2}^l\left[\prod_{i=1}^{n}a2_i^l\exp\left(-\left(\frac{x_i-\overline{x2}_i^l}{\sigma2_i^l}\right)^2\right)\right]}{\sum_{l=1}^{M2}\left[\prod_{i=1}^{n}a2_i^l\exp\left(-\left(\frac{x_i-\overline{x2}_i^l}{\sigma2_i^l}\right)^2\right)\right]} \tag{2.29}$$

可得

$$f_1(x)+f_2(x)=\frac{\sum_{l=1}^{M1}\sum_{l=1}^{M2}(\overline{y1}^{l1}+\overline{y2}^{l2})\left[\prod_{i=1}^{n}(a1_i^{l1}\cdot a2_i^{l2})\exp\left(-\left(\frac{x_i-\overline{x1}_i^{l1}}{\sigma1_i^{l1}}\right)^2-\left(\frac{x_i-\overline{x2}_i^{l2}}{\sigma2_i^{l2}}\right)^2\right)\right]}{\sum_{l=1}^{M1}\sum_{l=1}^{M2}\left[\prod_{i=1}^{n}a1_i^{l1}a1_i^{l2}\exp\left(-\left(\frac{x_i-\overline{x1}_i^{l1}}{\sigma1_i^{l1}}\right)^2-\left(\frac{x_i-\overline{x2}_i^{l2}}{\sigma2_i^{l2}}\right)^2\right)\right]} \tag{2.30}$$

可将式(2.30)中$a1_i^{l1}a2_i^{l2}\exp\left(-\left(\frac{x_i-\overline{x1}_i^{l1}}{\sigma1_i^{l1}}\right)^2-\left(\frac{x_i-\overline{x2}_i^{l2}}{\sigma2_i^{l2}}\right)^2\right)$用式(2.26)的形式表示，而$\overline{y1}+\overline{y2}$又可以看做形如式(2.27)的模糊集中心，所以$f_1(x)+f_2(x)$可以表示成式(2.16)的形式，即$f_1+f_2\in Y$。

同理可得

$$f_1(x)\cdot f_2(x)=\frac{\sum_{l=1}^{M1}\sum_{l=1}^{M2}(\overline{y1}^{l1}\cdot\overline{y2}^{l2})\left[\prod_{i=1}^{n}a1_i^{l1}\cdot a2_i^{l2}\exp\left(-\left(\frac{x_i-\overline{x1}_i^{l1}}{\sigma1_i^{l1}}\right)^2-\left(\frac{x_i-\overline{x2}_i^{l2}}{\sigma2_i^{l2}}\right)^2\right)\right]}{\sum_{l=1}^{M1}\sum_{l=1}^{M2}\left[\prod_{i=1}^{n}a1_i^{l1}\cdot a1_i^{l2}\exp\left(-\left(\frac{x_i-\overline{x1}_i^{l1}}{\sigma1_i^{l1}}\right)^2-\left(\frac{x_i-\overline{x2}_i^{l2}}{\sigma2_i^{l2}}\right)^2\right)\right]} \tag{2.31}$$

上式也可以表示成式(2.16)的形式，所以$f_1\cdot f_2\in Y$。

对任意$c\in R$，有

$$cf_1(x)=\frac{\sum_{l=1}^{M1} c\,\overline{y1}^l\left[\prod_{i=1}^{n} a1_i^l \exp\left(-\left(\frac{x_i-\overline{x1}_i^l}{\sigma 1_i^l}\right)^2\right)\right]}{\sum_{l=1}^{M1}\left[\prod_{i=1}^{n} a1_i^l \exp\left(-\left(\frac{x_i-\overline{x1}_i^l}{\sigma 1_i^l}\right)^2\right)\right]} \tag{2.32}$$

上式也可以表示成式(2.16)的形式,所以 $cf_1\in Y$。

由上面证明可知 $f_1+f_2\in Y$,$f_1\cdot f_2\in Y$,且 $cf_1\in Y$,故 Y 是代数。

(2) 构造一个模糊系统 $f(x)$ 来证明 Y 分离了 U 上的点。令 x°、$z^\circ\in U$ 的任意两点且 $x^\circ\neq z^\circ$,对式(2.16)所表示的 $f(x)$ 的参数选为:$M=2$,$\bar{y}^1=0$,$\bar{y}^2=1$,$a_i^l=1$,$\sigma_i^l=1$,$\bar{x}_i^1=x_i^0$,$\bar{x}_i^2=z_i^0(i=1,2,\cdots,n;l=1,2)$。

在这样参数下,式(2.16)表示的模糊系统变为

$$f(x)=\frac{\exp(-\|x-z^\circ\|_2^2)}{\exp(-\|x-x^\circ\|_2^2)+\exp(-\|x-z^\circ\|_2^2)} \tag{2.33}$$

将 $x=x^\circ$ 与 z° 分别代入上式可得

$$f(x^\circ)=\frac{\exp(-\|x^\circ-z^\circ\|_2^2)}{1+\exp(-\|x^\circ-z^\circ\|_2^2)} \tag{2.34}$$

$$f(z^\circ)=\frac{1}{1+\exp(-\|x^\circ-z^\circ\|_2^2)} \tag{2.35}$$

根据式(2.34)及式(2.35),因为 $x^\circ\neq z^\circ$,可得 $\exp(-\|x^\circ-z^\circ\|_2^2)\neq 1$,所以 $f(x^\circ)\neq f(z^\circ)$,即 Y 分离了 U 上的点。

(3) 最后证明 Y 使得 U 中的点不为零。由式(2.16)表示的系统,对任意 $x\in U$,$\bar{y}^l>0$,显然有 $f(x)>0$,故 Y 使得 U 中的点不为零。

上述证明过程是基于 Stone-Weierstrass 定理展开的,下面给出这个重要定理。

Stone-Weierstrass 定理　设 Z 为紧集 U 上的一个连续实函数集合,如果:

(1) Z 是代数且具有封闭性。若 f 和 g 是 Z 中的任意两个函数,则对任意两个实数 a 和 b,fg 和 $af+bg$ 还是 Z 上的函数,即集合 Z 对加法、乘法和标量乘法都是封闭的。

(2) Z 具有分离性,即对 U 上的任意两点 x、$y\in U$,$x\neq y$,存在 $f\in Z$,使 $f(x)\neq f(y)$ 成立,就是说 Z 分离了 U 上的点。

(3) Z 具有致密性。Z 使得 U 中的点不为零,即对于任意 $x\in U$,存在 $f\in Z$ 使 $f(x)\neq 0$,则对 U 上的任意连续实函数 $g(x)$ 和任意 $\varepsilon>0$,都存在 $f\in z$ 使 $\sup_{x\in U}|f(x)-g(x)|<\varepsilon$ 成立。

万能逼近定理完全符合 Stone-Weierstrass 定理的三个条件,所以可以得出结论,模糊系统可以以任意精度逼近任意连续函数。业已证明,这个结论也可以扩展到离散函数。模糊系统的万能逼近特性可用于模糊系统辨识、模糊模式识别、模糊控制、模糊故障诊断,也可用于参数优化等。

第3章　神经网络学习算法

3.1　电脑与人脑

用机器代替人脑的部分劳动，把人从繁重的脑力劳动中解放出来是当今科学技术发展的主要标志。现代电子计算机每个电子元件计算速度为纳秒(ns)级，人脑每个神经细胞的反应时间只有毫秒(ms)级，似乎计算机的运算能力应为人脑的几百万倍，但是，计算机在解决信息初级处理方面，如视觉、听觉、嗅觉这些简单的感觉识别上却十分迟钝或低能。

例如计算机语言识别技术，还没有达到实用水平，虽然在周围的喧哗声中，并不能阻碍我们进行谈话，但是实现这种噪声环境下的声音识别仍然是一个难题。此外，人有能力在没有见到人时，往往只凭声音、语调就能识别出是熟人、生人。

计算机在图像识别方面差距就更大了，一个三岁的孩子很快就能认出三只腿的猫，而计算机识别几乎不大可能。再如，一个幼儿已经可以在一瞬间认出自己的父母，但计算机却还不能进行这样的识别。

在电脑系统与人脑系统之间存在如此大的差异，是科学技术不断进步就能够使上述问题得以解决，还是科学技术本身就存在某些缺陷呢？

一方面人脑善于处理模糊信息，而电脑不善于处理模糊信息；另一方面，人脑系统处理信息具有分布存储，并行处理、推论，自组织，自学习等特点，而现行的诺依曼式计算机的结构使得它在处理信息上难以与人相比，因此人们研究利用物理可实现的系统来模仿人脑神经系统的结构与功能，这种系统称为人工神经网络系统，简称神经网络(NN)。

3.2　神经细胞的结构与功能

人的智能来源于大脑，大脑是由大约 $10^{10}\sim10^{11}$ 个，即一百几十亿个神经细胞构成。一个神经细胞由细胞体、树突和轴突组成，其结构如图3.1所示。细胞体由细胞核、细胞质和细胞膜组成。细胞体外面的一层厚为5～10 nm的膜称为细胞膜，膜内有一个细胞核和细胞质；树突是细胞体向外伸出的许多树枝状1 mm左右长的突起，用于接收其他神经细胞传入的神经冲动。

神经细胞在结构上具有两个重要的特征：

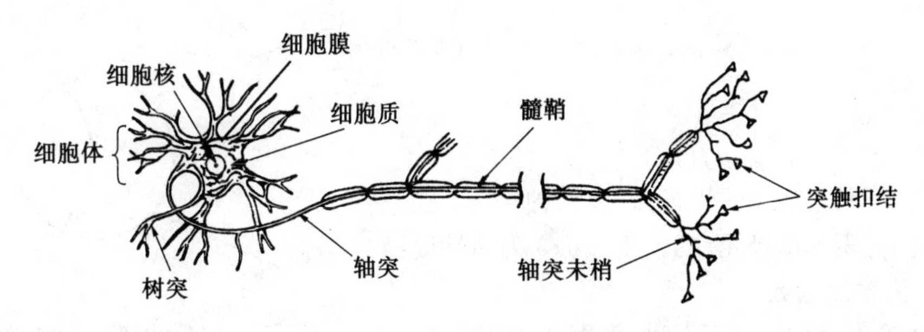

图3.1　一个神经细胞的结构

一是细胞膜有选择的通透性，每个神经细胞用细胞膜和外部隔开，使细胞内、外有不同的电位。把没有输入信号的膜电位叫静止膜电位，约为-70 mV。当有输入信号（其他神经细胞传入的兴奋信号）使膜电位比静止膜电位高15 mV左右时（即它的值超过-55 mV时），该神经细胞就被激发，在1 ms内其膜电位就比静止膜电位高出100 mV左右。

二是突触连接的可塑性，神经细胞之间通过突触相连接，这种连接强度根据输入和输出信号的强弱而可塑性变化。

细胞膜有选择的通透性使神经细胞具有阈值特性，如图3.2所示。

$$y=\begin{cases}\bar{y} & u \geqslant \theta \\ 0 & u < \theta\end{cases} \tag{3.1}$$

其中，θ 是一个阈值，随着神经元的兴奋而变化，神经元兴奋时发出的电脉冲具有突变性和饱和性（不应期）。

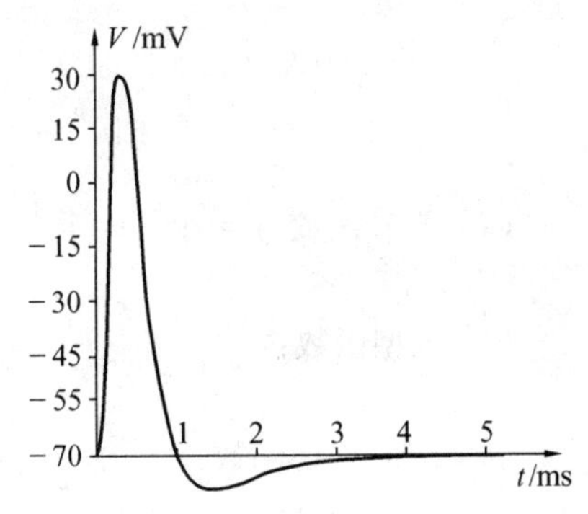

图3.2　神经细胞的兴奋脉冲

突触是指两个神经元之间传递信息的“接口”，突触的直径约为0.5～2 μm。突触实际上是指一个神经元轴突末梢和另一个神经元树突或细胞体之间微小的间隙，突触结合强度，即连接权重 w 不是一定的，根据输入和输出信号的强弱而可塑性地变化，可以认为由于这一点使神经元具有长期记忆和学习功能。

3.3　人工神经元的基本特性

从信息处理的角度，神经元是一个多输入单输出的信息处理单元。一个人工神经元的形式化结构模型如图3.3所示，其中 $x_1,\cdots,x_n$ 表示来自其他神经元轴突的输出信号，$w_1,\cdots,w_n$ 分别为其他神经元与第 i 个神经元的突触连接强度，θ_i 为神经元 i 的兴奋阈值。对于每个神经元信息处理过程可描述为

$$S_i = \sum_{j=1}^{n} w_j x_j - \theta_i \quad (3.2)$$

$$u_i = g(S_i) \quad (3.3)$$

$$y_i = f(u_i) \quad (3.4)$$

其中,S_i 表示神经元 i 的状态;u_i 表示神经元 i 膜电位的变化;y_i 表示神经元i的输出;$g(\cdot)$ 为活性度函数;$f(\cdot)$ 为输出函数。

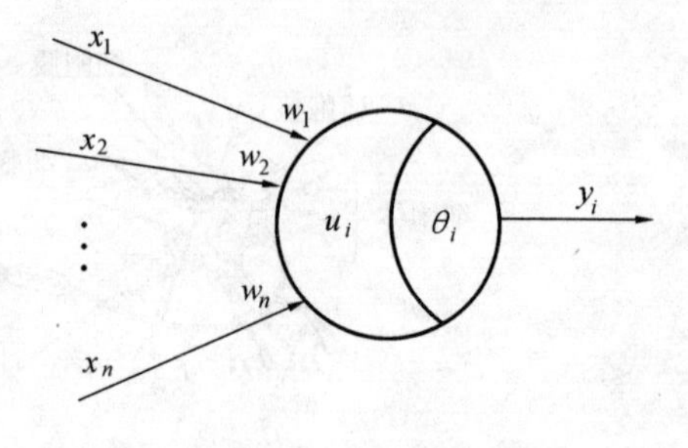

图 3.3　神经元的形式化结构模型

常用输出函数有以下 5 种,如图 3.4 所示。

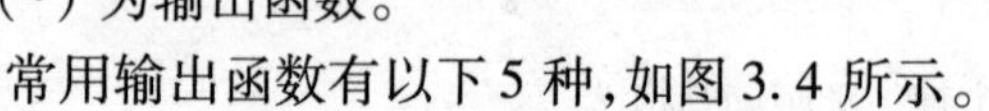

(1) 单位阶跃函数:$y = \begin{cases} 1 & u \geqslant 0 \\ 0 & u < 0 \end{cases}$

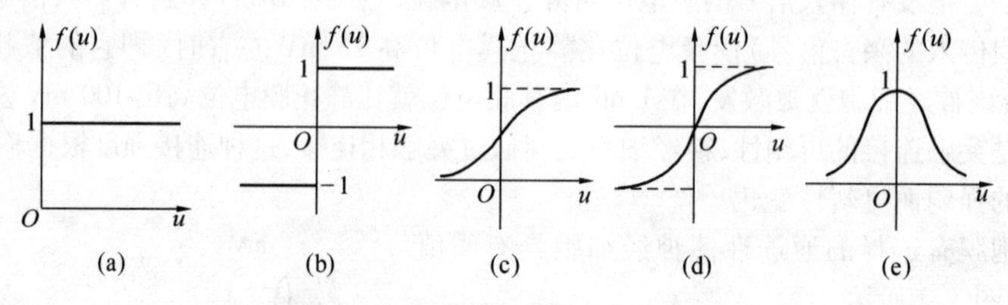

图 3.4　神经元常用的输出函数类型

(2) 符号函数:$y = \mathrm{sgn}(u) = \begin{cases} 1 & u \geqslant 0 \\ -1 & u < 0 \end{cases}$

(3) S 型函数:$y = \dfrac{1}{1 + \mathrm{e}^{-ku}}$

(4) 双曲正切函数:$y = \dfrac{\mathrm{e}^{u} - \mathrm{e}^{-u}}{\mathrm{e}^{u} + \mathrm{e}^{-u}}$

(5) 高斯函数:$y = \mathrm{e}^{-\frac{u^2}{\sigma^2}}$

上述函数具有两个显著特征:一是突变性,二是饱和性,这两种特性正是用来模拟神经细胞兴奋产生神经冲动性和疲劳特性(饱和性)。

3.4　人工神经网络及其特点

大脑神经系统由大量的神经细胞靠大量的突触连接成神经网络,为了模拟神经网络,将人工神经元连接成网络,具有层状、网状两种主要形式。

人工神经网络具有下述的主要特点:

(1) 人工神经网络对信息存储是分布式的,因此具有很强的容错性(抗故障性)。

(2) 人工神经网络在结构上由大量神经元互相连接组成,对信息的处理和推理具有并行的特点。

(3) 人工神经网络具有很强的自组织、自学习的功能。

下面通过一个如图 3.5 所示的简单神经网络来说明人工神经网络的主要特点。

设 x_1, x_2, x_3, x_4 为神经网络输入，神经元 N_1, N_2, N_3, N_4 的输出分别为 x'_1, x'_2, x'_3, x'_4，然后经过突触权 w_{ij} 连接到 y_1, y_2, y_3, y_4 的输入端，进行累加。

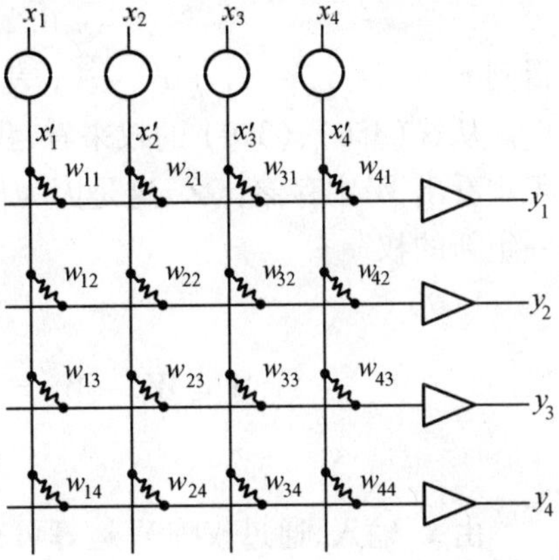

为简单起见，设 $\theta_i = 0$，并将式(3.2)、(3.3)、(3.4) 分别改写为

$$S_i = \sum_{j=1}^{n} w_{ij} x'_j \tag{3.5}$$

$$u_i = S_i \cdot 1 \tag{3.6}$$

$$y_i = f(u_i) = \begin{cases} 1 & u_i \geqslant 0 \\ -1 & u_i < 0 \end{cases} \tag{3.7}$$

图 3.5　一个简单的人工神经网络

又设输入 $x'_j = \pm 1$ 为二值变量，且 $x'_j = x_j, j = 1, 2, 3, 4$。

x_j 是感知器输入，设用矢量 $\boldsymbol{x}' = (1, -1, -1, 1)^{\mathrm{T}}$ 表示眼看到花，鼻嗅到花香的感知输入，从 $\boldsymbol{x}'$ 到 $\boldsymbol{y}'$ 可通过一个联接矩阵 $\boldsymbol{W}_1$ 来得到

$$\boldsymbol{W}_1 = \begin{bmatrix} -0.25 & +0.25 & +0.25 & -0.25 \\ -0.25 & +0.25 & +0.25 & -0.25 \\ +0.25 & -0.25 & -0.25 & +0.25 \\ +0.25 & -0.25 & -0.25 & +0.25 \end{bmatrix} \tag{3.8}$$

$$\boldsymbol{y}^1 = f(\boldsymbol{W}_1 \boldsymbol{x}^1)$$

经计算

$$\boldsymbol{y}^1 = [-1, -1, +1, +1]^{\mathrm{T}}$$

这表示网络决策 $\boldsymbol{x}^1$ 为一朵花。

不难看出从 $\boldsymbol{x}^1 \to \boldsymbol{y}^1$ 不是串型计算得到的，因为 $\boldsymbol{W}_1$ 可以用一个 VLSI 中电阻矩阵实现，而 $y_i = f(u_i)$ 也可以用一个简单运算放大器来模拟，不管 $\boldsymbol{x}^1$ 和 $\boldsymbol{y}^1$ 维数如何增加，整个计算只用了一个运放的转换时间，网络的动作是并行的。

如果 $\boldsymbol{x}^2 = (-1, +1, -1, +1)^{\mathrm{T}}$ 表示眼看到苹果、鼻嗅到苹果香味的感知器输入，通过矩阵

$$W_2 = \begin{bmatrix} +0.25 & -0.25 & +0.25 & -0.25 \\ -0.25 & +0.25 & -0.25 & +0.25 \\ -0.25 & +0.25 & -0.25 & +0.25 \\ +0.25 & -0.25 & +0.25 & -0.25 \end{bmatrix} \tag{3.9}$$

得到 $y^2 = [-1, +1, +1, -1]$ 表示网络决策 x^2 为苹果。

从式(3.8)、(3.9) 的权来看,我们并不知道其输出结果是什么。从局部权的分布也很难看出 W 中存储什么,这是因为信息是分布存储在权中,把式(3.8)、(3.9) 相加,得到一组新的权

$$W = W_1 + W_2 = \begin{bmatrix} 0 & 0 & 0.5 & -0.5 \\ -0.5 & 0.5 & 0 & 0 \\ 0 & 0 & -0.5 & 0.5 \\ 0.5 & -0.5 & 0 & 0 \end{bmatrix} \tag{3.10}$$

由 x^1 输入,通过权阵 W 运算可得到 y^1,由 x^2 输入,通过权阵 W 运算可得到 y^2,这说明 W 存储了两种信息,当然也可以存储多种信息。

如果感知器中某个元件损坏了一个,设第3个坏了,则 $x^1 = (1, -1, 0, 1)^T$,经 W 算得 $y^1 = (-1, -1, +1, +1)^T$,而 $x^2 = (-1, +1, 0, 1)^T$,经 W 算得 $y^2 = (-1, 1, 1, -1)^T$ 的结果和前面的一样,这说明人工神经网络具有一定的容错能力。

有关人工神经网络的自学习功能后面将会研究。有关人工神经网络与计算机的差异比较如表 3.1 所示。

表 3.1 人工神经网络与现代计算机比较

现代计算机	人工神经网络
·分布存储、运算和控制单元,都融合在一个网络中	·有存储单元,运算单元,控制单元
·分布存储 ·并行存储,处理和推理 ·自学习,自组织功能	·并行机有多个 CPU 处理器并行工作,且结构复杂,只能解决速度问题,没有人工 NN 特点和集体功能

3.5 神经网络的结构及其分类

人工神经网络是由大量的神经元通过不同连接形式,构成的众多形式各异的神经网络。从结构上大体分为层状和网状两大类,其中典型的层状网络是前向网络,又称为前馈网络。由于前向网络采用误差反向传播学习算法,故又称为BP网络。这种网络对于认识和研究神经网络具有重要意义,所以本章仅研究前向网络。

3.6　前向网络

3.6.1　前向网络的结构

前向网络的层状结构如图3.6所示,它包含输入层、中间层(又称隐含层、隐层)和输出层。其中,中间层可以为多层,而输入层和输出层各为一层。输入信息从输入层经中间层传递到输出层,在各层神经元之间没有相互连接和信息传递。输入层和输出层神经元的个数由具体问题而定,中间层神经元个数一般根据经验公式和实验选定。如图3.6中,输入层含I个神经元,中间层含J个神经元,而输出层含K个神经元,于是该BP网络的结构可表示为I-J-K。

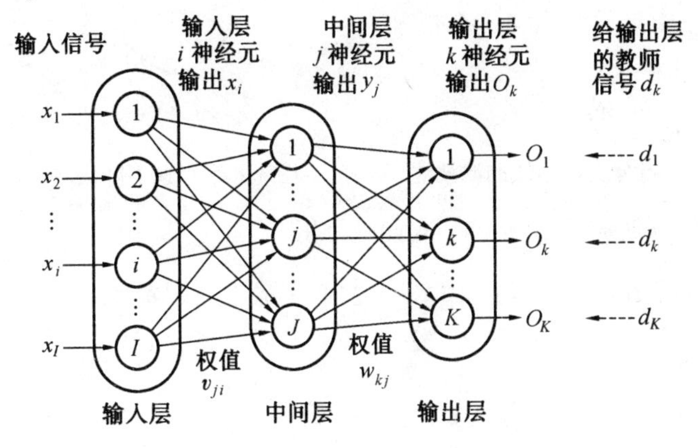

图3.6　前向网络的层状结构

3.6.2　反向传播的基础

误差反向传播学习算法的基础是最速下降法。

设图3.7为带有分支延迟线的滤波器,在时刻n由M个输入信号$x(n-k+1)(k=1,2,\cdots,M)$决定输出$y(n)$,则

$$y(n)=\sum_{k=1}^{M}w_k(n)x(n-k+1)$$

输入信号为固定的随机时间序列信号,其自相关函数只与时间差有关。滤波器的期望输出为$d(n)$,与实际输出$y(n)$的误差为

$$e(n)=d(n)-y(n) \tag{3.11}$$

于是可构成具有最小误差均方值的滤波器

$$\varepsilon=E[\{d(n)-y(n)\}^2] \tag{3.12}$$

误差信号乘方,可得

$$e^2(n)=d^2(n)-2d(n)\sum_{k=1}^{M}w_k(n)x(n-k+1)+\sum_{k=1}^{M}\sum_{m=1}^{M}w_k(n)w_m(n)x(n-k+1)x(n-m+1)\tag{3.13}$$

由式(3.13)可知,误差平方是滤波器系数 $w_k(n)$ 的二次函数,对应的图形下凸,极小值为函数的最小值,见图3.8。

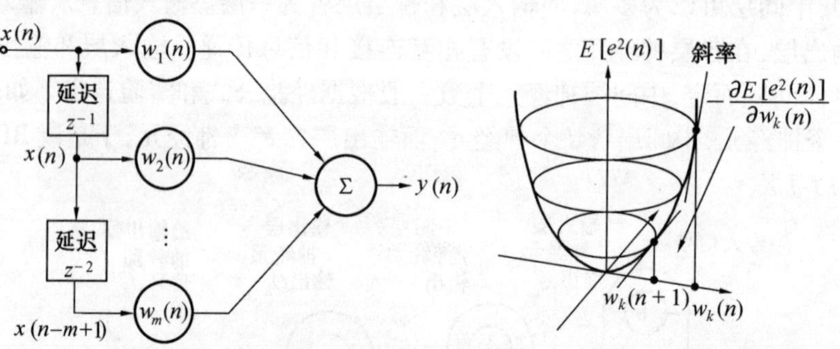

图3.7　带有分支延迟线的滤波器　　　　图3.8　最速下降法原理示意图

对误差均方值求滤波系数 $w_k(n)$ 取偏微分得

$$\frac{\partial E[e^2(n)]}{\partial w_k(n)}=-2E[d(n)x(n-k+1)]+2E[\sum_{m=1}^{M}w_m(n)x(n-k+1)x(n-m+1)]\tag{3.14}$$

上式中等号右边第1项为

$$\begin{aligned}&-2E[\sum_{m=1}^{M}w_m(n)x(n-m+1)x(n-k+1)+e(n)x(n-k+1)]=\\&-2E[\sum_{m=1}^{M}w_m(n)x(n-m+1)x(n-k+1)]-\\&2E[e(n)x(n-k+1)]\end{aligned}\tag{3.15}$$

把式(3.15)代入式(3.14)得

$$\frac{\partial E[e^2(n)]}{\partial w_k(n)}=-2E[e(n)x(n-k+1)]\tag{3.16}$$

由于与梯度方向相反,故最速下降法滤波系数 $w_k(n)$ 的更新量为

$$\Delta w_k(n)=w_k(n)-w_k(n-1)=\mu E[e(n)x(n-k+1)]\tag{3.17}$$

由式(3.17)不难看出,在最速下降法中,必须求误差信号 $e(n)$ 和输入信号 $x(n-k+1)$ 的平均值,这样就会带来大量计算问题。Widrow 等人把式(3.17)平均值计算省略,设计 LMS 算法

$$\Delta w_k(n)=\mu e(n)x(n-k+1)\tag{3.18}$$

[权值修正量]=[常数]×[误差]×[输入]

这种 LMS 算法具有计算量小等优点。

3.6.3 误差反向传播算法

下面利用图 3.6 前向网络进行推导误差反向传播学习算法，又称为 BP 算法。

输出层神经元输出和教师信号平方误差为

$$E=\frac{1}{2}\sum_{k=1}^{K}(d_k-O_k)^2 \tag{3.19}$$

用 O_k 表示输出层神经元 k 的输出，则

$$O_k=f(net_k) \tag{3.20}$$

用 net_k 表示输出层神经元 k 的输入和，即

$$net_k=\sum_{j=1}^{J}w_{kj}y_j \tag{3.21}$$

应用最小二乘平均原理，先求中间层和输出层权值更新量

$$\Delta w_{kj}=-\eta\frac{\partial E}{\partial w_{kj}}=-\eta\frac{\partial E}{\partial O_k}\cdot\frac{\partial O_k}{\partial net_k}\cdot\frac{\partial net_k}{\partial w_{kj}}=-\eta[-(d_k-O_k)]f'(net_k)y_j=\eta\delta_{O_k}y_j \tag{3.22}$$

其中，η 为常数(学习率，学习步长)；δ_{O_k} 为输出层神经元 k 的 δ 值。

当 y_j 为中间层神经元 j 的输出，net_j 为中间层神经元 j 的输入和时，输入层与中间层间的权值更新量为

$$y_j=f(net_j)\quad（中间层神经元 j 的输出） \tag{3.23}$$

$$net_j=\sum_{i=1}^{I}v_{ji}x_i\quad（中间层神经元 j 的输入和） \tag{3.24}$$

同样，可求得

$$\begin{aligned}\Delta v_{ji}=-\eta\frac{\partial E}{\partial v_{ij}}&=-\eta\frac{\partial E}{\partial O_k}\cdot\frac{\partial O_k}{\partial net_k}\cdot\frac{\partial net_k}{\partial y_j}\cdot\frac{\partial y_j}{\partial net_j}\cdot\frac{\partial net_j}{\partial v_{ji}}=\\&-\eta\frac{\partial}{\partial O_k}\left[\frac{1}{2}\sum_{k=1}^{K}(d_k-O_k)^2\right]\frac{\partial O_k}{\partial net_k}\cdot\frac{\partial net_k}{\partial y_j}f'(net_j)x_i=\\&\eta\sum_{k=1}^{K}(d_k-O_k)f'(net_k)w_{kj}f'(net_j)x_i=\\&\eta\sum_{k=1}^{K}\delta O_k w_{kj}f'(net_j)x_i=\eta\delta_{yj}x_i\end{aligned} \tag{3.25}$$

式(3.25)中取 $k=1\sim K$ 的和，因为所有的 net_k 直接依赖于 y_j；η 为学习步长。

3.6.4 BP 学习算法的步骤

(1) 网络初始化,权值初始值设为小的随机数。

(2) 输入向量输入给输入层,输入向量向输出层传播,各神经元求来自前层神经元的附加权值和,由双曲函数决定输出值。

(输出值)$=f$(输入和)

(3) 向输出层输入教师信号。

(4) 权值学习算法为

[新权值] = [旧权值] + (常数) $\times\delta\times$ (神经元输出)

输出层数值学习应用

$$\delta=\underbrace{(\text{输出})\times[1-(\text{输出})]}_{S\text{函数}f(x)\text{的微分值}}\times[\underbrace{\text{教师信号}-\text{神经元输出}}_{\text{误差}}]$$

除输出层外其他层学习应用为

$$\delta=\underbrace{(\text{输出})\times(1-(\text{输出}))}_{S\text{函数}f(x)\text{的微分值}}\times[\underbrace{\text{来自紧接其后层的}\delta\text{的附加权值和}}_{\text{误差}}]$$

(5) 返向(2),重复(2) ~ (4),直到学习应用到最佳权值。

几个问题的讨论:

① 输出函数为 S 型函数

$$f(x)=\frac{1}{1+e^{-x}}$$

(更新量) = (学习系数) × (误差) × (S 函数微分值) × (神经元输出)

对 S 函数微分有

$$f'(x)=\frac{1}{(1+e^{-x})^2}e^{-x}=\frac{1}{1+e^{-x}}\cdot\frac{1+e^{-x}-1}{1+e^{-x}}=f(x)[1-f(x)]$$

神经元输出在(0,1) 区间,在接近 0 或 1 时,更新量趋于 0,学习变慢;神经元输出在(-1,1) 区间,神经元激发即使很弱,输出也接近 -1,权值更新持续进行,因此会使学习时间变短,但有研究指出,这种情况泛化能力变差。

② 权值初值太大,学习时间变长;太小,输入很难增大,学习时间也长。

③ 加快学习速度的几种方法,改变学习步长可以加快学习速度。此外,引进惯性项也是常用的方法。惯性是借用力学中的概念,不仅考虑当前值,也考虑过去对现在的影响。时间 $t=n$ 时求权值修正量时,增加前面$(n-1)$ 时刻的权值修正 Δw_{ji}^{n-1},即

$$\Delta w_{ji}^{n}=-\eta\frac{\partial E^{n-1}}{\partial w_{ji}^{n-1}}+\alpha\Delta w_{ji}^{n-1}$$

式中,E^{n-1} 为直到时刻 $t=n-1$ 的输出层的平方误差和;α 为惯性系数,$0<\alpha<1$。

3.7　BP 网络的非线性映射能力

1989 年,Robert Hecht-Nielson 证明了对于任何在闭区间内的一个连续函数都可以用一个隐层的 BP 网络来逼近,因而一个三层的 BP 网络可以完成任意的 n 维到 m 维的映射。

这个定理的证明以德国数学家 Weierstrass 的两个逼近定理为依据。

定理 3.1　任意给定一个连续函数 $g \in C(a,b)$ 及 $\varepsilon > 0$,存在一个多项式 $P(x)$,使 $|g(x) - P(x)| < \varepsilon$,对每个 $x \in [a,b]$ 成立。

定理 3.2　任意给定一个函数 $g \in C_{2\pi}$($C_{2\pi}$ 是以 2π 为周期的连续函数),及 $\varepsilon > 0$,存在三角函数多项式 $T(x)$,使得 $|g(x) - T(x)| < \varepsilon$,对每个 $x \in R$ 成立。

推理 3.1　在 n 维空间中,任一向量 $\boldsymbol{x}$ 都可以由基集$\{\boldsymbol{e}_i\}$表示,$\boldsymbol{x} = C_1\boldsymbol{e}_1 + C_2\boldsymbol{e}_2 + \cdots + C_n\boldsymbol{e}_n$,同样在有限区间内 $x \in [a,b]$ 的一个函数 $g(x)$,可以用一个正交函数序列$\{\phi_i(x)\}$来表示。如果基函数可以扩展到任意大,那么

$$g(x) = C_1\varphi_1(x) + C_2\varphi_2(x) + \cdots + C_n\varphi_n(x)$$

如果正交基函数是有限项,那么

$$g(x) = C_1\varphi_1(x) + C_2\varphi_2(x) + \cdots + C_n\varphi_n(x) + \varepsilon$$

$\{\varphi_i(x)\}$是正交的,可以用傅里叶级数的三角函数展开,$C_1,\cdots,C_n$ 为傅里叶级数的系数。

利用推理,对于一个任意给定的一维连续函数 $g(x)$,$x \in [0,1]$,可以用一个傅里叶级数来近似,表示为

$$g_F(x) = \sum_k C_k \exp(2\pi i k x) \tag{3.26}$$

其中

$$C_k = \int_{[0,1]} g(x)\exp(-2\pi i k x)\mathrm{d}x$$

则有 $|g(x) - g_F(x)| < \varepsilon$,对每个 x 成立。

进一步考虑 $\boldsymbol{x}$ 为一个 n 维空间的向量,在$[0,1]^n \in R^n$ 进行映照 $g':[0,1]^n \in R^n \to R$,如果积分$\int_{[0,1]^n} |g'(\boldsymbol{x})|^2 \mathrm{d}\boldsymbol{x}$ 存在,根据傅里叶级数理论,仍旧存在一个级数

$$g'_F(\boldsymbol{x},N,g') = \sum_{k_1=-N}^{N}\sum_{k_2=-N}^{N}\cdots\sum_{k_n=-N}^{N} C_{k_1k_2\cdots k_n}\exp(2\pi i\sum_{i=1}^{n}k_ix_i) = \sum_k C_K\exp(2\pi i k \cdot \boldsymbol{x}) \tag{3.27}$$

$$C_{k_1,k_2,\cdots,k_n} = C_K = \int_{[0,1]^n} |g'(\boldsymbol{x})\exp(-2\pi i k\boldsymbol{x})\mathrm{d}\boldsymbol{x}|\ \mathrm{d}\boldsymbol{x} = 0$$

当 $N \to \infty$ 时,满足

$$\lim_{N\to\infty}\int_{[0,1]^n} | g'(\boldsymbol{x}) - g'_F(\boldsymbol{x},N,g') | \mathrm{d}\boldsymbol{x} = 0$$

现考虑对一个任意多维函数的映照,给定一个函数$\boldsymbol{h}(\boldsymbol{x})$,$\boldsymbol{x}\in R^n$,$[0,1]^n \subset R^n \to R^m$,其中,$\boldsymbol{h}(\boldsymbol{x}) = [h_1(\boldsymbol{x}), h_2(\boldsymbol{x}), \cdots, h_m(\boldsymbol{x})]^{\mathrm{T}}$,则$\boldsymbol{h}$中的每一个分量也都可以用式(3.26)中的傅里叶级数来近似,那么可以得到下面的定理。

定理3.3(映照定理)　给定任一个$\varepsilon > 0$,一个连续函数向量$\boldsymbol{h}$,其向量中的每个元满足$\int_{[0,1]^n} | h_i(\boldsymbol{x}) |^2 \mathrm{d}\boldsymbol{x}$存在,$\boldsymbol{h}:[0,1]^n \subset R^n \to R^m$,必定存在一个三层BP神经网络来逼近函数$\boldsymbol{h}$,使逼近误差在$\varepsilon$之内。

证明　在$\boldsymbol{h}$中取其分量$h_i(\boldsymbol{x})$,根据式(3.26),则有

$$\int_{[0,1]^n} | h_i(\boldsymbol{x}) - \sum_k C_K \exp(2\pi i \boldsymbol{k} \cdot \boldsymbol{x}) |^2 \mathrm{d}\boldsymbol{x} < \delta_1 \tag{3.28}$$

其中,$\boldsymbol{x} \in [0,1]^n$;$\delta_1 > 0$。

如果证明傅里叶级数中的任意三角函数项可以用三层BP的子网络来逼近,那么就可以保证用三层BP子网络来逼近任意函数$h_i(\boldsymbol{x})$,即可逼近多维输出$\boldsymbol{h}(\boldsymbol{x})$。考虑子网络为$n$个输入节点,$n_1$个隐节点和1个输出节点,用该子网络来逼近一个正弦或余弦函数,子网络的输出节点是隐单元输出加权的线性叠加,子网络的输出为

$$y = \sum_{n_1} w_{n_1} f\left(\sum_{i=1}^{n} w_{in_1} x_i - \theta_{n_1}\right) \tag{3.29}$$

其中,ω_{n_1}为第n_1个隐单元到输出单元的权;w_{in_1}为第i个输入单元到第n_1个隐单元的权;θ_{n_1}为隐单元的阈值。图3.9表示这个子网络的结构。现在用此网络来逼近一个正弦函数。

令$u'_{n_1} = \sum_{i=1}^{n} w_{in_1} x_i$,$y(u'_{n_1} - \theta_{n_1}) \sim u'$,即$y(u' - \theta) \sim u'$的关系如图3.10所示。不同的$\theta_{n_1}$,使$y(\cdot)$在$u'$轴上的位置不同。

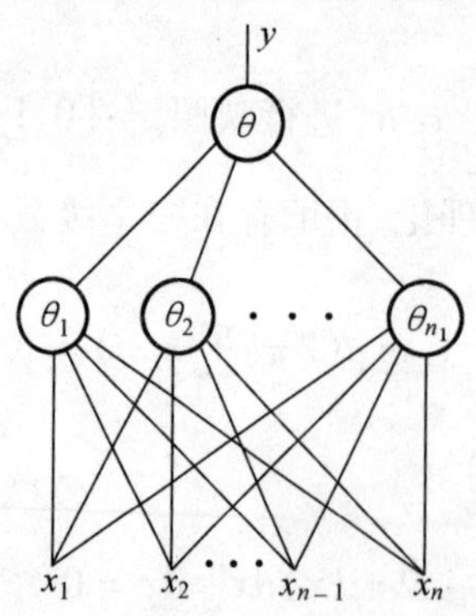

图3.9　用于函数逼近的BP子网络

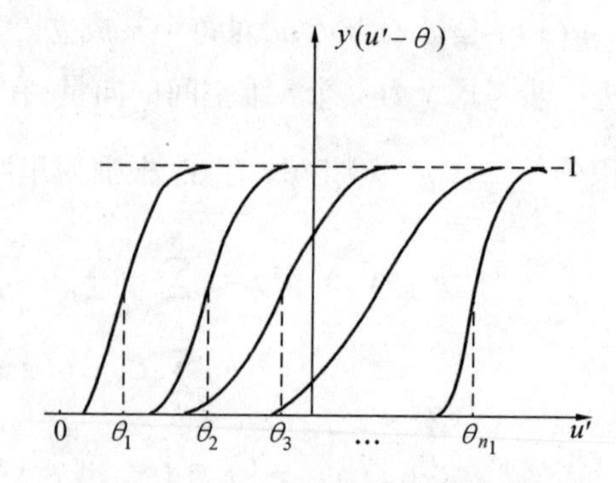

图3.10　θ_{n_1}对隐层输出函数的影响

又令$u'_{n_1}-\theta_{n_1}=\beta_{n_1}(\omega-\alpha_{n_1})$，$\beta_{n_1}\omega=u'_{n_1}$，$\beta_{n_1}$为图3.10中各个$f(\cdot)$曲线的斜率，$\beta_{n_1}$可正可负，图中画的都是正的。$\alpha_{n_1}=\theta_{n_1}/\beta_{n_1}$，为$f_{n_1}(\cdot)$在横轴上的位移，假设用式(3.29)中的$y$去逼近傅里叶级数中的一个正弦函数或余弦函数，设$\sin(2\pi i\sum k_i\cdot x_i)=\sin(u)$，给定一个$\delta_2>0$，讨论是否存在$w_{n_1}$，$w_{in_1}$，$\theta_{n_1}$满足

$$|\sin(u)-\sum_{n_1}w_{n_1}f_{n_1}(\sum_{i=1}^{n}w_{in_2}x_i-\theta_{n_1})|<\delta_2 \tag{3.30}$$

令

$$s(\alpha,\beta,w_l,x)=\sum_{n_1}w_{n_1}f_{n_1}(\beta_{n_1}(\omega-\alpha_{n_1})) \tag{3.31}$$

其中，w_l是与w_{n_1}，w_{in_1}及n_1隐单元的子网络有关的量；α，β与α_{n_1}，β_{n_1}有关，从而α，β，w_l待定。式(2.30)可写为

$$|\sin(u)-s(\alpha,\beta,w_l,x)|<\delta_2 \tag{3.32}$$

u是一个有界变量($d\leqslant u\leqslant e$)，为了满足式(3.32)，对位移量作区间分割

$$d\leqslant\alpha_0<\alpha_1<\alpha_2\cdots<\alpha_{n_1-1}<\alpha_{n_1}\leqslant e$$

而β_{n_1}足够大，此时，$f_{n_1}(\beta_{n_1}(\omega-\alpha_{n_1}))$为一个硬函数，是一阶跃函数，它的范围在[0,1]之间，而$w_{n_1}f_{n_1}(\beta_{n_1}(\omega-\alpha_{n_1}))$是一个高度为$w_{n_1}$的阶梯函数，$w_{n_1}$可正可负，其阶梯的长度为$(\alpha_i-\alpha_{i-1})$，$i=1,2,\cdots,n_1$，其阶梯的高度为$w_{n_1}$，对于任意的$\delta_2>0$，$s(\alpha,\beta,w_l,x)$总可以通过选择足够的$n_1$，调节$w_{n_1}$，和$\alpha_i-\alpha_{i-1}$的宽度达到$\delta_2$范围内的逼近，而满足式(3.32)。

函数$\boldsymbol{h}(\boldsymbol{x})$是$m$维空间的向量，对其中一个分量$h_i(\boldsymbol{x})$的逼近，可用式(3.28)中的傅里叶级数进行，改变式(3.28)中的系数C_K为$a(K,e)$，$b(K,l)$，是实部或虚部三角函数系数，用$y(\boldsymbol{x})$表示由l个子网络组合成的三层BP网络，输出$y(\boldsymbol{x})$为单个神经元，用来逼近输出向量$\boldsymbol{h}$中的一个分量$h_i(\boldsymbol{x})$，用$h_F(\boldsymbol{x})$表示$h_i(\boldsymbol{x})$的傅里叶变换，则有

$$\begin{aligned}h_F(\boldsymbol{x})-y(\boldsymbol{x})=&\sum_{K\in w_l}a(K,l)[\sin(u)-s(\alpha,\beta,w_l,\boldsymbol{x})]+\\&\mathrm{i}\sum_{K\in w_l}b(K,l)[\cos(u)-s'(\alpha,\beta,w_l,\boldsymbol{x})]\end{aligned} \tag{3.33}$$

用$y(\boldsymbol{x})$来逼近$h_i(\boldsymbol{x})$，利用式(3.28)、(3.33)可得

$$\begin{aligned}&\int_{[0,1]^n}|h_i(\boldsymbol{x})-y(\boldsymbol{x})|^2\mathrm{d}\boldsymbol{x}=\int|h_i(\boldsymbol{x})-h_F(\boldsymbol{x})+h_F(\boldsymbol{x})-y(\boldsymbol{x})|^2\mathrm{d}\boldsymbol{x}\leqslant\\&\int_{[0,1]^n}|h_i(\boldsymbol{x})-h_F(\boldsymbol{x})|^2\mathrm{d}\boldsymbol{x}+\int_{[0,1]^n}|h_F(\boldsymbol{x})-y(\boldsymbol{x})|^2\mathrm{d}x\leqslant\\&\delta_1+\delta_2\sum(a^2(K,l)+b^2(K,l))\leqslant\varepsilon\end{aligned} \tag{3.34}$$

因为δ_1，δ_2是可任意选取的小数，$\delta_1>0$，$\delta_2>0$，$a^2+b^2>0$，因此给定任一小的正数$\varepsilon>0$，总可找到δ_1，δ_2及有界的傅里叶级数的系数满足式(3.34)，那么利用式(3.28)、(3.32)可得到$h_i(\boldsymbol{x})$与$y(\boldsymbol{x})$的任意小数ε内的逼近，从而能得到输出矢量$\boldsymbol{h}(\boldsymbol{x})$的逼近，

证毕。

在证明中,把$f_{n_1}(\cdot)$取为阶跃函数,这过于严格,其实$f(\cdot)$函数本身是一个连续函数,可以展开为多项三角函数的叠加,这样n_1的数目不一定要很大。同样可用逼近定理3.1、3.2来证明其三层BP网络对任意函数的映照都成立,这里就不再讨论。

3.8 神经网络应用

神经网络的应用领域较广泛,主要包括:

(1) 模式识别:声音识别,文字识别,图像识别等。

(2) 控制问题:过程控制,机器人控制,逆模型控制等。

(3) 预测问题:经济预测,故障预测与诊断等。

(4) 优化问题:控制系统参数优化等。

第4章　进化算法与遗传算法

4.1　生物的进化与遗传

19世纪上半叶能量守恒、细胞学说和进化论的发现使得自然科学取得了许多成就。达尔文创立的进化论，曾被作为生物界及人类文明史上的一个里程碑。1859年英国生物学家达尔文(C. R. Darwin)发表了《物种起源》，提出了物竞天演，适者生存，不适者淘汰的以自然选择为基础的生物进化论，指出生物的发展和进化有3种主要形态：遗传、变异和选择。1866年，奥地利植物学家孟德尔(G. Mendel)发表著名论文《植物杂种实验》，阐明了生物的遗传规律。

地球上的生物都是经过长期进化而发展起来的，根据达尔文的自然选择学说，地球上的生物具有很强的繁殖能力，在繁殖过程中大多数通过遗传使物种保持相似的后代，部分由于变异产生差别，甚至产生新物种。由于大量繁殖，生物数目急剧增加，但自然界资源有限，为了生存，生物间展开竞争，适应环境的、竞争能力强的生物就生存下来，不适应者就消亡，通过不断的竞争和优胜劣汰，生物不断地进化。

进化算法的基本思想是借鉴生物进化的规律，通过繁殖—竞争—再繁殖—再竞争实现优胜劣汰，使问题一步一步逼近最优解；或者说进化算法是仿照生物进化过程，按照优胜劣汰的自然选择优化的规律和方法，来解决科学研究、工程技术及管理等领域用传统的优化方法难以解决的优化问题。

4.2　进化算法的分类

1. 遗传算法(GA, Genetic Algorithm)

建立在自然选择和自然遗传学机理基础上的迭代自适应概率性搜索算法，是由美国密歇根大学J. H. Holland教授在1975年提出的。

2. 遗传规划(GP, Genetic Programming)

1992年，由美国J. R. Koza提出，用层次化的结构性语言表达问题，它类似于计算机程序分行或分段地描述问题。这种广义的计算机程序能够根据环境状态自动改变程序的结构及大小。

3. 进化策略(ES,Evolutionary Strategies)

1963 年,德国柏林技术大学 I. Rechenberg 和 H. P. Schwefel 为了研究风洞中的流体力学问题提出的。

4. 进化规划(EP,Evolutionary Programming)

1962 年美国 J. Fogel 首先提出,并未引起重视,后其子 D. B. Fogel 改善了这种方法,并得到了应用,1992 年在美国圣迭戈举行第一届进化规划年度会议,以后每年一次。应该指出,进化规划与进化策略十分相似,前者主要应用在美国,后者主要应用在欧洲。

4.3 遗传算法

遗传算法是模拟达尔文的遗传选择和自然淘汰的生物进化过程的计算模型,是美国 J. Holland 教授在 1975 年提出的,他的目的一是抽取和解释自然系统的自适应过程,二是设计具有自然系统机理的人工系统。

4.3.1 从求函数极值看遗传算法原理

问题:求二次函数 $f(x)=x^2$ 的最大值,设 $x \in [0,31]$。

利用代数运算该问题的解显然为 $x=31$,现用遗传算法求解。

1. 编码

用二进制码字符串表达所研究的问题称为编码,每个字符串称为**个体**,相当于遗传学中的染色体,每一遗传代次中个体的组合称为**群体**。

由于 x 的最大值为 31,只需 5 位二进制数组成个体。

2. 产生初始群体

采用随机方法,假设得出初始群体分别为

01101,11000,01000,10011

其 x 值分别对应为 13、24、8、19,如表 4.1 所示。

表 4.1 遗传算法的初始群体

个体编号	初始群体	x_i	适应度 $f(x_i)$	$f(x_i)/\sum f(x_i)$	$f(x_i)/\bar{f}$(相对适应度)	下代个体数目
1	01101	13	169	0.14	0.58	1
2	11000	24	576	0.49	1.97	2
3	01000	8	64	0.06	0.22	0
4	10011	19	361	0.31	1.23	1
适应度总和 $\sum f(x_i)=1\ 170$;适应度平均值 $\bar{f}=293$;$f_{\max}=576$;$f_{\min}=64$						

3. 计算适应度

为了衡量个体(字符串、染色体)的好坏,采用适应度(Fitness)作为指标,又称目标函数。

本例中用 x^2 计算适应度,对于不同 x 值,适应度如表 4.1 中 $f(x_i)$ 所示。

$$\sum f(x_i) = f(x_1) + f(x_2) + f(x_3) + f(x_4) = 1\ 170$$

平均适应度 $\bar{f} = \sum f(x_i)/4 = 293$ 反映群体整体平均适应能力。

相对适应度 $f(x_i)/\bar{f}$ 反映个体之间优劣性。

显然,2 号个体相对适应度值最高,为优良个体,而 3 号个体为不良个体。

4. 选择(Selection,又称复制 Reproduction)

从已有群体中选择出适应度高的优良个体进入下一代,使其繁殖;删掉适应度小的个体。

本例中,2 号个体最优,在下一代中占 2 个,3 号个体最差,删除,1 号与 4 号个体各保留 1 个,新群体分别为

01101,11000,11000,10011

对新群体适应度计算如表 4.2 所示。

表 4.2　遗传算法的复制与交换

个体编号	复制初始群体	x_i	复制后适应度	交换对象	交换位置	交换后群体	交换后适应度 $f(x_i)$
1	01101	13	169	2 号	3	01100	144
2	11000	24	576	1 号	3	11001	625
3	11000	24	576	4 号	2	11011	729
4	10011	19	361	3 号	2	10000	256
适应度总和 $\sum(x_i)$			1 682				1 754
适应度平均值 $\bar{f}(x_i)$			421				439
适应度最大值 f_{max}			576				729
适应度最小值 f_{min}			169				256

由表 4.2 可看出,复制后淘汰了最差个体 3 号,增加了优良个体 2 号,使个体的平均适应度增加。复制过程体现优胜劣汰原则,使群体的素质不断得到改善。

5. 交叉(Crossover,又称交换、杂交)

复制过程虽然平均适应度提高,但却不能产生新的个体,模仿生物中杂交产生新品种

的方法,对字符串(染色体)的某些部分进行交叉换位。对个体利用随机配对方法决定父代,如 1 号和 2 号配对;3 号和 4 号配对,以 3 号和 4 号交叉为例:

父代 (3号)　11¦000　→　11¦011　个体(新3号)
父代 (4号)　10¦011　→　10¦000　个体(新4号)

经交叉后出现的新个体 3 号,其适应度高达 729,高于交换前的最大值 576,同样 1 号与 2 号交叉后新个体 2 号的适应度由 575 增加为 625,如表 4.2 所示。此外,平均适应度也从原来的 421 提高到 439,表明交叉后的群体正朝着优良方向发展。

6. 突变(Mutation,又称变异、突然变异)

在遗传算法中模仿生物基因突变的方法,将表示个体的字符串某位由 1 变为 0,或由 0 变为 1。例如,将个体 10000 的左侧第 3 位由 0 突变为 1,则得到新个体 10100。

在遗传算法中,以什么方式突变,由事先确定的概率决定。一般,取突变概率为 0.01 左右。

7. 反复上述 3 ~ 6 项工作,直到得到满意的最优解为止

从上述用遗传算法求解函数极值过程可以看出,遗传算法仿效生物进化和遗传的过程,从随机生成的初始可行解出发,利用复制(选择)、交叉(交换)、变异操作,遵循优胜劣汰的原则,不断循环执行,逐渐逼近全局最优解。

实际上给出具有极值的函数,可以用传统的优化方法进行求解,当用传统的优化方法难以求解,甚至不存在解析表达、隐函数不能求解的情况下,用遗传算法优化求解就显示出巨大的潜力。

4.3.2　遗传算法的基本术语

(1)个体(或染色体):繁殖的基本单位。

(2)基因:遗传操作的最小单元,以一定排列方式构成染色体。

(3)种群:多个个体组成种群,进化之初的最原始种群被称做初始种群(群体),然后一代一代不断更新。

(4)编码:将搜索空间解的表示映射成遗传空间解的表示。

(5)适应度:解的目标函数值,用以估计个体的好坏程度。

4.3.3　遗传算法的基本操作

遗传算法的基本操作(见图 4.1)。

1. 选择

从种群中按一定标准选定适合作亲本的个体,通过交配后复制出子代来。选择有多种方法:

(1)适应度比例法:利用比例于各个个体适应度的概率决定于其子孙遗留的可能性。

(2)期望值法:计算各个个体遗留后代的期望值,然后再减去 0.5。

(3)排位次法:按个体适应度排序,对各位次预先已被确定的概率决定遗留为后代。

(4)精华保存法:无条件保留适应度大的个体不受交叉和变异的影响。

2. 交叉

交叉是把两个染色体换组(重组)的操作,交叉有多种方法,如单点交叉,多点交叉,部分映射交叉(PMX),顺序交叉(OX),循环交叉(CX),基于位置的交叉,基于顺序的交叉和启发式交叉等。

3. 变异

基因以一定概率变化操作 0→1,1→0,变异有局部搜索的功能。

在选择、交叉和变异的三个基本操作中,选择体现了优胜劣汰的竞争进化思想,而优秀个体从何而来,还靠交叉和突然变异操作获得,交叉和变异实质上都是交叉。

随机选择几个位置,子代的这些位置继承父代第 1 亲本相位基因,余下的基因由第 2 亲本中出现的次序填入,并跳过已含有的基因,这种交叉保留亲本的绝对位置信息。

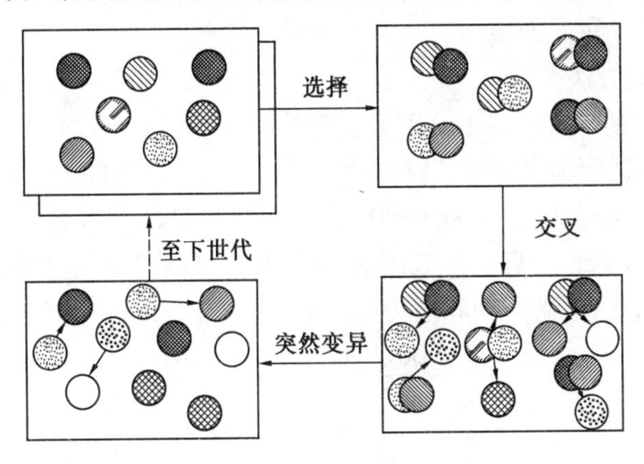

图 4.1　遗传算法的基本操作

4.4　基本遗传算法及其在函数优化中的应用

1989 年 Goldberg 总结出一种最基本的 GA,称为基本遗传算法,或称简单的 GA,记为 SGA,它的构成要素如下:

(1)染色体编码方法:采用固定长度二进制符号串表示个体,初始群体个体的基因值由均匀分布的随机数产生。

(2)个体适应度评价:采用与个体适应度成正比例的概率来决定当前群体中个体遗传下一代群体的机会(概率)多少。

(3)基本遗传操作——选择、交叉、变异(3 种遗传算子)。

（4）基本运行参数：M 为群体的大小，所包含个体数量一般取 20 ~ 100；

T 为进化代数，一般取 10 ~ 500；

p_c 为交叉概率，一般取 0.4 ~ 0.99；

p_m 为变异概率，一般取 0.000 1 ~ 0.1；

l 为编码长度，当用二进制编码时长度取决于问题要求的精度；

G 为代沟，表示各群体间个体重叠程度的一个参数，即表示一代群体中被换掉个体占全部个体的百分率。

下面举例说明基本遗传算法在函数优化中的应用。

求 Rosenbrock 函数全局最大值

$$\max f(x_1,x_2)=100(x_1^2-x_2)^2+(1-x_1)^2 \tag{4.1}$$

$$\text{s.t.}\quad -2.048 \leqslant x_i \leqslant 2.048 \quad (i=1,2)$$

Step1：确定决策过程和约束条件。

式（4.2）给出了决策变量及其约束条件建立优化模型。

Step2：式（4.1）给出问题模型。

Step3：确定编码方法。

用长度为 10 位的二进制码串分别表示两个决策变量 x_1,x_2，将 x_1,x_2 的定义域离散化为 1 023 个均等区域（因为 10 位二进制码可表示 0 ~ 1 023 之间 1 024 个不同数），从离散点 − 2.048 到 2.048 依次对应从 0000000000 ~ 1111111111 之间的二进制码，再将分别表示 x_1,x_2 的两个 10 位长码串联在一起组成 20 位长二进制码串，这就构成了函数优化问题的染色体编码方法，这样，解空间和遗传算法的搜索空间具有一一对应关系，如

$$X:\underbrace{0000110111}_{x_1}\ \underbrace{1101110001}_{x_2}$$

表示一个个体的基因型。

Step4：确定解码方法。

解码时将 20 位长二进制码切断成两个 10 位长二进制码串，再分别变换成十进制整数代码，记为 y_1、y_2。本例中代码 y_i 转换为 x_i 的解码公式为

$$x_i=4.096\times\frac{y_i}{1023}-2.048 \quad (i=1,2) \tag{4.2}$$

如

$$X:0000110111 \quad 1101110001$$

$$y_1=55 \qquad y_2=881$$

由 y_1,y_2 可求得　$x_1=-1.828$　$x_2=1.476$

Step5：确定个体评价方法。

因为给定函数的值域总是非负的，故将个体适应度直接取对应的目标函数

$$F(x)=f(x_1,x_2) \tag{4.3}$$

Step6：设计遗传算子。

选择运算使用比例选择算子，交叉运算使用单复交叉，变异使用基本位变异。

Step7：确定 GA 运行参数。

群体大小 $M=80$；终止代数 $T=200$；交叉概率 $p_c=0.6$，变异概率 $p_m=0.001$。

通过上述 7 个步骤，构成对 Rosenbrock 函数优化的 GA 算法。

4.5　遗传算法的模式定理

由 GA 的操作过程不难看出，新个体的结构模式与其父代个体的结构模式之间有着紧密联系，其模式结构具有相似性，都对应高适应度值。

(1)模式(Schema)：一个描述字符串集的模板，该字符串集中的串的某些位置上存在相似性。

如用"＊"表示既可为 0，又可为 1，则三值字符串{0,1,＊}的模板可产生两个个体(0,1,0)，(0,1,1)，"＊111＊"可代表 4 个个体 01110，01111，11110，11111。

(2)模式的阶：模式中已有明确含意(二进制字符时指 0 或 1)的字符个数，记为 O(*H*)，如{011＊1＊＊}含有 4 个明确含意的字符，其阶次 O(011＊1＊＊)＝4。

(3)模式长度：模式中最前面和最后面两个具有明确含意字符之间距离，记为 δ(*H*)，如 δ(011＊1＊＊)＝4。

(4)模式定理：遗传算法经复制(选择)、交叉、变异操作后模式 *H* 在下一代群体中所拥有的个体数目为

$$m(H,t+1) \geqslant m(H,t)\frac{f(H)}{\bar{f}}\left[1-p_c\frac{\delta(H)}{(L-1)}-p_m O(H)\right] \tag{4.4}$$

式中，$m(H,t+1)$ 表示复制后在下一代$(t+1)$中，群体内属于模式 H 的个体数目；$\bar{f}$ 表示第 t 代所有个体平均适应度，$\bar{f}=\frac{\sum f_i}{n}$，$n$ 为群体中个体数；$\delta(H)$ 为模式长度；L 为染色体长度；$O(H)$ 为模式的阶次；p_c 为交叉概率，p_m 为变异概率；$p_c\frac{\delta(H)}{(L-1)}$ 表示由一点交叉引起模式 H 被破坏的概率；$p_m O(H)$ 表示由突然变异引起模式 H 被破坏的概率。

式(4.4)为 GA 的基本理论公式——模式定理，表明所有长度短、阶次低、平均适应度高于群体平均适应度的模式 *H* 在 GA 中呈指数形式增长；相反，长度长、阶次高、平均适应度低于群体适应度的模式呈指数形式消失。模式定理深刻地阐明了 GA 中发生优胜劣汰的原因。

(5)隐并行机理：遗传算法由于突然变异概率很小，只考虑交叉对个体的破坏，可以证明，GA 算法存活的模式数目 n_s 是群体中个体数目 n 的三次方，表面上每一代只处理 n

个个体，实质上却处理了 Cn^3 个能存活的模式，因此，GA 是一种隐藏在字符串背后的并行算法，故称隐并行算法。正是由于这种隐并行机理，GA 的搜索效率很高。

4.6 GA 的收敛性分析

模式定理虽然给出了定理，估算了具有较优结构特点模式在进化中增长规律，但并未给出 GA 能收敛于问题最优解的概率。在 GA 中，若把一代群体看做一种状态的话，则可把整个进化过程作为一个随机过程来研究，并可用 Markov 链来对进化过程进行理论分析。

基于 GA 可描述为一个齐次 Morkov 链 $P_t = \{p(t), t \geqslant 0\}$，因为 GA 的选择、交叉和变异都是独立随机进行的操作，新群体仅与其他代群体及遗传操作算子有关，而与其父代群体之前的各代群体无关，即群体无后效性，并且各代群体之间的转换概率与时间起点无关。

定理 4.1 基本 GA 收敛于最优解的概率小于 1。使用保留最佳个体策略的 GA 算法能收敛于最优解的概率为 1。

证明：略，可参看有关文献。

4.7 GA 的特点及其应用领域

与传统优化方法相比，遗传算法具有以下特点：

(1) GA 以决策变量编码作为运算对象，传统优化算法往往直接利用决策变量的实际值本身来进行优化计算，但 GA 不是直接以决策变量的值为运算对象，而是以决策变量的某种形式的编码为运算对象。

(2) GA 直接以目标函数值作为搜索信息，传统的优化算法不仅需要目标函数值，而且往往需要目标函数的导数及一些辅助信息，才能确定搜索方向。

(3) GA 同时使用多个搜索点搜索信息，传统优化往往从解空间中一点开始。

(4) GA 使用概率搜索技术，传统优化使用确定性的搜索方法，从一点到另一点都具有确定性方法和转移关系。

GA 具有上述特点，所以 GA 应泛地应用下述多个领域：

(1) 函数优化：对于一些非线性、多模型、多目标的函数优化问题，用其他优化方法难求解。

(2) 组合优化：旅行商问题，背包问题，装箱问题，图形划分等。

(3) 生产调度问题。

(4) 自动控制：应用 GA 进行航空控制系统的优化，使用 GA 设计空间交会控制器，基于 GA 的模糊控制器优化设计,系统辨识,学习模糊控制规则。

(5)机器人学:用于 GA 的移动机器人路径规划,关节机器人轨迹规划,机器人逆动态求解等。

(6)图像处理:用于模式识别、图像恢复、图像边缘特征提取。

(7)机器学习。

第5章　模拟退火算法

5.1　SA的基本思想

SA是根据物理中固体物质的退火过程与一般组合优化问题之间的相似性而提出的。最早是由Metropolis在1953年提出的,而后由Kirkpatrick等人在1983年将其用于组合优化问题。

SA是一种通用的全局优化算法,因此获得了广泛的工程应用,如生产调度、控制工程、机器学习、神经网络、图像处理、模式识别及超大规模集成电路等领域。SA最早是为解决组合优化而提出的,它模仿了金属材料高温退火液体结晶的过程。

金属(高温)退火(液体结晶)过程可分为3个阶段:

(1)高温过程:在加温过程中,粒子热运动加剧且能量提高,当温度足够高时,金属熔解为液体,粒子可以自由运动和重新排列。

(2)降温过程:随着温度下降,粒子能量减少,运动减慢。

(3)结晶过程:粒子最终进入平衡状态,固化为具有最小能量的晶体。

模拟退火算法需要两个主要操作:

一个是热静力学操作,用于安排降温过程;另一个是随机张弛操作,用于搜索在特定温度下的平衡态。SA的优点在于它具有跳出局部最优解的能力。在给定温度下,SA不但进行局部搜索,而且能以一定的概率“爬山”到代价更高的解答,以避免陷入局部最优解。

5.2　固体退火过程的统计力学

将固体高温加热至熔化状态,再徐徐冷却使之凝固成规整晶体的热力学过程称为固体退火(又称物理退火)。

固体退火过程可以视为一个热力学系统,是热力学与统计物理的研究对象。前者从由经验总结出的定律出发,研究系统宏观量之间联系及其变化规律;后者通过系统内大量微观粒子统计平均值计算宏观量及其涨落,更能反映热运动的本质。

固体在加热过程中,随着温度的逐渐升高,固体粒子的热运动不断增强,能量在提高,于是粒子偏离平衡位越来越大。当温度升至熔解温度后,固体熔解为液体,粒子排列从较有序的结晶态转变为无序的液态,这个过程称为熔解,其目的是消除系统内可能存在的非均匀状态,使随后进行的冷却过程以某一平衡态为起始点。熔解过程中系统能量随温度升高而增大。

冷却时,随着温度徐徐降低,液体粒子的热运动逐渐减弱而趋于有序。当温度降至结晶温度后,粒子运动变为围绕晶体格子的微小振动,由液态凝固成晶态,这一过程称为退火。为了使系统在每一温度下都达到平衡态,最终达到固体的基态,退火过程必须徐徐进行,这样才能保证系统能量随温度降低而趋于最小值。

5.3　模拟退火模型

在退火过程中,金属加热到熔解后会使其所有分子在状态空间 S 中自由运动。随着温度徐徐下降,这些分子会逐渐停留在不同的状态。根据统计力学原理,Metropolis 在1953 年提出一个数学模型,用以描述在温度 T 下粒子从具有能量 $E(i)$ 的状态 i 进入具有能量 $E(j)$ 的状态 j 的原则:

若 $E(j) \leqslant E(i)$,则状态转换被接收;若 $E(j) > E(i)$,则状态转换以如下概率被接收:

$$P_{\mathrm{r}} = \mathrm{e}^{\frac{E(i)-E(j)}{kT}} \tag{5.1}$$

其中,K 为 Boltzmann 常数;T 为材料的温度。

在一个特定的环境下,如果进行足够多次的转换,将能达到热平衡,此时,材料处于状态 i 的概率服从 Boltzmann 分布,即

$$\pi_i(T) = P_T(S = i) = \mathrm{e}^{-\frac{E(i)}{kT}} / \sum_{j \in S} \mathrm{e}^{-\frac{E(j)}{kT}} \tag{5.2}$$

其中,S 表示当前状态的随机变量;分母表示状态空间中所有可能状态之和。

在高温 $T \to \infty$ 时,则有

$$\lim_{T\to\infty}\pi_i(T) = \lim_{T\to\infty}\left(\mathrm{e}^{-\frac{E(i)}{kT}} / \sum_{j \in S} \mathrm{e}^{-\frac{E(j)}{kT}}\right) = \frac{1}{|S|} \tag{5.3}$$

这一结果表明在高温下所有状态具有相同的概率。

随着温度的下降,$T \to 0$ 时,则有

$$\lim_{T\to 0}\pi_i(T) = \lim_{T\to 0}\frac{\mathrm{e}^{-\frac{E(i)-E_{\min}}{kT}}}{\sum_{j \in S_{\min}} \mathrm{e}^{-\frac{E(j)-E_{\min}}{kT}}} =$$

$$\lim_{T\to 0}\frac{\mathrm{e}^{-\frac{E(i)-E_{\min}}{kT}}}{\sum_{j \in S_{\min}} \mathrm{e}^{-\frac{E(i)-E_{\min}}{kT}} + \sum_{j \notin S_{\min}} \mathrm{e}^{-\frac{E(j)-E_{\min}}{kT}}} =$$

$$\begin{cases}\frac{1}{|S_{\min}|} & i \in S_{\min} \\ 0 & \text{其他}\end{cases} \tag{5.4}$$

其中，$E_{\min}=\min_{j\in S}E(j)$ 且 $S_{\min}=\{i:E(i)=E_{\min}\}$，当温度降至很低时，材料趋向进入具有最小能量的状态。

退火过程是在每一温度下热力学系统达到平衡的过程，系统状态的自发变化总是朝着自由能减少的方向进行，当系统自由能达到最小值时，系统达到平衡态。

在同一温度，分子停留在能量小状态的概率比停留在能量大状态的概率要大。

当温度相当高时每个状态分布的概率基本相同，接近平均值 $1/|S|$，$|S|$ 为状态空间中状态的个数。随着温度下降并降至很低时，系统进入最小能量状态。当温度趋于0时，分子停留在最低能量状态的概率趋向1。

下面通过例子观察不同温度和能量点上粒子概率分布的情况。

例 5.1　在温度 T，分子停留在状态 x 的概率分布为

$$P(x)=\frac{1}{q(T)}\exp(-\frac{x}{T})$$

其中，$q(T)=\sum_{x=1}^{4}e^{-\frac{x}{T}}$ 为标准化因子，设共有4个能量点 $x=1,2,3,4$。

求 $T=20,5,0.5$ 3个温度点概率分布变化。

表5.1给出了3个温度点对应4个能量点的概率分布，从中不难看出：

(1) 在较高温度 $T=20$℃ 时，4个点的概率分布相差较小，概率可视为均匀分布的，但能量最低状态 $x=1$ 的概率为0.269，高出平均概率0.25，这相当于低能状态分子的随机游动(迁移)。

(2) 当温度下降到 $T=5$℃ 时，状态4发生的概率变得比较小，表示高能点随温度下降，活跃程度下降。

(3) 当温度下降到 $T=0.5$℃ 时，$x=1$ 的概率达0.865，而其他3个状态的概率都很小，加起来为0.135。

表5.1　3个温度点对应4个能量状态的概率分布

T \ $p(x)$ \ x	1	2	3	4
20	0.269	0.256	0.243	0.232
5	0.329	0.269	0.221	0.181
0.5	0.865	0.117	0.016	0.002

从表5.1中可以看出，在非能量最低状态 $x=2$ 的概率在3个温度点(0.5,5,20)有一个上升和下降的过程，如图5.1所示。

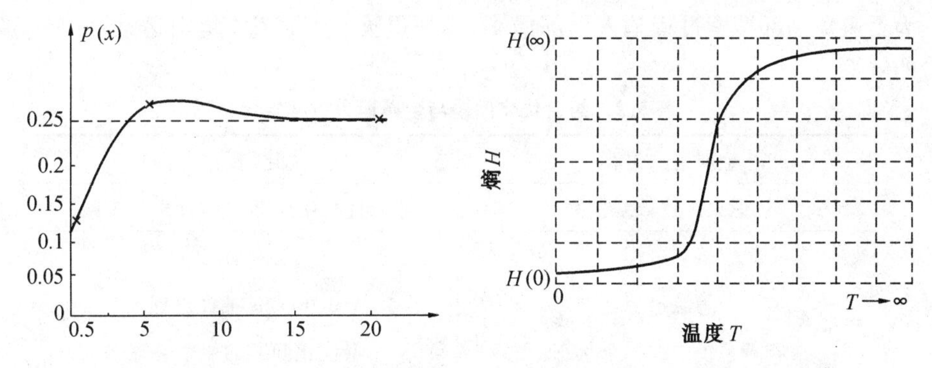

图5.1 非最低能量状态 $x=2$ 的概率分布　图5.2 材料的熵 $H(T)$ 与温度 T 的关系

在统计力学中,熵被用来衡量物理系统的有序性。处于热平衡状态下熵的定义为

$$H(T)=-\sum_{i\in S}\pi_i(T)\cdot\ln\pi_i(T) \tag{5.5}$$

在高温 $T\to\infty$ 时

$$\lim_{T\to\infty}H(T)=-\sum_{i\in S}\frac{1}{|S|}\ln\frac{1}{|S|}=\ln|S| \tag{5.6}$$

在低温 $T\to 0$ 时

$$\lim_{T\to 0}H(T)=-\sum_{i\in S_{\min}}\frac{1}{|S_{\min}|}\ln\frac{1}{|S_{\min}|}=\ln|S_{\min}| \tag{5.7}$$

通过定义平均能量及方差,进一步可以求出

$$\frac{\partial H(T)}{\partial T}=\frac{\sigma_T^2}{K^2T^3} \tag{5.8}$$

由式(5.8)不难看出,熵随着温度下降而单调递减。熵越大系统越无序,固体加高温熔化后系统分子运动无序,系统熵大。温度缓慢下降使材料在每个温度都松弛到热平衡,熵在退火过程中会单调递减,最终进入有序的结晶状态,熵达到最小,如图5.2所示。

5.4 Metropolis 算法与组合优化问题

Metropolis 算法描述了液体结晶过程:在高温下固体材料熔化为液体,分子能量较高,可以自由运动和重新排序;在低温下,分子能量减小,自由运动减弱,迁移率减小,最终进入到能量最小的平衡态,分子有序排列凝固成晶体。

一个组合优化最小代价问题的求解过程,利用局部搜索从一个给定的初始解出发,随机生成新的解,如果这一代解的代价小于当前解的代价,则用它取代当前解,否则舍去这一新解。不断地随机生成新解重复上述步骤,直至求得最小代价值。

表5.2 给出了组合优化问题与金属退火过程类比。

为了避免局部搜索过程陷入局部最小,模拟退火允许产生“爬山运动”,即转移到高代价的解答。

表 5.2 组合优化问题与金属退火过程类比

金属退火过程	组合优化(模拟退火)
热退火过程数学模型	组合优化中局部(域)搜索的推广
熔解过程	设定初温
等温过程	Metropolis 抽样过程
物理系统中的一个状态	最优化问题的一个解答
状态的能量	解答的代价
粒子的迁移率	解答的接受率
能量最低状态	最优解
能量	目标函数(代价函数,费用函数)
温度	控制参数
冷却	控制参数下降

基于 Metropolis 接受准则的“突跳性搜索”可避免搜索过程陷入局部极小,并最终趋于全局最优解,传统的“瞎子爬山”方法显然做不到这一点,表现出对初值具有依赖性。

5.5 SA 的主要操作及实现步骤

1. SA 有两个主要操作

(1)冷却流程的热静力学操作,用于设定温度下降幅度(算法中的一个参数)。

(2)用于在每个温度下搜索最优解的随机松弛过程。

在实际应用中,SA 必须在有限时间内实现,这需要下述条件:①一个起始温度;②一个控制温度下降的函数;③一个决定在每个温度下状态转移(迁移)参数的准则;④一个终止温度;⑤一个终止 SA 的准则。

2. SA 实现步骤(流程)

下面以 Kirkpatrick 等人解决计算机芯片布线问题加以说明。

(1) 给定初始温度 $T_0 = 10$,初始温度可从一个较低温度开始,逐步升温直到接受率接近于 1。

(2) 降温函数 $T_{k+1} = \alpha T_k$,α 接近于 1,T_k 代表第 k 次递减的温度,本例中 $\alpha = 0.9$。

(3) 以 50 000 次被接受的转移作为每个温度下的阈值。

(4) 当温度足够接近 0 时,或最后一个解答的代价不再发生变化时,SA 终止。

5.6　用 SA 求解 TSP 问题的例子

用 SA 解决组合优化问题主要有:

(1) 简明的问题表示,在解答空间上所有可能解有良好的代价函数。

(2) 从一个解答到另一个解答的扰动和转移机制。

(3) 冷却过程。

旅行商问题:要访问 N 个城市并回到初始城市,令 $\boldsymbol{D}=[d_{XY}]$ 为距离矩阵,且 d_{XY} 为城市 $X \rightarrow Y$ 之间距离,其中 $X,Y=1,2,\cdots,N$。用 SA 求解 TSP 问题步骤如下:

(1) 解空间定义为 $S=\{N$ 城市的所有循环排列

$$E=(e(1),\cdots,e(N))\} \tag{5.9}$$

其中,$e(k)$ 表示从 k 城市出发访问下一城市,旅程的总代价函数定义为

$$f(E)=\sum_{X=1}^{N} d_{X,e(x)} \tag{5.10}$$

(2) 任选两个城市 X 和 Y,采用二交换机制通过反转 X 和 Y 之间访问城市的顺序而获取新的旅程。给定一旅程

$$(e(1),\cdots,e^{-1}(X),X,e(X),\cdots,e^{-1}(Y),Y,e(Y),\cdots,e(N)) \tag{5.11}$$

对城市 X 和 Y 施加交换,可得新旅程

$$(e(1),\cdots,e^{-1}(X),X,e^{-1}(Y),\cdots,e(X),Y,e(Y),\cdots,e(N)) \tag{5.12}$$

旅程代价的变化为

$$\Delta f=d_{X,e^{-1}(Y)}+d_{e(X),Y}-d_{X,e(X)}-d_{e^{-1}(Y),Y} \tag{5.13}$$

这一转移机制符合 Metropolis 准则,即

$$\text{接受新旅程的概率}=\begin{cases}1 & \text{若 } \Delta f \leqslant 0 \\ \mathrm{e}^{-\frac{\Delta f}{T}} & \text{否则}\end{cases}$$

(3) 采用冷却过程。图 5.3 给出了应用模拟退火算法求解 TSP 问题的流程图。

图 5.3 中,i 和 j 为标记旅程;k 为标记温度;l 为在每个温度下已生成旅程的个数;T_k 和 L_k 分别表示第 k 步温度和允许长度;E_i 和 E_j 分别为当前旅程和新生成的旅程;$f(E)$ 为代价函数;$\Delta f=f(E)-f(E_i)$;rand[0,1] 为 0 和 1 之间均匀分布的随机数发生器的值。

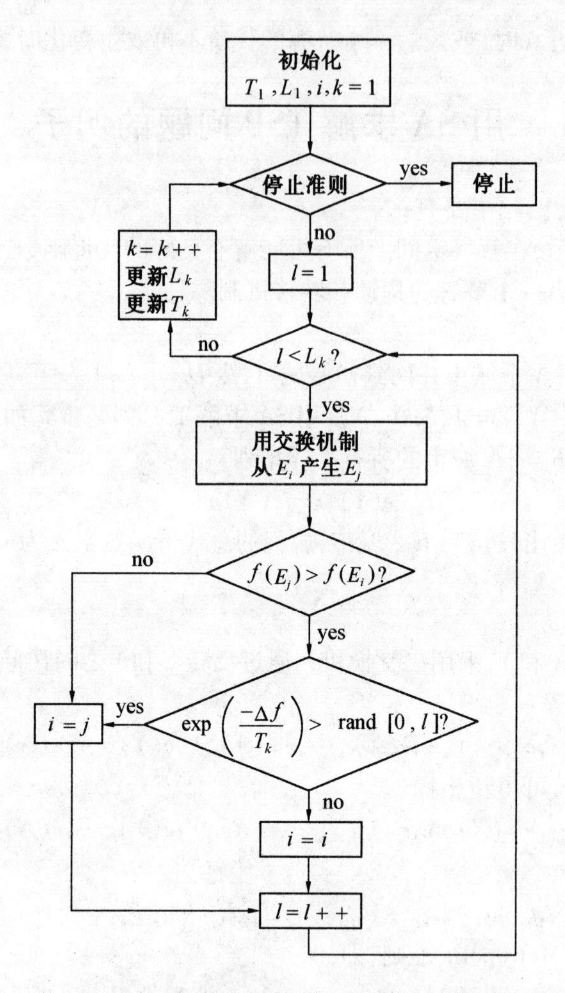

图 5.3　应用模拟退火算法求解 TSP 问题的流程图

第6章　禁忌搜索算法

6.1 引　　言

禁忌搜索(TS,Tabu Search 或 Taboo Search)算法是由 Glover 早在 1986 年提出的。它的基本思想是通过对搜索历史的记录,使用一个禁忌表记录陷入局部最优解,在下一次搜索中利用禁忌表中的信息禁止重复选择局部极值点的搜索,以跳出局部最优点,以利于获得全局最优解。禁忌算法是从过去的搜索历史中总结经验、获取知识,避免“犯错误”。因此,TS 是一种智能优化算法。

TS 算法在组合优化、生产调度、机器学习、神经网络、电路设计等领域获得了应用。

6.2 组合优化中的邻域概念

1. 函数优化中的邻域概念

邻域是光滑函数极值求解中的重要概念。邻域是指距离空间中以一点为中心的圆,如图 6.1 所示。通过在邻域中一点寻求光滑函数下降或上升方向的变化,以便对函数极值求解。邻域从一个当前解向着产生一个新解的移动,称为邻域移动。邻域移动选择策略应使目标函数朝着有利于优化求解的方向移动。

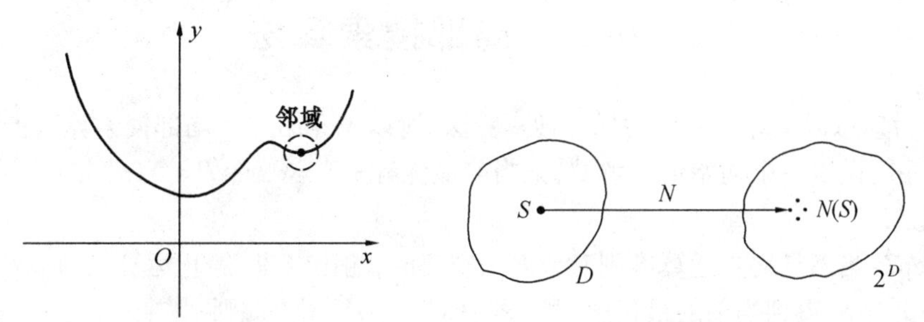

图 6.1　函数优化中的邻域　　　图 6.2　组合优化中的邻域

2. 组合优化问题的邻域概念

组合优化问题的数学模型为

$$\left.\begin{array}{l}\min f(x) \\ \text{s.t.} \quad g(x) \geqslant 0 \\ x \in D\end{array}\right\} \tag{6.1}$$

其中,$f(x)$ 为目标函数;$g(x)$ 为约束函数;x 为决策变量,D 为决策变量的定义域,它为有限点组成的集合。

一个组合优化问题可表示为一个三元组

$$(D,F,f) \tag{6.2}$$

其中,D 为变量定义域;F 表示可行解区域,即

$$F=\{x \mid x \in D, g(x) \geqslant 0\} \tag{6.3}$$

F 中的任何一个元素称为该问题的可行解,满足目标函数 $f(x)$ 的最小可行解 x^* 称为最优解,即

$$f(x^*)=\min\{f(x) \mid x \in F\} \tag{6.4}$$

显然,组合优化问题中可行解集合为一有限离散点集。

组合优化问题求解的基本思想仍是在一点附近搜索另一个下降点,因为,组合优化问题的可行解是一个有限的点集,所以,距离空间的邻域概念已不适用,需要从映射的角度给出新的定义。

定义 6.1 对于组合优化问题 (D,F,f),其中 F 表示可行解区域,f 为目标函数,定义域 D 上的一个映射

$$N: S \in D \rightarrow N(S) \in 2^D \tag{6.5}$$

称为一个邻域映射,其中 2^D 表示 D 的所有子集组成的集合,$N(S)$ 称为 S 的邻域,$S' \in N(S)$ 称为 S 的一个邻居,见图 6.2。

6.3 局部搜索算法

因为禁忌搜索算法要利用局部搜索算法,所以先介绍一下局部搜索算法步骤。

Step1:设定一个初始可行解 x^0,记当前最优解 $x^{\text{best}}=x^0$,令 $P=N(x^{\text{best}})$(x^0 可根据经验或随机选取)。

Step2:当满足终止运算准则时或 P 为空集时,输出结果,停止运算;否则从 $N(x^{\text{best}})$ 中选取一集合 S,得到当前的最优解 x^{now};若 $f(x^{\text{now}})<f(x^{\text{best}})$,则 $x^{\text{best}}:=x^{\text{now}}$,$P:=N(x^{\text{best}})$;否则,$P:=P-S$;重复 Step2。

下面通过旅行商问题例子说明局部搜索算法。

例 6.1 5 个城市 A、B、C、D、E 对称 TSP 问题数据如图 6.3 所示。

解 与图 6.3 所对应的距离矩阵

$$
\boldsymbol{D}=(d_{ij})=\begin{matrix} & A & B & C & D & E \\ A & 0 & 10 & 15 & 6 & 2 \\ B & 10 & 0 & 8 & 13 & 9 \\ C & 15 & 8 & 0 & 20 & 15 \\ D & 6 & 13 & 20 & 0 & 5 \\ E & 2 & 9 & 15 & 5 & 0 \end{matrix}
$$

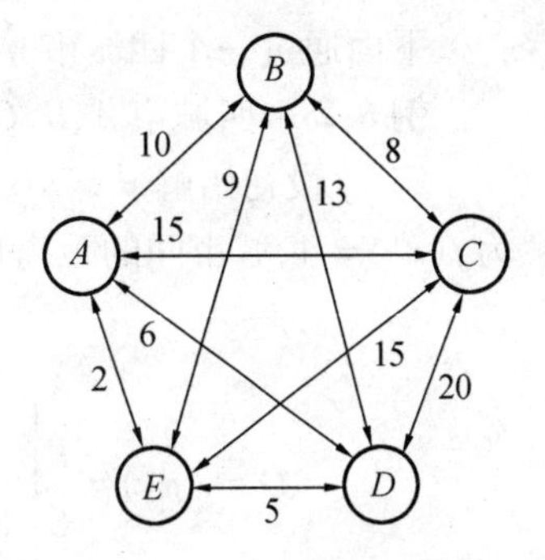

图6.3　五城市对称TSP问题

(1) 选定A城市为起点,令初始解$x^{\text{best}}=(ABCDE)$,$f(x^{\text{best}})=10+8+20+5+2=45$。

(2) 将对换两个城市位置定义为邻域映射,记为2-*opt*。

情况1　采用全邻域搜索,即$S:=N(x^{\text{best}})$

第一循环:$N(x^{\text{best}})=\{ABCDE,ACBDE,ADCBE,AECDB,ABDCE,ABEDC,ABCED\}$,相对应的目标函数值为

$$f(x)=\{45,43,45,60,60,59,44\}$$
$$x^{\text{best}}=x^{\text{now}}=ACBDE$$

第二循环:$N(x^{\text{best}})=\{ACBDE,ABCDE,ADBCE,AEBDC,ACDBE,ACEDB,ACBED\}$,对应目标函数值为

$$f(x)=\{43,45,44,59,59,58,43\}$$
$$x^{\text{best}}=x^{\text{now}}=ACBDE$$

至此,$P=N(x^{\text{best}})-S$已为空集,于是最优解为$ADCBE$,目标函数值为43。

情况2　采用一步随机搜索方法

随机设计$x^{\text{best}}=ABCDE,f(x^{\text{best}})=45$

第一循环:采用$N(x^{\text{best}})$中一步随机搜索,如$x^{\text{now}}=ACBDE$,因$f(x^{\text{now}})=43<45$,故$x^{\text{best}}=ACBDE$。

第二循环:从$N(x^{\text{best}})$又随机选一点$x^{\text{now}}=ADBCE$,图$f(x^{\text{now}})=44>43$,故$P=N(x^{\text{best}})-\{x^{\text{now}}\}$。

如此循环下去,最后得到最优解。

综上不难看出,局部搜索算法具有容易理解,简单易行的优点,但缺点是难以保证获得全局最优解。

6.4　禁忌搜索的一个例子

禁忌搜索算法是上述局部搜索算法扩展而形成的一种全局性邻域搜索算法。它的基本思想是对已得到的局部最优解加以标记,以利于在下一步迭代中避开这些局部最优解。

下面通过一个四城市非对称 TSP 问题例子来理解禁忌搜索算法。

例 6.2　四城市 A、B、C、D 非对称 TSP 问题如图 6.4 所示。

解　设初始解 $x^0=ABCD$，邻域映射为两城市位置对换，始、终点均为 A 城市，目标值为 $f(x^0)=4$，城市间的距离矩阵为

$$
\boldsymbol{D}=(d_{ij})=\begin{array}{c} \\ A \\ B \\ C \\ D \end{array}\begin{array}{c}\begin{array}{cccc} A & B & C & D \end{array}\\ \begin{bmatrix} 0 & 1 & 0.5 & 1 \\ 1 & 0 & 1 & 1 \\ 1.5 & 5 & 0 & 1 \\ 1 & 1 & 1 & 0 \end{bmatrix}\end{array}
$$

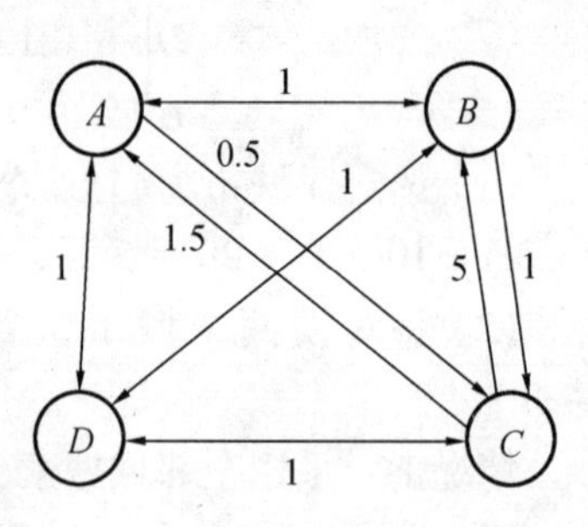

图 6.4　四城市非对称 TSP 问题

Step1：因为以 A 为起、终点，故 $ABCD$ 当前解中 A 不动，只能 B、C、D 之间两两对换，最多形成 3 个对换对，对换后按目标值从小到大排列，它们均大于当前解，表明当前解已达到局部最优解而停止。

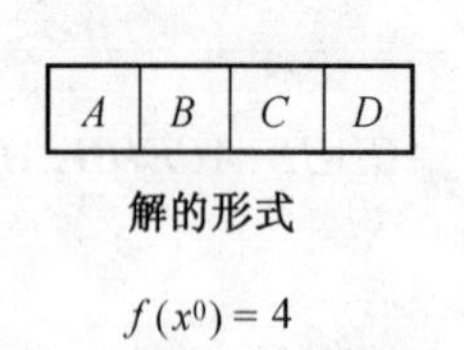

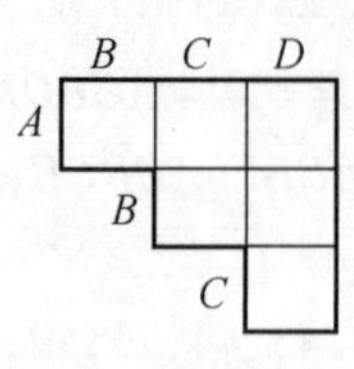

禁忌对象及长度

对换	评价值
CD	4.5 *
BC	7.5
BD	8

候选解

如果允许从候选解中选一个最好的对换，即选 CD 城市位置对换，解从 $ABCD$ 变为 $ABDC$，目标值上升，但此法可能跳出局部最优。图中上标 * 表示入选的对换。

Step2：由于在 Step1 中选择了 CD 交换，因此在禁忌表中限定在 3 次迭代中不允许 CD 或 DC 交换，在表中相应位置记为 3，且在候选解中出现 C，D 对换，用 T 表示在领域 $N(x')$ 中禁忌 CD 对换。

A	B	C	D

$f(x^1)=4.5$

	B	C	D
A			
B			
C			3

对换	评价值
BC	3.5 *
BD	4.5
CD	4.5 T

Step3：因为 BC 在 Step2 中对换，在此禁忌迭代 3 次的 CD 被禁一次后还有二次禁忌，只有 BD 对换入选。

A	B	C	D

$f(x^2)=3.5$

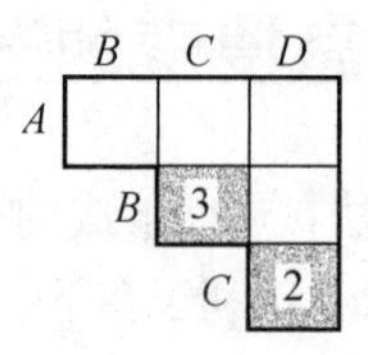

BC	4.5 T
BD	7.5 *
CD	8 T

Step4:到此步,所有候选解对换被禁忌,若把上述禁忌次数由3改为2,则

A	B	C	D

$f(x^3)=7.5$

	B	C	D
A			
B		2	3
C			1

BD	3.5 T
BC	3.5 T
CD	4.5 T

再迭代一步,又回到 $ABCD$ 初始解,出现循环。

由上面例子不难看出,禁忌对象(指两个城市对换,即变化的状态),被禁的长度(禁止迭代的次数),候选解、评价函数和停止规则等都对算法性能有影响,下面研究这些问题。

6.5　禁忌搜索中的主要操作及参数

1. 评价函数

评价函数用以评价候选解的质量,可分为

(1) 用目标函数作为评价函数

$$p(x)=f(x)$$

也可以用目标函数值与 x^{now} 目标值的差值或与当前最优解 x^{best} 目标值的差值作评价函数,即

$$p(x)=f(x)-f(x^{now}),p(x)=f(x)-f(x^{best})$$

(2) 构造替代函数作为评价函数,以避免直接采用目标函数计算复杂或耗时。

2. 禁忌对象

禁忌对象指禁忌表中被禁止的那些变化元素。解状态的变化分为简单变化、解向量分量变化、目标值变化3种。

(1) 解简单变化:设 $x,y\in D$,D 为优化问题定义域,$x\to y$,如例6.1中,$ABCDE\to ACBDE$,可视为简单变化。

(2) 向量分量变化:解向量中每一个分量变化为基本元素,如 $ABCDE\to ACBDE$,只是 B 和 C 的对换。

(3) 目标值变化:如等位线道理一样,把处于等位线的解视为相同。例如目标函数 $f(x)=x^2$ 的目标值从1变到4,隐含解空间中有四种变化的可能:$-1\to-2,1\to-2,-1\to2,1\to2$。

在上述3种形式中,解的简单变化比较单一,它比解的分量变化和目标值变化受禁忌范围要小,能给出较大的搜索范围,但计算时间增加;解的分量变化和目标值变化的禁忌范围比解的简单变化的禁忌范围要大,这减少了计算时间,但可以导致陷于局部最优。

3. 禁忌长度

禁忌长度指被禁对象不允许选取的迭代次数 t,分为下面 3 种情况:

(1)t 取常数。

(2)$t \in [t_{\min}, t_{\max}]$,$t$ 依据被禁对象的目标值和邻域的结构而变化。当函数值下降较大时,可能谷较深,欲跳出局部最优,t 取大些。

(3)$t_{\min}$,$t_{\max}$ 动态选取。禁忌长度选取同实际问题、实验和设计者的经验有关。

4. 候选解集合的确定

由邻域中的邻居组成,一般从邻域中选择若干个目标值或评价值最佳的邻居入选,也可以随机选取部分邻居组成。

5. 特赦规则

在禁忌搜索算法的迭代过程中,会出现候选解集中所有对象被禁忌,或 一对象被禁忌但其目标值有非常大下降的情况。在上述情况下,为了实现全局最优,令一些禁忌对象重新可选,即为特赦,其相应规则称为特赦规则。常用 3 种特赦规则:

(1) 基于评价值的规则。

(2) 基于最小错误的规则:从候选解中选出一个评价值最小的状态解禁。

(3) 基于影响力的规则:使其影响力大的禁忌对象获得自由(解禁)。

6. 记忆频率信息

在计算过程中,记忆解集合、有序被禁对象组、目标值集合等出现的频率,有助于进一步加强禁忌搜索效率,以便动态控制禁忌长度。

7. 终止规则

(1) 以一个充分大的迭代次数 N 终止。

(2) 频率控制原则。

(3) 目标变化控制原则。

(4) 目标值偏离程度原则。

6.6 用禁忌搜索算法求解车间调度问题

1. 问题描述

车间调度问题简称 JSP。它可以描述为:用 m 台机器 $M_1, M_2, \cdots, M_m$,对 n 个工件 J_1,$J_2, \cdots, J_n$ 进行加工。一个工件 J_i 有 n_i 个加工工序 $O_{i1}, O_{i2}, \cdots, O_{in_i}$,第 O_{ij} 工序加工时间为 p_{ij}。加工工艺要求按工序进行加工,且每一个工序必须一次加工完成,一台机器只能加工一个产品,一个工件不能同时在两台机器上加工。

所谓车间调度问题,就是在上面的条件下,如何确定加工顺序使最后一个完工的工件完工时间最短。

例6.3　用禁忌搜索算法求解3个工件在两台机器加工的车间调度问题。

解　3个工件加工作业图如图6.5所示，其中S、E为虚拟的起、终点。每一行表示一个工件所有加工工序，带箭头实线表示两个工序间前后关系且不允许改变。带箭头的虚线表示连接的工序在同一台机器上加工。

车间调度就要给所有虚线边赋以方向，使其成为一个有向且无圈的图。

2. 邻域的构造

第一种方法　选一台机器上的两个工序交换位置加工，进一步可推广到多个位置交换。一种特殊情况是把一个工序移到另一个位置加工。

第二种方法 —— 关键路法，基本思想是抓住最长的，加工中没有空闲的一条路作为关键路，交换这条路上且在同一台机器上加工的两个加工工件的位置。从图6.5中可看出：

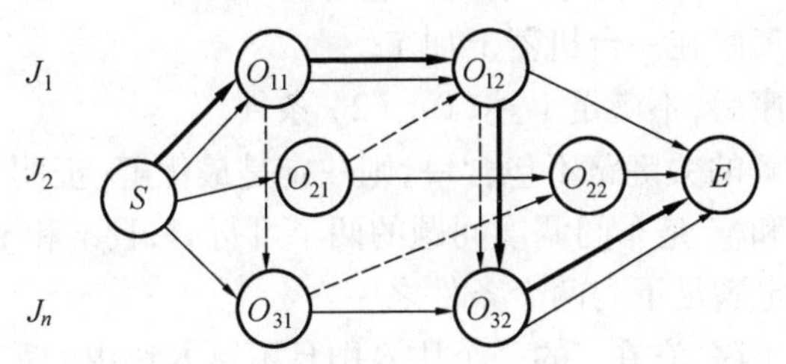

图6.5　三个工件加工作业图

工序O_{11}，O_{22}，O_{31}在一台机器M_1上加工，记为$M_1:O_{11}\rightarrow O_{31}\rightarrow O_{22}$

工序O_{21}，O_{12}，O_{32}在机器M_2上加工，记为$M_2:O_{21}\rightarrow O_{12}\rightarrow O_{32}$

设各工序加工时间$p_{11}=5$，$p_{22}=2$，$p_{31}=4$，$p_{12}=7$，$p_{21}=1$，$p_{32}=2$，两台机器加工工序的甘特图(Gantt chart)分别如图6.6、图6.7所示。

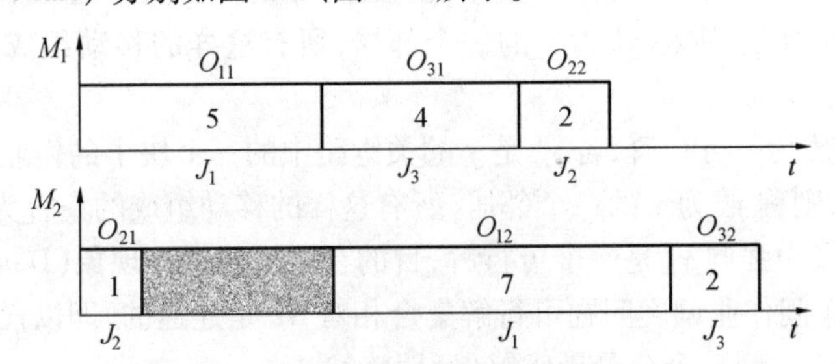

图6.6　关键路$O_{11}\rightarrow O_{22}\rightarrow O_{31}$

关键路$O_{11}\rightarrow O_{12}\rightarrow O_{32}$长度为14，以较粗的线在图6.5上表示。从图6.6可看出，交换O_{31}、O_{22}加工位置对最长完工时间无影响。

如果交换关键路上的O_{11}、O_{31}，则关键路变为$O_{31}\rightarrow O_{11}\rightarrow O_{12}\rightarrow O_{32}$，其长度变为18，如图6.7所示，可见，在关键路上加工工件位置改变会对目标值造成影响。为此，下面定

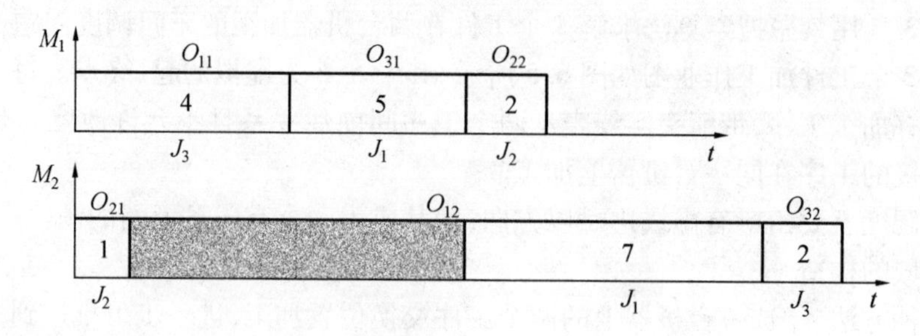

图 6.7 关键路 $O_{31} \to O_{11} \to O_{12} \to O_{32}$

义关键路上相邻节点集 —— 块的概念。

定义 6.2 在关键路上满足下列条件的相邻节点集称为块(Block):

(1) 由关键路上的相邻节点组成,至少包含两个工序。

(2) 集合中所有工序在一台机器上加工。

(3) 增加一个工序后,不满足上述(1)、(2) 条件。

定理 6.1 若有解的关键路不包含块,则一定是最优解(证明从略)。

定理 6.2 若 y 和 y' 是车间调度问题的两个可行解,且 y 和 y' 对应的有向图为 S 和 S',若 y' 改进 y,则一定满足下列两个条件之一。

(1) 至少有一个工序,它在 y 的一个块 B 中且不是 B 块中的第一个工序,但在 y' 中它在 B 的其他工序之前加工。

(2) 至少有一个工序,它在 y 的一个块 B 中且不是 B 块中的最后一个工序,但在 y' 中它在 B 的其他工序之后加工。

通过定理 6.2 可以给出 JSP 问题的邻域结构如下:

邻域 $N1$:设 y' 为一可行解,若 y' 将 y 的关键路中的一个块中的一个作业前移到最前或后移到最后位置加工,则称 y' 为 y 的一个邻居,所有这样的移动组成的集合为 y 的邻域。

邻域 $N2$:设 y' 为一可行解,若 y' 是 y 的关键路中的一个块中的作业前移或后移的所有可能位置加工,则称 y' 为 y 的一个邻居,所有这样的移动组成的集合为 y 的邻域。

上面邻域定义中强调 y' 是一个可行解,目的在于避开死锁现象(Deadlock)。

定理 6.3 车间作业调度问题可行解集合相对 $N2$ 是连通的,即以任何一个可行解为起点,可以通过 $N2$ 达到一个全局最优解(证明略)。

3. 一个多功能机器车间作业排序问题计算结果

令工序 O_{ij} 可由一个机器集合 $G_{ij} \subset \{M_1, M_2, \cdots, M_m\}$ 中的任何一个机器加工,当 $|G_{ij}| = 1$ 时,即为常规的车间作业排序问题。

机器数分别取为 5,6,10 和 15,工件数分别为 6,10,15,20 和 30,且每一工件的加工工序数相同,满足 $n_i = m, i = 1,2,\cdots,n$。

(1) 应用上面的 $N1$ 和 $N2$ 邻域结构。

(2) 禁忌对象选择禁忌上一步位置变化的复原,如一个块为 $abcde$,c 原在位置是3,经过移动后,禁忌再回到3。

(3) 禁忌表长度选为30。

(4) 总的迭代次数为1 000和5 000次两种。

(5) 停止规则:在迭代次数到达前,若邻域中所有可行解都是禁忌的或目前解的目标值等于下界或出现循环则停止计算。

第7章　人工免疫算法

7.1　人工免疫系统

7.1.1　人工免疫系统的产生

信息科学和生命科学都是21世纪的前沿科学,它们在发展过程中表现出越来越强的交叉融合趋势。信息科学可以为生命科学的研究提供先进的信息处理方法,目前出现的生物信息学就是利用信息科学的方法、理论和观点对生命科学进行研究。而生命系统是最复杂的系统之一,其中蕴涵着大量信息处理机制,解读这些信息处理机制,可为信息科学提供先进的计算智能方法。

与生物神经系统和遗传系统一样,生物免疫系统也是一个复杂的智能信息处理系统,它与脑神经系统、遗传系统被称为基于生物的三大信息处理系统。免疫系统具有多种有效的机制防止病原体的侵入或消灭病原体,它能识别体内所有的细胞,并将其分类为自已和非己,能够识别侵入机体的任何抗原,并快速反应,消灭抗原。从信息处理的观点看,生物免疫系统是一个并行的分布自适应系统,具有多种信息处理机制,它能够识别自已和非己,通过学习、记忆解决识别、优化和分类问题,其强大的信息处理能力引起了人们极大兴趣。

生物免疫系统的智能性和复杂性堪与大脑相比,有“第二大脑”之称,但由于其复杂的机理和与医学免疫学的密切相关性,长期以来并未引起信息类科研人员的注意。随着近几十年来免疫学的不断发展,人们逐渐对生物免疫机理有了更深刻的认识,这为人工免疫系统的发展打下了基础。20世纪90年代初,一些研究人员开始关注免疫系统中的信息处理机理,并努力用之于科学和工程实践中,相继发展了一些人工免疫模型和算法。在基于生物系统的计算智能中,模糊逻辑、遗传算法和人工神经网络均有相对固定的模型和算法结构,但人工免疫系统没有统一的模型和算法结构。

生物免疫系统中的信息处理机制非常丰富,因此人工免疫系统包含多种模型和算法。下面介绍目前主要的人工免疫模型和免疫学习算法。

7.1.2　人工免疫模型

1. 独特型免疫网络模型

Jerne 于 1974 年首次提出了独特型免疫网络模型，在这一模型中，淋巴细胞通过识别而相互刺激或抑制，因而形成一个相互作用的动态网络，免疫系统对抗原的识别不是局部行为，而是整个网络的整体行为，可用一个不等式来描述免疫网络的动态特性。

2. 多值免疫网络模型

1997 年，Tang 基于免疫系统中 B 细胞和 T 细胞的相互作用机理，提出了一种多值免疫网络模型用于模式识别，这种模型不但具有良好的记忆能力，而且还可以抑制噪声。在模型中，抗原作为输入模式，B 细胞作为输入层，辅助 T 细胞作为输出层，辅助 T 细胞与 B 细胞的连接权值作为记忆模式，抗体作为输入模式与记忆模式之间的误差。多值免疫网络通过模式输入，激活 T 细胞，记忆模式与输入模式的比较和调节 T 细胞与 B 细胞连接权值 4 个步骤来学习，最终使记忆模式接近输入模式，达到模式识别的目的。

3. 免疫联想记忆模型

免疫系统在消灭抗原后，通过生成记忆细胞实现对该抗原的记忆。1996 年，Smith 指出免疫记忆是一种具有鲁棒性的联想记忆，并且将它与分布式记忆(Distributed Memory)相比较，指出二者的相似性。同年，Abbattista 基于免疫网络的学习和自适应原理提出了免疫联想记忆模型，用于模式识别。该模型用 n 维空间中的某些特定点来记忆模式，分为学习和回忆两个阶段。学习阶段可以找到代表输入模式的空间中某些特定点，回忆阶段可以在学习得到的模式中找到与输入模式相匹配的模式。

除以上三种人工免疫模型外，2000 年以来又提出免疫系统的二进制模型及随机模型等。

7.1.3　人工免疫算法

1. 反向选择算法

免疫系统中的 T 细胞在胸腺中发育，与自身蛋白质发生反应的未成熟 T 细胞被破坏掉，所以成熟的 T 细胞具有忍耐自身的性质，不对自身蛋白质发生反应，只对外来蛋白质产生反应，以此来识别自己与非己，这就是所谓的反向选择原理。

1994 年，Forrest 基于反向选择原理提出了反向选择算法用来异常检测，算法主要包括两个步骤：首先，产生一个检测器集合，其中每一个检测器与被保护的数据不匹配；其次，不断地将集合中的每一个检测器与被保护数据相比较，如果检测器与被保护数据相匹配，则据此判断数据发生了变化。

2. 免疫遗传算法

Chun 于 1997 年提出了一种免疫算法。该算法实质上是一种改进的遗传算法，根据体细胞和免疫网络理论改进了遗传算法的选择操作,从而保持了群体的多样性,提高了算法的全局寻优性能。通过在算法中加入免疫记忆功能,提高了算法的收敛速度。

该算法把抗原看做目标函数,抗体看做问题的可行解,抗体与抗原的亲和力看做可行解的评价值。算法中引入了抗体浓度的概念,并用信息熵来描述,表示群体中相似可行解的多少。算法根据抗体与抗原的亲和力和抗体的浓度进行选择操作,亲和力高且浓度小的抗体选择概率大,从而抑制了群体中浓度高的抗体,保持了群体的多样性。

3. 克隆选择算法

2000 年,De Castro 基于免疫系统的克隆选择原理提出了克隆选择算法。免疫系统通过克隆选择过程产生抗体。当抗原侵入机体,被一些与之匹配的 B 细胞识别, 这些 B 细胞分裂, 产生的子 B 细胞在母细胞的基础上发生变化,以寻求与抗原匹配更好的 B 细胞,与抗原匹配更好的子 B 细胞再分裂。如此循环往复, 最终找到与抗原完全匹配的 B 细胞,这些 B 细胞变成浆细胞以产生抗体, 这一过程就是克隆选择过程。克隆选择算法模拟这一过程进行优化计算,计算步骤为:

步骤 1: 产生一个初始群体。

步骤 2: 根据个体评价值,选出一部分最好个体。

步骤 3: 被选出的每个个体克隆出若干个新个体,新个体发生变异,组成下一代群体。

步骤 4: 从群体选出一些最好个体加入记忆集合,并用记忆集合中的一些个体替换群体中的一些个体。

步骤 5: 用随机产生个体替换群体中一部分个体。

步骤 6: 返回步骤 2 循环计算,直到满足收敛条件。

4. 基于疫苗的免疫算法

2000 年,焦李成、王磊等人基于免疫系统的概念和理论提出了一种免疫算法, 该算法是在遗传算法中加入免疫算子,以提高算法的收敛速度和防止群体退化。免疫算子包括接种疫苗和免疫选择两个部分,前者为了提高适应度,后者为了防止种群退化。

5. 基于免疫网络的免疫算法

1998 年,Toma 基于 MHC(主要组织相溶性复合体)和免疫网络理论提出了一种免疫算法,它是一种自适应优化算法,用来解决多智能体中每个智能体的工作域分配问题。算法主要分两步:MHC 区别自己和非己,消除智能体中的竞争状态;用免疫网络产生智能体的自适应行为。N-TSP 问题的仿真表明,该算法具有自适应能力,并比遗传算法具有更高的搜索效率。

7.1.4　人工免疫系统的应用

1. 控制工程

生物免疫系统可以处理各种扰动和不确定性,这一性质为研究提高控制系统的自适应性、鲁棒性提供了新的思路。免疫网络模型的识别与学习等机理可用于机器人的行为决策。免疫网络模型中的免疫机理还可用于协调多个机器人的行为决策。

2. 计算机安全

免疫系统的防御机理可用于设计计算机安全系统。1994 年，Forrest 基于免疫系统的自己、非己识别机理，首先提出了反向选择算法，用于检测被保护数据的改变。Forrest 于 1996 年用反向选择算法监控 UNIX 进程，检测计算机系统的有害侵入，这种方法通过辨识 UNIX 进程“自己”来监测非法侵入。

3. 故障诊断

免疫网络理论和反向选择原理可用于设计故障诊断方法。1993 年，Mizessyn 用独特型免疫网络诊断热传感器的故障，网络中的每个节点代表一个传感器，各对应一个状态，节点间的连接权值表示各节点间的关系，根据节点的状态判断传感器是否故障。该方法的特点是通过传感器的相互识别来判断故障的传感器。

4. 异常检测

1996 年，Dasgupta 用反向选择算法检测时间序列数据中的异常，被监测系统的正常行为模式定义为“自己”，观测数据中任何超过一定范围的变化被认为是“非己”，也就是异常。这种方法需要足够多的正常行为模式数据来构造检测器集合。

5. 优化计算

上述的免疫遗传算法、克隆选择算法等免疫学习算法可用于优化计算。与已有的优化算法相比，这些免疫优化算法各有其独特的优点，有些已在工程优化设计中得到应用。如优化电磁设备的外部形状以及同步电动机的参数，解决生产调度、电网规划等问题。

此外，人工免疫系统还被广泛用于模式识别、机器学习、数据挖掘、多智能体和数据分析等领域。

7.2　人工免疫算法的免疫学基础

7.2.1　免疫学发展简史

免疫学是研究免疫系统的结构和功能，理解免疫防御功能和病理作用的医学科学。作为一门古老而又新兴的前沿学科，其发展过程经历了原始免疫学、传统免疫学和现代免疫学三个时期。

1. 原始免疫学时期

免疫学起源于中国，我国古代医师在医治天花的长期临床实践中，采用将天花痂粉吹入正常人鼻孔的方法来预防天花，这是世界上最早的原始疫苗。据考证，这种人痘苗在唐代开元年间（公元 713 ~ 741 年）就已出现，并逐渐传播到国外。

18 世纪末,英格兰乡村医生 E. Jenner 从挤奶女工多患牛痘、但不患天花的现象中得到启示,经过一系列实验后,于 1798 年成功创制出牛痘苗,并公开推行牛痘苗接种法,为人类最终战胜天花作出了不朽的贡献。

2. 传统免疫学时期

19 世纪后期,微生物学的发展为免疫学的形成奠定了基础。法国微生物学家开始了免疫机制的研究。俄国动物学家提出了细胞免疫(Cellular Immunity)学说。比利时血清学家发现了补体支持体液免疫(Humoral Immunity)学说。20 世纪初英国医师发现了调理素,德国学者提出侧链学说,将两种学说统一起来。1916 年《Journal of Immunology》创刊,免疫学作为一门学科至此才正式为人们所承认。

3. 现代免疫学时期

20 世纪中期以后,免疫学众多新发现向传统免疫学观念提出了挑战。一个免疫学的新理论——克隆选择学说于 1958 年由澳大利亚学者 F. Burnet 提出。该学说认为:体内存在识别各种抗原的免疫细胞克隆;抗原通过细胞受体选择相应的克隆并使之活化和增殖,变成抗体产生细胞和免疫记忆细胞;胚胎时期与抗原接触的免疫细胞可被破坏或抑制,称为禁忌细胞株(Forbidden Clone)。这个理论解释了大部分免疫现象,为多数学者所接受并被后来的实验所证明,是一个划时代的免疫学理论。1960 年,F. Burnet 获得了诺贝尔奖。

1974 年丹麦学者 Jerne 提出了免疫系统的独特型网络模型,奠定了计算免疫学的理论基础。由于他的杰出贡献,于 1984 年获得了诺贝尔奖。

20 世纪 80 年代以来,众多细胞因子相继被发现。对它们的基因和生物活性的研究促进了分子免疫学的蓬勃发展,有人称之为“分子免疫学时期”,但从理论上并未突破克隆选择学说,只是从技术手段上把免疫学研究推向一个新的水平。

7.2.2 免疫学的一些基本概念

生物免疫系统的主要功能是识别“自己”与“非已”成分,并能破坏和排斥“非已”成分,而对“自己”成分则能免疫耐受,不发生排斥反应,以维持机体的自身免疫稳定。为了便于理解,在介绍免疫系统组成和功能前,先给出免疫学中的有关基本概念。

1. 免疫应答

免疫应答(Immune Response)是指免疫系统识别并消灭侵入机体的病原体的过程。

2. 抗原

抗原(Antigen,Ag)是指能够诱导免疫系统发生免疫应答,并能与免疫应答的产物在体内或体外发生特异性反应的物质。抗原具备免疫原性(Immunogenicity)和抗原性(Antigenicity)。抗原的免疫原性是指抗原分子能诱导免疫应答的特性。抗原的抗原性是指抗原分子能与免疫应答产物发生特异反应的特性。

3. 表位

表位(Epitope)又称为抗原决定簇(Antigen Determinant),是指抗原分子表面的决定抗原特异性的特殊化学基团。

4. 淋巴细胞

淋巴细胞(Lymphocyte)是能够特异地识别和区分不同抗原决定簇的细胞,主要包括T细胞和B细胞两种。

5. 受体

受体(Receptor)是指位于B细胞表面的可以识别特异性抗原表位的免疫球蛋白。

6. 抗体

抗体(Antibody,Ab)是指免疫系统受到抗原刺激后,识别该抗原的B细胞转化为浆细胞并合成和分泌可以与抗原发生特异性结合的免疫球蛋白(Immunoglobulin,Ig)。

7. 匹配

匹配(Match)是指抗原表位与抗体或B细胞受体形状的互补程度。

8. 亲和力

亲和力(Affinity)是指抗原表位与抗体或B细胞受体之间的结合力,抗原表位与抗体或B细胞受体越匹配二者间的亲和力越大。

9. 免疫耐受

免疫耐受(Immunologic Tolerance)是指免疫活性细胞接触抗原性物质时所表现的一种特异性无应答状态。

10. 免疫应答成熟

免疫应答成熟(Maturation of Immune Response)是指记忆淋巴细胞比初次应答的淋巴细胞具有更高亲和力的现象。

7.2.3 免疫系统的组织结构

1. 免疫器官

免疫器官是免疫细胞发生、发育和产生效应的部位,主要包括胸腺、腔上囊或类囊器官、骨髓、淋巴结、扁桃体及肠道淋巴组织。根据免疫器官作用的不同,可分为中枢免疫器官和外围免疫器官。

中枢免疫器官是T和B淋巴细胞发生、发育和成熟的部位,包括骨髓和胸腺。骨髓是一切淋巴细胞的发源地,胸腺则是T细胞发育和成熟的场所。外围免疫器官是成熟淋巴细胞受抗原刺激后进一步分裂和分化的场所,主要包括脾脏和淋巴结,成熟B细胞在其中受抗原刺激而分化,从而合成抗原特异性抗体。

2. 免疫细胞

免疫细胞主要在骨髓和胸腺中产生,从其产生到成熟并进入免疫循环,需要经历一系列复杂变化。免疫细胞主要包括淋巴细胞、吞噬细胞,淋巴细胞又可分为B淋巴细胞和T淋巴细胞。

(1)B淋巴细胞。B淋巴细胞是由骨髓(Bone Marrow)产生的有抗体生成能力的细胞。B淋巴细胞的受体是膜结合抗体,抗原与这些膜抗体分子相互作用可引起B细胞活化、增殖,最终分化成浆细胞以分泌抗体。

(2)T淋巴细胞。T淋巴细胞产生于骨髓,然后迁移到胸腺并分化成熟。T细胞可分为辅助性T细胞(Th)和细胞毒性T细胞(CTLs,Cytoroxic T Cells),它们只识别暴露于细胞表面并与主要组织相容性复合体(MHC)相结合的抗原肽链,并进行应答。在对抗原刺激的应答中,Th细胞分泌细胞因子(Cytokine),促进B细胞的增殖与分化,而CTLs则直接攻击和杀死内部带有抗原的细胞。

(3)吞噬细胞。吞噬细胞起源于骨髓,成熟和活化后,产生形态各异的细胞类型,能够吞噬外来颗粒如微生物、大分子,甚至损伤或死亡的自身组织。这类细胞在先天性免疫中起着重要的作用。

3. 免疫分子

免疫分子包括免疫细胞膜分子,如抗原识别受体分子、分化抗原分子、主要组织相容性分子以及一些其他受体分子等。也包括由免疫细胞分泌的分子,如免疫球蛋白分子、补体分子以及细胞因子等。

7.2.4 免疫系统的免疫机制

免疫系统的功能本质上是免疫细胞对内外环境的抗原信号的反应,即免疫应答。免疫应答是指免疫活性细胞对抗原分子的识别、活化、增殖、分化,以及最终发生免疫效应的一系列复杂的生物学反应过程,包括先天性免疫应答(Innate Immune Response)和适应性免疫应答(Adaptive Immune Response)两种。

1. 先天性免疫应答

先天性免疫应答是生物在种系发展和进化过程中逐渐形成天然防御机制,它可以遗传给后代、受基因控制,具有相对的稳定性。其特点是生来就有,不是某一个个体所特有,也不是专对某一抗原起作用。先天性免疫应答反应快速,可为适应性免疫应答提供足够的时间发生针对某一抗原的特异性免疫应答。先天性免疫应答的防御机制主要包括吞噬细胞对侵入机体的细菌和微生物的吞噬作用,以及皮肤、机体内表皮等生理屏障。

2. 适应性免疫应答

适应性免疫不是天生就有的,而是个体在发育过程中接触抗原后发展而成的免疫力,包括体液免疫和细胞免疫。这种免疫作用有明显的针对性,即机体受到某一抗原的刺激后,通过适应性免疫应答获得免疫力。这种免疫力只对该特异抗原有作用,而对其他抗原不起作用。

适应性免疫能够识别千差万别的抗原并发生特异性免疫应答，免疫学家一直在探索这一现象的机理。20 世纪 50 年代，著名的免疫学家 Burnet 提出了关于抗体形成的克隆选择学说，该学说得到了大量的实验证明，合理地解释了适应性免疫应答机理。

3. 克隆选择理论

克隆选择理论认为抗原的识别能够刺激淋巴细胞增殖并分化为效应细胞。受抗原刺激的淋巴细胞的增殖过程称为克隆扩增（Clonal Expansion）。B 细胞和 T 细胞都能进行克隆扩增，不同的是 B 细胞在克隆扩增中要发生超突变（Hypermutation），即 B 细胞受体发生高频变异，并且其效应细胞产生抗体，而 T 淋巴细胞不发生超突变，其效应细胞是淋巴因子、T_k 或 T_H 细胞。B 淋巴细胞的超突变能够产生 B 细胞的多样性，同时也可以产生与抗原亲和力更高的 B 细胞。B 细胞在克隆选择过程中的选择和变异导致了 B 细胞的免疫应答具有进化和自适应的性质，下面对 B 细胞的克隆选择过程作详细介绍。

免疫系统中有大量 B 细胞，每个 B 细胞表面都有许多形状相同的受体，不同 B 细胞的受体各不相同。受体是 B 细胞表面上的抗体，它与抗原一样具有复杂的三维结构。这些 B 细胞由骨髓产生，若产生的 B 细胞识别自身抗原，则该 B 细胞在其早期就被删除，因此免疫系统中没有与自身抗原反应的成熟 B 细胞，这就是免疫系统的反向选择原理（Negative Selection Principle）。

当抗原侵入机体时，B 细胞的适应性免疫应答能够产生抗体，如图 7.1 所示。

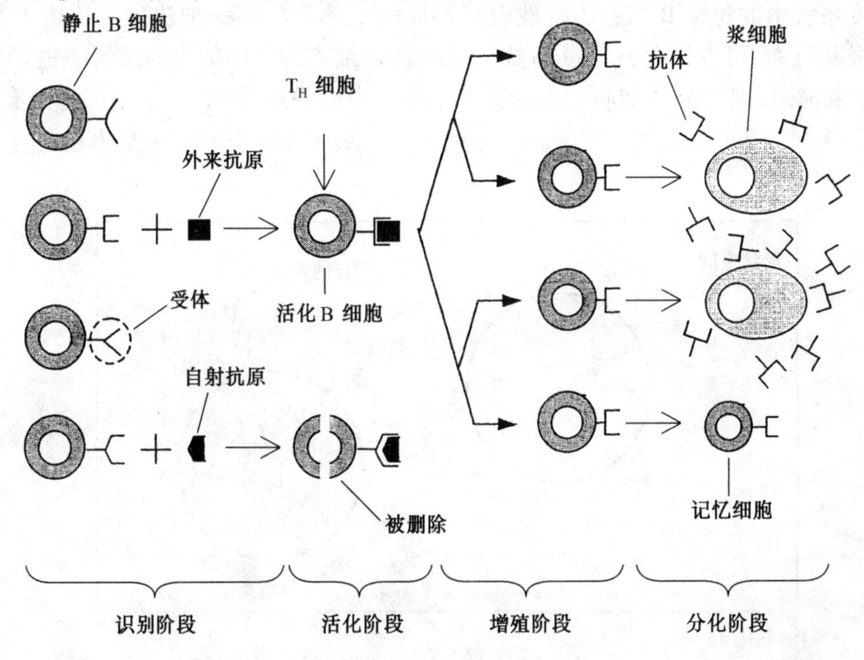

图 7.1　B 细胞的克隆选择过程

如果抗原表位与某一B细胞受体的形状互补,则二者间产生亲和力而相互结合,在T_H细胞发出的第二信号作用下,该B细胞被活化。活化B细胞进行增殖(分裂),增殖B细胞要发生超突变,这一方面产生了B细胞的多样性,另一方面也可以产生与抗原亲和力更高的B细胞。免疫系统通过若干世代的选择和变异来提高B细胞与抗原的亲和力。产生的高亲和力B细胞进一步分化为抗体分泌细胞,即浆细胞,浆细胞产生大量的活性抗体用以消灭抗原。同时,高亲和力B细胞也分化为长期存在的记忆细胞。记忆细胞在血液和组织中循环,但不产生抗体,当与该抗原类似的抗原再次侵入机体时,记忆细胞能够快速分化为浆细胞以产生高亲和力的抗体。记忆细胞的亲和力要明显高于初始识别抗原的B细胞的亲和力,即发生免疫应答成熟(Maturation of the Immune Response)。

7.3 免疫应答中的学习与优化原理

在B细胞的适应性免疫应答中,通过选择和变异过程提高B细胞的亲和力,并进一步分化为浆细胞以产生高亲和力的抗体。克隆选择原理表明B细胞亲和力的提高本质上是一个达尔文进化过程,本节对这一进化过程中的学习与优化机理进行探讨。

7.3.1 免疫应答中的学习机理

免疫系统中的每个B细胞的特性由其表面的受体形状唯一地决定。体内B细胞的多样性极其巨大,可以达到$10^7 \sim 10^8$数量级。若B细胞的受体的抗原结合点的形状可用L个参数来描述,则每个B细胞可表示为L维空间中的一点,整个B细胞库都分布在这L维空间中,称此空间为形状空间(Shape Space)。抗原在形状空间中用其表位的互补形状来描述。

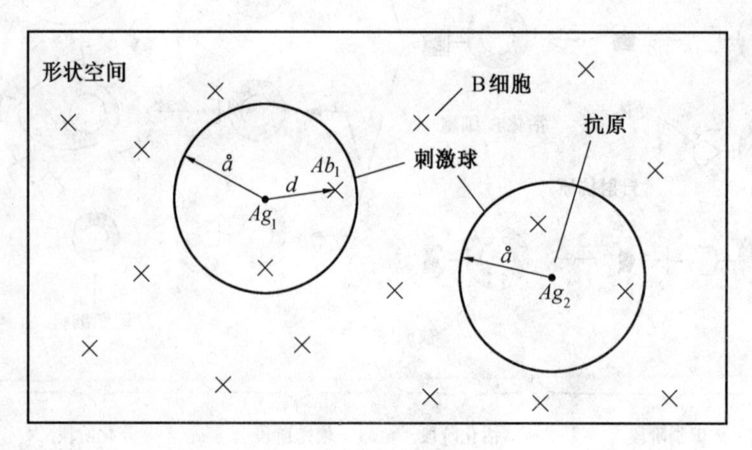

图7.2 形状空间

形状空间如图7.2所示,利用形状空间的概念可以定量描述B细胞、抗体与抗原之间相互作用力的大小。B细胞与抗原的亲和力可用它们间的距离来定量表达,B细胞与抗原距离越近,B细胞受体与抗原表位形状的互补程度越大,于是二者间的亲和力越高。对于某一侵入机体的抗原(如图7.2中抗原 Ag_1 或 Ag_2),当体内的B细胞与它们的亲和力达到某一门限时才能被激活,被激活的B细胞大约为B细胞总数的 $10^4 \sim 10^5$ 分之一。这些被激活的B细胞分布在以抗原为中心,以 ε 为半径的球形区域内,称之为该抗原的刺激球(Ball of Stimulation)。

根据B细胞和抗原的表达方式的不同,形状空间可分为Euclidean形状空间和Hamming形状空间。假设抗原 Ag_1 与B细胞 Ab_1 分别用向量$(ag_1, ag_2, \ldots, ag_L)$和$(ab_1, ab_2, \ldots, ab_L)$描述,若每个分量为实数,则所在的形状空间为Eucliean形状空间,抗原与B细胞间的亲和力可表示为

$$\text{Affinity}(Ag_1, Ab_1) = \sqrt{\sum_{i=1}^{L} (ab_i - ag_i)^2} \tag{7.1}$$

若B细胞和抗原的每个分量为二进制数,则所在的形状空间为Hamming形状空间,B细胞和抗原间的亲和力可表示为

$$\text{Affinity}(Ag_1, Ab_1) = \sum_{i=1}^{L} \delta \tag{7.2}$$

$$\delta = \begin{cases} 1 & \text{if } ab_i \neq ag_i \\ 0 & \text{otherwise} \end{cases}$$

生物适应性免疫应答中蕴含着学习与记忆原理,这可通过B细胞和抗原在形状空间中的相互作用来说明,见图7.3。对于侵入机体的抗原 Ag_1,其刺激球内的B细胞 Ab_1、Ab_2 被活化,见图(a)。被活化B细胞进行克隆扩增,产生的子B细胞发生变化以寻求亲和力更高的B细胞,经过若干世代的选择和变化,产生了高亲和性B细胞,这些B细胞分化为浆细胞以产生抗体消灭抗原,见图(b)。免疫学家称偏差在一个特殊个体的生命周期中发展为学习,因此,B细胞通过学习过程来提高其亲和力,这一过程是通过克隆选择原理实现的。抗原 Ag_1 被消灭后,一些高亲和性B细胞分化为记忆细胞,长期保存在体内,见图(c)。当抗原 Ag_1 再次侵入机体时,记忆细胞能够迅速分化为浆细胞,产生高亲和力的抗体来消灭抗原,称之为二次免疫应答(Secondary Immune Response)。若侵入机体的抗原 Ag_2 与 Ag_1 相似,并且 Ag_2 的刺激球包含由 Ag_1 诱导的记忆细胞,则这些记忆细胞被激活以产生抗体,称这一过程为交叉反应应答(Cross-Reactive Response),见图(d)。由此可见,免疫记忆是一种联想记忆。

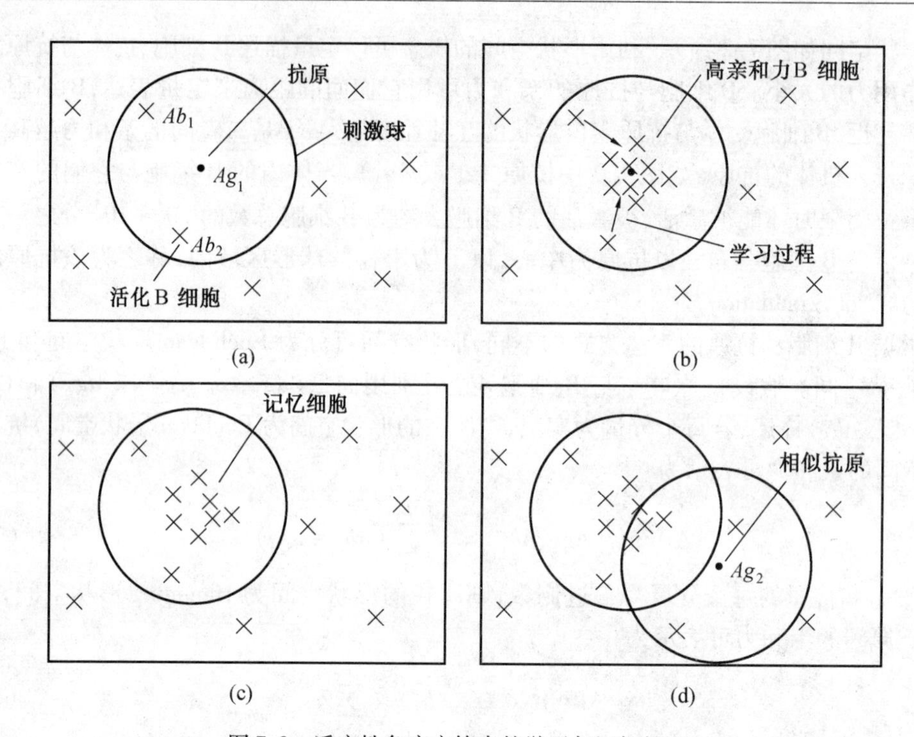

图7.3　适应性免疫应答中的学习与记忆机理

7.3.2　免疫应答中的优化机理

由上节可知,免疫系统通过B细胞的学习过程产生高亲和性抗体。从优化的角度来看,寻求高亲和性抗体过程相当于搜索对于给定抗原的最优解,这主要通过克隆选择原理的选择和变化机制实现。B细胞的变化机制除了超突变外,还有受体修饰(Receptor Editing),即超突变产生的一些亲和力低的或与自身反应的B细胞受体被删除并产生新受体。B细胞群体通过选择、超突变和受体修饰来搜索高亲和力B细胞,进而产生抗体消灭抗原,这一过程如图7.4所示。

为便于说明,假设B细胞受体的形状只需一个参数描述,即形状空间为一维空间。图7.4中横坐标表示一维形状空间,所有B细胞均分布在横坐标上,纵坐标表示形状空间中B细胞的亲和力。在初始适应性免疫应答中,如果B细胞在A点与抗原的亲和力达到某一门限值而被活化,则该B细胞进行克隆扩增。在克隆扩增的同时B细胞发生超突变,使得子B细胞受体在母细胞的基础上发生变异,这相当于在形状空间中母细胞的附近寻求亲和力更高的B细胞。如果找到亲和力更高的B细胞,则该B细胞又被活化而进行克隆扩增。经过若干世代后,B细胞向上爬山找到形状空间中局部亲和力最高点A'。

如果B细胞只有超突变这一变化机制,那么适应性免疫应答只能获得局部亲和力最

高的抗体 A',而不能得到具有全局最高亲和力的抗体 C'。B 细胞的受体修饰可以有效避免以上情况的发生。如图 7.4 所示,受体修饰可以使 B 细胞在形状空间中发生较大的跳跃,在多数情况下产生了亲和力低的 B 细胞(如 B 点),但有时也产生了亲和性更高的 B 细胞(如 C 点)。产生的低亲和力 B 细胞或与自身反应的 B 细胞被删除,而产生的高亲和力 B 细胞在 C 点则被活化而发生克隆扩增。经过若干世代后,B 细胞从 C 点开始,通过超突变在 C'点找到形状空间中亲和力最高的 B 细胞。B 细胞在 C'点进一步分化为浆细胞,产生大量高亲和力的抗体以消灭抗原。

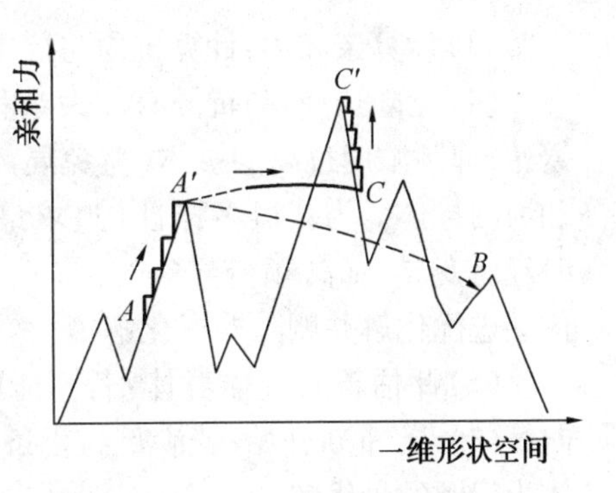

图 7.4 免疫应答中的优化机理

因此,适应性免疫应答中寻求高亲和力抗体是一个优化搜索的过程,其中超突变用于在形状空间的局部进行贪婪搜索,而受体修饰用来脱离或避免搜索过程中陷入形状空间中的局部最高亲和力的点。

7.4 免疫算法

免疫算法大致可以分类为基于群体的免疫算法和基于网络的免疫算法。前者构成的系统中的元素之间没有直接的联系,系统组成元素直接和系统环境相互作用,它们之间若要联系只能通过间接的方式。而在由后者构成的系统中,恰恰相反,部分甚至是全体的系统元素都能够相互作用。

7.4.1 免疫算法的基本结构

免疫算法大多将 T 细胞、B 细胞、抗体等功能合而为一,统一抽象出检测器概念,主要模拟生物免疫系统中有关抗原处理的核心思想,包括抗体的产生、自体耐受、克隆扩增、免疫记忆等。

在用免疫算法解决具体问题时,首先需要将问题的有关描述与免疫系统的有关概念及免疫原理对应起来,定义免疫元素的数学表达,然后再设计相应的免疫算法。

如图 7.5 所示,一般的免疫算法大致由以下几个步骤组成:

(1)定义抗原:将需要解决的问题抽象成符合免疫系统处理的抗原形式,抗原识别则对应为问题的求解。

(2)产生初始抗体群体:将抗体的群体定义为问题的解,抗体与抗原之间的亲和力对应问题解的评估:亲和力越高,说明解越好。类似遗传算法,首先产生初始抗体群体,对应问题的一个随机解。

(3)计算亲和力:计算抗原与抗体之间的亲和力。

(4)克隆选择:与抗原有较大亲和力的抗体优先得到繁殖,抑制浓度过高的抗体(避免局部最优解),淘汰低亲和力的抗体。为获得多样性(追求最优解),抗体在克隆时经历变异(如高频变异等)。在克隆选择中,有利于抗体促进优化解并删除非优化解等。

(5)评估新的抗体群体:若不能满足终止条件,则转向第(3)步,重新开始;若满足终止条件,则当前的抗体群体为问题的最优解。

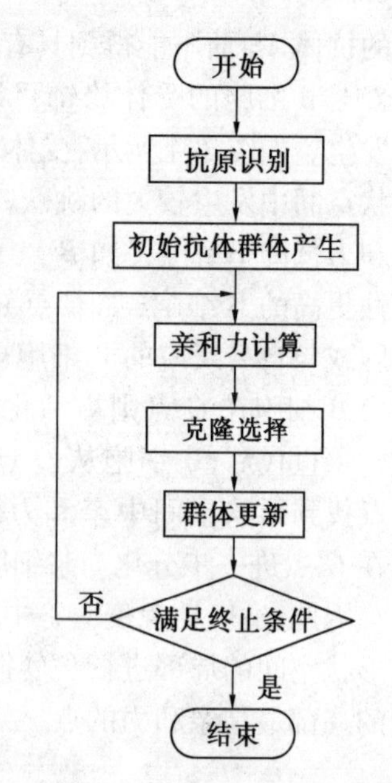

图 7.5　免疫算法的基本结构

7.4.2　基于群体的免疫算法

1. 免疫遗传算法(Chun,1997)

这种免疫算法实质上是一种改进的遗传算法,根据体细胞和免疫网络理论改进了遗传算法的选择操作,从而保持了群体的多样性,提高了算法的全局寻优性能,并通过在算法中加入免疫记忆功能以提高算法收敛速度。因此,称这种算法为免疫遗传算法。

算法中把抗原看做目标函数,抗体看做问题的可行解,抗体与抗原的亲和力看做可行解的评价值。算法中引入了抗体浓度的概念,并用信息熵来描述,表示群体中相似可行解的多少。算法根据抗体与抗原的亲和力和抗体的浓度进行选择操作,亲和力高且浓度小的抗体选择概率大,从而抑制了群体中浓度高的抗体,保持了群体的多样性。

免疫遗传算法的流程如图 7.6 所示。

该算法的主要步骤如下:

(1)识别抗原:用目标函数计算抗体的亲和力。

(2)产生初始群体:从记忆细胞库中产生群体,对于初始步骤,群体在解空间中随机产生。

(3)计算抗体与抗原之间,以及抗体与抗体之间的亲和力。

(4)高亲和力的抗体被加入到记忆细胞库中。

(5)促进和抑制抗体的亲和力,抗体的亲和力越高、浓度越低,其在下一代中生存的概率越大,算法中利用信息熵计算抗体的浓度。

(6)对群体施加选择操作后,进行交叉和变异操作。

(7)算法结束:如果算法满足结束条件,则算法结束。

2. 克隆选择算法(De Castro,1997)

克隆选择算法是基于生物免疫系统中的克隆选择原理来设计的,克隆选择原理是现

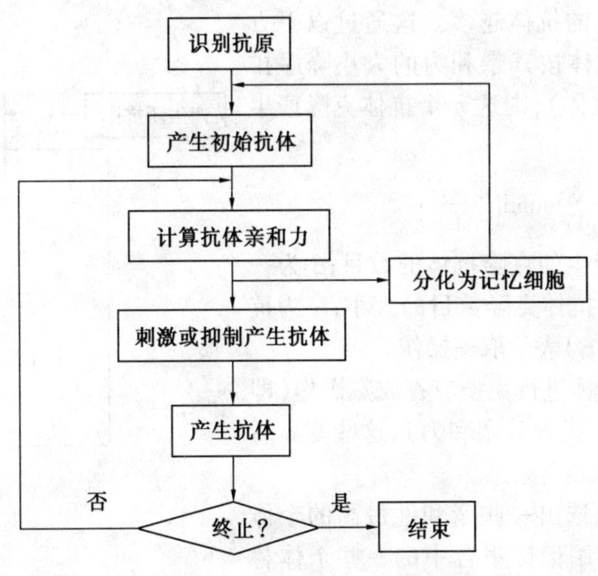

图7.6　免疫遗传算法流程图

代免疫学中解释生物适应性免疫应答现象的理论，集中体现了免疫细胞的进化的思想。

免疫系统的克隆选择原理可简单叙述如下：当抗原侵入机体时，B细胞的适应性免疫应答能够产生抗体。如果抗原表位与某一B细胞受体的形状互补，则二者间产生亲和力而相互结合，在T_H细胞发生的第二信号作用下，该B细胞被活化。活化B细胞进行增殖（分裂），增殖B细胞要发生超突变，这一方面产生了B细胞的多样性，另一方面可以产生与抗原亲和力更高的B细胞。免疫系统通过若干世代的选择和变化来提高B细胞与抗原的亲和力。产生的高亲和力B细胞进一步分化为抗体分泌细胞，即浆细胞，浆细胞产生大量的活性抗体用以消灭抗原。同时，高亲和力B细胞也分化为长期存在的记忆细胞。记忆细胞在血液和组织中循环但不产生抗体，当与该抗原类似的抗原再次侵入机体时，记忆细胞能够快速分化为浆细胞以产生高亲和力的抗体。记忆细胞的亲和力要明显高于初始识别抗原的B细胞的亲和力，即发生免疫应答成熟。

基于生物免疫系统克隆选择原理的克隆选择算法，模拟免疫系统的克隆选择过程进行优化与学习。该算法已用于函数优化、组合优化（解决TSP问题）以及应用于模式识别问题。该算法的流程图如图7.7所示。

克隆选择算法的步骤如下：

（1）随机产生一个包含N个抗体的初始群体。

（2）计算群体中每个抗体（相当于一个可行解）的亲和力（即可行解的目标函数值），根据抗体的亲和力，选出n个亲和力最高的抗体。

（3）对被选出的每个抗体均进行克隆，每个抗体克隆出若干个新个体，抗体的亲和力越高，其克隆产生的抗体越多。这通过以下方法实现：将这些抗体按其亲和力的大小降序排列（假设有 n 个抗体），则这 n 个抗体克隆产生的抗体的数目为

$$N_c = \sum_{i=1}^{n} \mathrm{round}\left(\frac{\beta \cdot N}{i}\right)$$

式中，N_c 是总共产生的克隆抗体的数目；β 为一个因子，用以控制抗体克隆数目的大小；N 为抗体的总数；round（·）表示取整操作。

（4）这些新个体进行免疫应答成熟操作（即新个体发生变异以提升其亲和力），这些变异后的抗体组成下一代群体。

（5）从群体中选出一些亲和性最高的个体加入记忆集合，并用记忆集合中的一些个体替换群体中的一些个体。

（6）用随机产生个体替换群体中一部分个体。

（7）返回步骤（2）循环计算，直到满足结束条件。

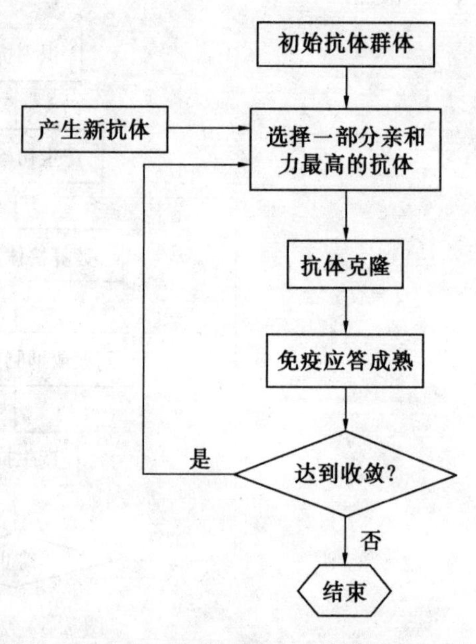

图 7.7　克隆选择算法用于优化计算的流程图

3. 基于疫苗的免疫算法（王磊、焦李成，2000）

基于疫苗的免疫算法是在标准遗传算法的基础上引入了免疫算子。在该算法的操作中，首先对所求问题（即抗原）进行具体分析，从中提取出最基本的特征信息（即疫苗），其次，对此特征信息进行处理，以将其转化为求解问题的一种方案（根据该方案而得到的各种解的集合统称为基于上述疫苗所产生的抗体；最后，将此方案以适当的形式转化为免疫算子以实施具体操作）。该免疫算法流程如图 7.8 所示。

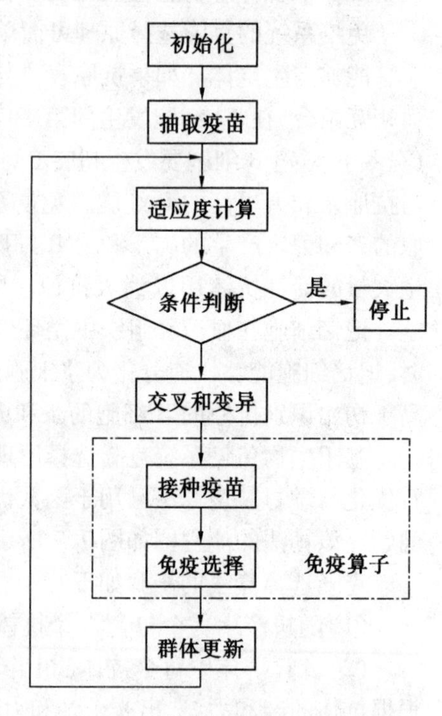

图 7.8　基于疫苗的免疫算法流程图

这种免疫算法的主要思想是合理提取免疫疫苗，通过接种疫苗和免疫选择两个操作步骤来完成。接种疫苗是指按照先验知识来修改某些基因位上的基因，使所得的个体以较大概率具有更高的适应度。免疫选择分为两步执行，第一步是免疫检

测,以检验个体的退化情况;第二步是退火选择。基于疫苗的免疫算法步骤如下:

(1)随机产生初始群体 A_1。

(2)根据先验知识抽取疫苗。

(3)若当前种群中包含了最佳个体,则算法结束,否则进行以下步骤。

(4)对当前第 k 代父代种群 A_k 进行交叉操作,得到种群 B_k。

(5)对种群 B 进行变异操作,得到种群 C。

(6)对种群 C 进行接种疫苗操作,得到种群 D。

(7)对种群 D 进行免疫选择操作,得到新一代父代种群 A_{k+1},返回步骤(3)。

4. 反向选择算法(Forrest,1994)

免疫系统中的T细胞在胸腺中发育,与自身蛋白质发生反应的未成熟T细胞被破坏掉,所以成熟的T细胞具有忍耐自身的性质,不对自身蛋白质发生反应,只对外来蛋白质产生反应,以此来识别自己与非己,这就是所谓的反向选择原理。

该算法将免疫系统中的反向选择原理用于异常检测,算法主要包括两个步骤:

(1)产生一个检测器集合,其中每一个检测器与被保护的数据不匹配。

(2)不断地将集合中的每一个检测器与被保护数据相比较,如果检测器与被保护数据相匹配,则判断数据发生了变化。

该算法的检测改变数据的原理如图7.9所示。

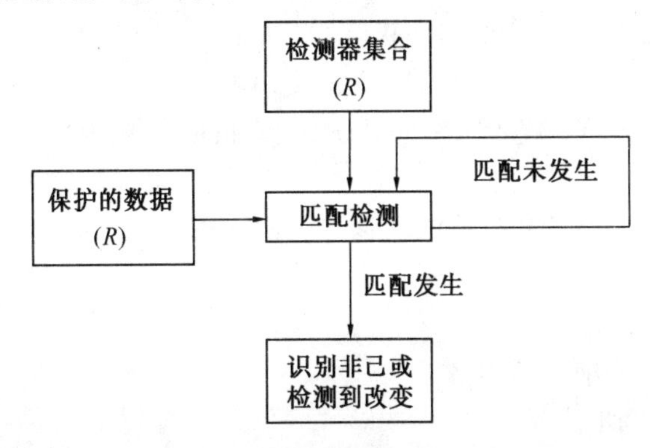

图7.9　反向选择算法的原理

Forrest用概率分析的方法估计了算法的可靠性与检测集合大小的关系。该算法的显著特点是异常检测时不需要先验知识,具有很强的鲁棒性,其缺点为当被保护的数据变长时,集合中检测器的数量按指数率增加,产生检测器的代价过大。针对这一缺点,Helman提出一种更有效的检测器产生算法,使得集合中检测器的数量随着数据的长度按线性增长。

这种反向选择算法可用于计算机的病毒检测。Forrest将免疫系统的自己非己识别机理用于检测被保护的数据的改变。实验结果表明,这种方法能有效地检测到文件由于感染病毒而发生的变化。与其他病毒检测方法相比,反向选择算法独特之处在于,它可以有效地检测到以前从未遇到的新病毒。

这种反向选择算法还可用于网络安全。在这种方法中,通过定义 Unix 进程“自己”来检测异常行为,从而检测计算机系统的有害侵入。这种方法通过辨认 UNIX 进程“自己”来监测非法侵入。

用反向选择算法检测时间序列数据中的异常,被监测系统的正常行为模式定义为“自己”,观测数据中任何超过一定范围的变化被认为是“非己”,也就是异常。这种方法需要足够多的正常行为模式数据来构造检测器集合。

7.4.3 基于网络的免疫算法(Jerne,1974)

1974 年,N. Jerne 提出免疫细胞和分子除了能识别外来的抗原以外,还能够相互识别。依靠这个内部识别过程,免疫系统即使在没有外部刺激的情况下也将呈现出动态的行为,这种思想奠定了免疫网络的理论基础。

根据免疫网络理论,免疫细胞的一部分抗体分子能像入侵的抗原一样被其他的免疫细胞所识别。这就使系统中的免疫细胞相互联系起来。当一个免疫细胞识别出一个抗原或者一个免疫细胞时,那么它就被激活。另一方面,当免疫细胞被其他的免疫细胞所识别时,它将被抑制。来自于网络中细胞的刺激和抑制的总和,再加上对抗原的识别,就可以计算出一个免疫细胞的受激程度 S,如式(7.3)所示

$$S=N_{st}-N_{sup}+A_s \tag{7.3}$$

式中,N_{st}代表网络刺激;N_{sup}代表网络抑制;A_s 代表抗原刺激,一个细胞的受激程度决定了它再生和遗传变异的几率。

一个通用的基于网络的免疫算法的基本结构描述如下

```
Procedure 通过免疫网络算法
Begin                                                      /*初始化*/
  初始化一个免疫细胞的网络;
  While 收敛准则不满足 do
    Begin
      While not 所有抗原搜索完毕 do                        /*群体循环*/
      Begin
        把网络中的免疫细胞分别与抗原做比较;                /*抗原识别*/
        网络中的免疫细胞之间做比较;                      /*网络相互作用*/
        在网络中引入新的细胞,并把没有用的细胞删除掉;
                                                /*基于某种标准动态更新*/
        用式(7.3)分别计算网络中细胞的受激程度;              /*受激程度*/
```

```
      根据个体细胞的受激程度,更新网络的结构和参数;        /* 网络更新 */
    End;
  End;
End.
```

一般来说,有两种不同的免疫网络模型:连续的和离散的。连续的免疫网络模型基于常微分方程,连续的模型已经成功应用于自动导航系统、优化问题和自动控制领域。但是这些微分方程不是总能找到解析方法的,而且通常情况下还需要数据值积分来学习系统的行为。

为了弥补连续模型的弱点,产生了离散的免疫网络模型,它们要么是基于一个微分方程的集合,要么基于一个自适应的迭代过程。已提出的离散的模型有3个优点。

(1)它不仅能改变免疫细胞或分子的数量,而且在形态空间上还能改变它们的"形状",以改进它们的亲和力。

(2)它能处理系统和外部环境(抗原)的相互作用,而一些连续模型没有考虑抗原的刺激。

(3)实现相对容易。

第8章　人工蚁群算法

8.1　群智能的概念

一个群体智能的例子:假定你和你的朋友正在进行寻宝,这个团队内的每个人都有一个金属探测器,并能把自己的通信信号和当前所处的位置传给(n)个最邻近的伙伴。这样一来,每个人都知道是否有一个邻近伙伴比他更接近目标(宝藏),于是,你就可以向离宝更邻近的伙伴移动,这样会使得你寻到宝的机会增加,要比自己单人寻宝快得多。

这样群体中的个体如蚂蚁、密解、鸟群、鱼群等,虽然其个体行为都比较简单,然而它们构成群体的集体行为都是非常复杂。例如,一只蚂蚁离开了蚁群就不能生活,然而一个蚁群却能相互协作,能够搜索到从蚁穴到食物源的最短路径;蜜蜂群体能够相互作用相互协作修筑精美的蜂巢。

8.2　蚂蚁社会及信息系统

蚂蚁是一种社会性昆虫,起源非常久远,约1亿年前。蚂蚁种类繁多约9 000 ~ 15 000种,但无一独居生活,都是群体生活,建立了独特的蚂蚁社会,因此它是一种社会性昆虫,不但有组织有分工,还有相互的通信和信息的传递。

蚂蚁王国分工细致,职责分明,有专门产卵的蚁后;有为数众多,从事觅食打蜡,兴建屋穴,抚育后代的工蚁;有负责守卫门户,对敌作战的兵蚁;还有专备蚁后招婚纳赘的雄蚁。

蚁后产下的受精卵发育成工蚁或新的蚁后,而未受精卵发育成雄蚁,雄蚁是二倍体,雌蚁(工蚁和蚁后)是单倍体,所以在蚂蚁社会姐妹情大于母女情。

蚂蚁有着独特的信息系统:视觉信号、声音通信和更为独特的无声语言——分泌化学物质——信息激素(Pheromone)。

8.3　蚂蚁的觅食行为

昆虫学家研究发现,蚂蚁有能力在没有任何可见提示下找出从蚁穴到食物源的最短路径,并能随环境变化而自适应地搜索新的路径。

蚂蚁在从食物源到蚁穴并返回过程中，能在走过的路径上分泌一种化学物质 Pheromone——外激素（信息素，信息激素），通过这种方式形成信息素轨迹（或踪迹），蚂蚁运动中能感知这种物质的存在及其强度，以此指导自己运动方向。

蚂蚁之间通过接触提供的信息传递来协调其行动，并通过组队相互支援，当聚集的蚂蚁数量达到某一临界数量时，就会涌现出有条理的大军。蚁群的觅食行为完全是一种自组织行为，根据自组织选择去食物源的路径。

8.4　蚁群觅食策略的优化机制

1. 二元桥实验

如图 8.1 所示，蚂蚁从蚁穴经过对称二元桥到食物源觅食。起初两个桥上没有信息素，走两个分支的蚂蚁概率相同。实验中有意选择上分支 A 的蚂蚁数多于下分支 B，由于蚂蚁行进中要释放信息素，因此上分支信息素多于下分支，从而使更多蚂蚁走上分支。

Deneubourg 开发了一个信息素模型：

设 A_i 和 B_i 是第 i 只蚂蚁过桥后已经走过分支 A 和 B 的蚂蚁数，第 $i+1$ 只蚂蚁选择分支 A（或 B）的概率是

$$P_{\mathrm{A}} = \frac{(K + A_i)^n}{(K + A_i)^n + (K + B_i)^n} = 1 - P_{\mathrm{B}} \tag{8.1}$$

表明走分支 A 的蚂蚁越多，选择 A 的概率越高，n、K 分别为参数。

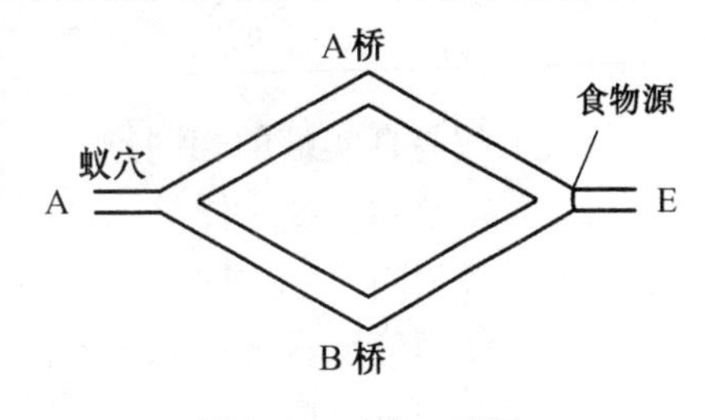

图 8.1　对称二元桥

2. 不对称二元桥实验

下面举一个 Dorigo 说明蚁群通过不对称二元桥觅食路线的例子。如图 8.2 所示，A 为蚁穴，E 为食物源，由于存在障碍物蚂蚁只能分两路到 E。

设单位时间有 30 只蚂蚁从 A → B，又有 30 只从 E → D，蚂蚁过后留下的信息素设为 1，在短路径上经过蚂蚁分泌信息素沉积的多，吸引更多蚂蚁走短路径，如图 8.2 所示。

3. 蚂蚁觅食过程的优化机理

蚂蚁的觅食行为实质上是一种通过简单个体的自组织行为所体现出来的一种群体行为，具有两个重要特征：

（1）蚂蚁觅食的群体行为具有正反馈过程，反馈的信息是全局信息，通过反馈机制进行调整，可对系统的较优解起到自增强的作用，从而使问题的解向着全局最优的方向演变，最终获得全局最优解。

（2）具有分布并行计算能力，可使算法在全局的多点同时进行解的搜索，有效避免陷入局部最优解的可能性。

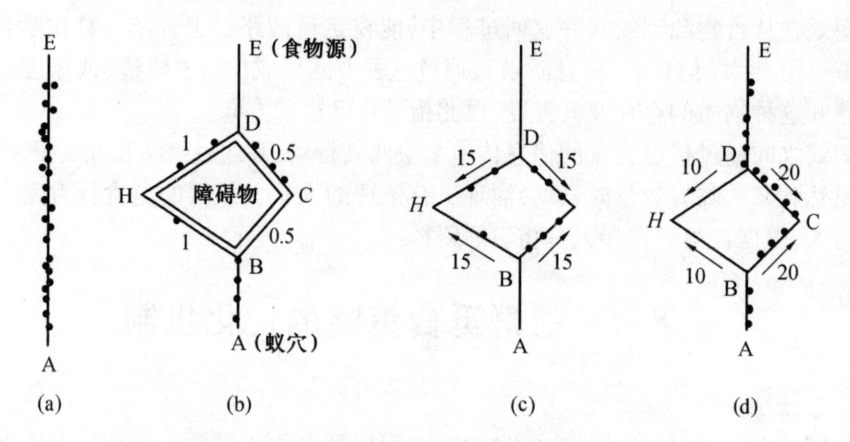

图 8.2　蚁群觅食过程的不对称二元桥

8.5　人工蚁与真实蚁的异同

1. 人工蚁与真实蚁的相同点

(1) 人工蚁和真蚁一样是一群相互合作的群体。

(2) 任务相同。

(3) 都使用信息素进行间接通信。

(4) 都存在正反馈。

(5) 都有信息素挥发机制。

(6) 都以概率决定转移策略。

2. 人工蚁与真实蚁的不同点

(1) 人工蚁移动是状态转移。

(2) 有一个内部状态,记忆了过去的行为。

(3) 也能释放一定信息素,它是蚂蚁所建立问题解决方案优劣程度的函数。

(4) 人工蚁在建立了可行解后进行信息素更新。

(5) 为了提高总体性能,还赋予了其他一些功能。

8.6　蚂蚁系统模型的建立

TSP 问题易于描述,难于求解,它是一类组合优化问题的模型。下面以求解 TSP 问题为例建立蚂蚁系统模型。

1. 为模拟实际蚂蚁行为，引入如下符号

m 表示蚂蚁数目；

$b_i(t)$ 表示 t 时刻位于城市 i 的蚂蚁个数，它表示为

$$m = \sum_{i=1}^{n} b_i(t) \tag{8.2}$$

d_{ij} 表示两城市 i,j 的距离；

η_{ij} 为边 (i,j) 的能见度，反映由城市 i 转移到 j 的启发程度；

τ_{ij} 为边 (i,j) 间的信息素强度；

Δij 为蚂蚁 k 在 (i,j) 路径上单位长度留下的信息素量；

p_{ij}^k 为蚂蚁 k 的转移概率（从 $i \to j$ 转移），j 是尚未访问的城市。

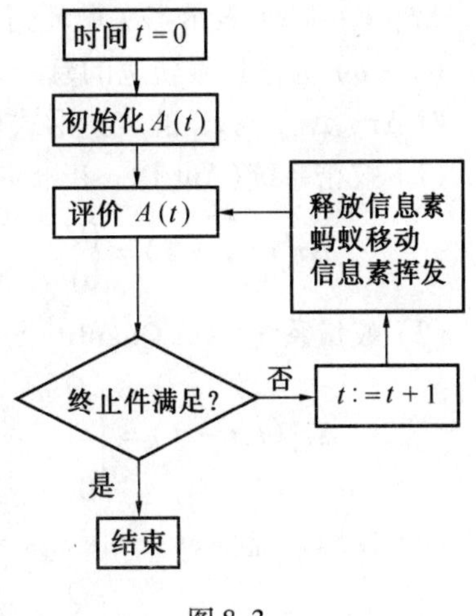

图 8.3

2. 对于每个蚂蚁个体（人工蚁）赋予以下 3 个特征

（1）从 $i \to j$ 完成一次循环后在边 (i,j) 上释放信息素。

（2）蚂蚁概率地选择下一个要访问的城市，该概率是 i,j 间路径存在信息素轨迹量的函数。

（3）不允许蚂蚁访问已访问过的城市（TSP 问题所要求）。

3. 蚂蚁移动（由信息素启发选路径）策略

随机比例规划：在 t 时刻，蚂蚁 k 在城市 i，选择城市 j 的转移概率 $P_{ij}^k(t)$ 为

$$P_{ij}^k(t) = \begin{cases} \dfrac{\tau_{ij}^{\alpha}(t)\eta_{ij}^{\beta}(t)}{\sum\limits_{s \in \text{allowed}_k} \tau_{is}^{\alpha}(t)\eta_{is}(t)} & j \in \text{allowed}_k \\ 0 & \text{otherwise} \end{cases} \tag{8.3}$$

式(8.3) 表明转移概率 p_{ij}^k 与 $\tau_{ij}^{\alpha} \cdot \eta_{ij}^{\beta}$ 成正比，α、β 分别反映蚂蚁在运动中所积累的信息和启发信息在选择路径中的相对重要性。

为满足蚂蚁对 TSP 求解不能重复走过同一城市的约束条件，对人工蚁设计禁忌表以满足约束条件。

经过 n 时刻，蚂蚁完成一次循环，各路径上信息素调整为

$$\tau_{ij}(t+1) = \rho \cdot \tau_{ij}(t) + \Delta\tau_{ij}(t,t+1) \tag{8.4}$$

$$\Delta\tau_{ij}(t,t+1) = \sum_{k=1}^{m} \Delta\tau_{ij}^k(t,t+1) \tag{8.5}$$

其中，$\Delta\tau_{ij}^k(t,t+1)$ 表示第 k 只蚂蚁在 $(t,t+1)$ 时刻留在路径 (i,j) 的信息素量；

$\Delta\tau_{ij}(t,t+1)$ 表示本次循环路径(i,j) 的信息素量的增量；

$(1-\rho)$ 为信息素轨迹的衰减系数（通常取$\rho<1$）。

对 $\Delta\tau_{ij}$，$\Delta\tau_{ij}^k$ 及 P_{ij}^k 的表达形式可以不同，因此 Dorigo 定义了 3 种不同模型：

（1）蚁密系统（Ant Density System）

$$\Delta\tau_{ij}^k(t,t+1)=\begin{cases}Q & \text{若第 } k \text{ 只蚂蚁在本次循环中经过路径}(i,j)\\0 & \text{否则}\end{cases}\tag{8.6}$$

（2）蚁量系统（Ant Quantity System）

$$\Delta\tau_{ij}^k(t,t+1)=\begin{cases}\dfrac{Q}{d_{ij}} & \text{若第 } k \text{ 只蚂蚁在本次循环中经过路径}(i,j)\\0 & \text{否则}\end{cases}\tag{8.7}$$

（3）蚁周系统（Ant Cycle System）

$$\Delta\tau_{ij}^k(t,t+n)=\begin{cases}\dfrac{Q}{L_k} & \text{若第 } k \text{ 只蚂蚁在本次循环中经过路径}(i,j)\\0 & \text{否则}\end{cases}\tag{8.8}$$

其中，式(8.6) 中 Q 为一只蚂蚁经过路径(i,j) 单位长度上释放的信息量。

式(8.7) 中$\dfrac{Q}{d_{ij}}$为一只蚂蚁在经过路径(i,j) 单位长度上释放的信息素量。

式(8.8) 中$\dfrac{Q}{L_k}$为第k只蚂蚁在$(t,t+n)$ 经过n步的一次循环中走过路径(i,j) 长度L_k释放的信息素量。

上述蚁密、蚁量系统模型中利用的是局部信息，而蚁周系统利用的是整体信息，通常使用蚁周系统模型，它也被称做基本蚁群算法。

在蚁周系统中信息素的更新应用下式

$$\tau_{ij}(t,t+n)=\rho_1\cdot\tau_{ij}(t)+\Delta\tau_{ij}(t,t+n)\tag{8.9}$$

$$\Delta\tau_{ij}(t,t+n)=\sum_{k=1}^{m}\Delta\tau_{ij}^k(t,t+n)\tag{8.10}$$

式中，ρ_1 与 ρ 不同，因为该方程式不再是在每一步都对轨迹进行更新，而是在一只蚂蚁建立了一个完整的路径（n 步）后再更新轨迹量。

8.7　基本蚁群算法的实现步骤

1. 初始化

设 $t:=0$｛t 时间计数器｝

　$N_c:=0$｛N_i 循环计数器｝

　$\tau_{ij}(t):=c$

$\Delta\tau_{ij}=0$

η_{ij}(对 TSP 问题 $\eta_{ij}=1/d_{ij}$)

$tabu_k$ => (禁忌表清空)

将 m 只蚂蚁置于 n 个节点上

设 $s:=1$

for $k:=1$ to n do

for $k:=1$ to $b_i(t)$ do

$tabu_k(s)=i$

2. 重复上述直至禁忌表满为止

设置 $s:=s+1$

for $i:=1$ to n do

for k:1 to $b_i(t)$ do

以概率 $P_{ij}^k(t)$ 选择城市 j

将蚂蚁 k 移到 j

将刚选的城市 j 加到 $tabu_k$ 中

3. for $k:=1$ to n do

计算 L_k

for s:1 to n−1 do　(搜索蚂蚁 k 的禁忌表)

设 $(h,l)=(tabu_k(s),tabu_k(s+1))$

$$\Delta\tau_{hl}(t+n)=\Delta\tau_{nl}(t+n)+\frac{Q}{L_k}$$

4. 对于每一路径用式(8.9)计算 $\tau_{ij}(t+n)$

设 $t:=t+n$

对每条路径(i,j)设 $\Delta\tau_{ij}(t,t+n):=0$

5. 记录到目前为止最短路径

if $N_C<N_{Cmax}$

则清空所有禁忌表

设 $s:=1$

for $i:=1$ to n do

for $k:=1$ to $b_i(t)$ do

$tabu_k(s)=i$

设 $t:=t+1$

对每条路径(i,j)设 $\Delta\tau_{ij}(t,t+1):=0$

返回 2.

else

输出最短路径。

8.8　基本(标准)蚁群算法流程

基本蚁群算法又称标准蚁群算法,它的流程如图 8.4 所示。

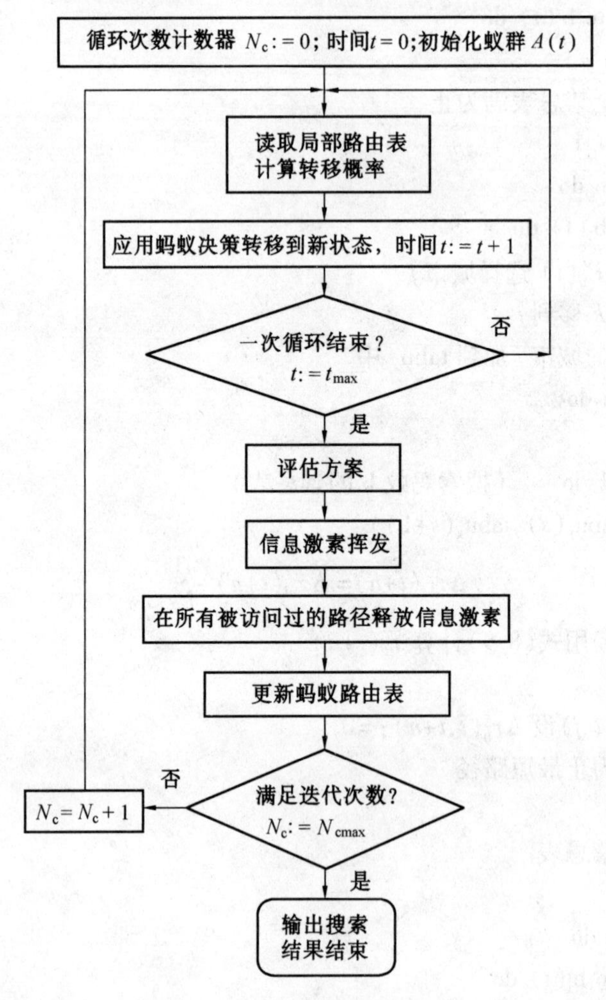

图 8.4　标准蚁群算法的优化流程图

用蚁群算法解决旅行商问题(TSP)的流程,如图 8.5 所示。

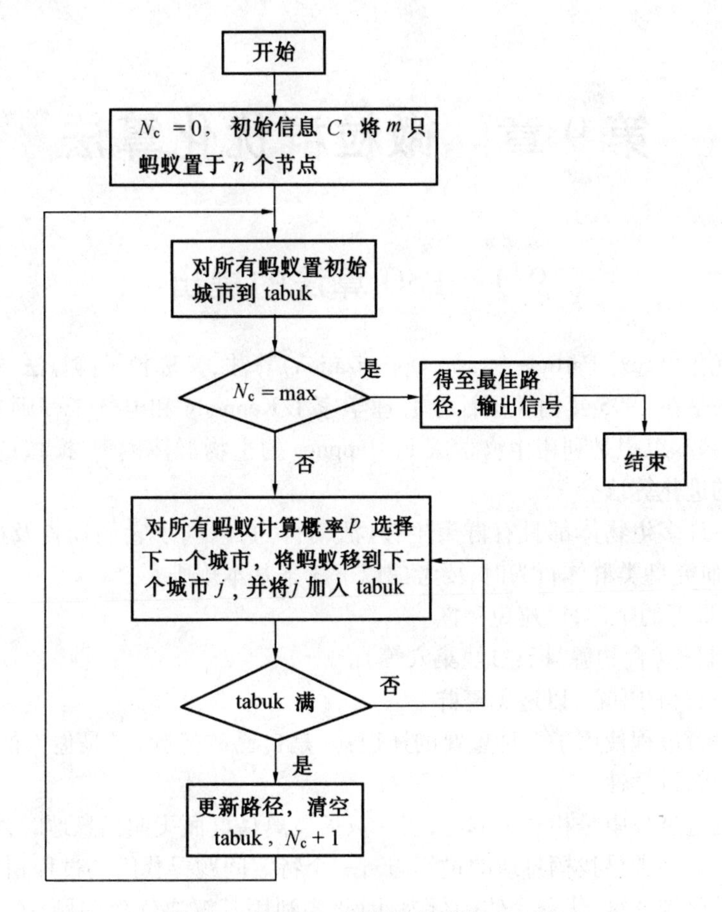

图 8.5　求解 TSP 问题的蚁群算法流程

第9章　微粒群优化算法

9.1　PSO 算法的提出

微粒群优化(PSO, Particle Swarm Optimization)算法,又称粒子群算法、粒群算法。

PSO 算法是在1995年由美国社会心理学家 J. Kennedy 和电气工程师 R. Eberhart 共同提出的,其基本思想是利用生物学家 F. Heppner 的生物群体模型,模拟鸟类、鱼类等群体智能行为的进化算法。

自然界中许多生物体都具有群聚生存、活动行为,以利于它们捕食及逃避追捕。因此,通过仿真研究鸟类群体行为时,要考虑以下3条基本规则:

(1)飞离最近的个体,以避免碰撞。

(2)飞向目标(食物源、栖息地、巢穴等)。

(3)飞向群体的中心,以避免离群。

人类的决策过程使用了两种重要的知识:一是自己的经验,二是他人的经验,这样有助于提高决策的科学性。

鸟类在飞行过程中是相互影响的,当一只鸟飞离鸟群而飞向栖息地时,将影响其他鸟也飞向栖息地。鸟类寻找栖息地的过程与对一个特定问题寻找解的过程相似。鸟的个体要向周围同类比较,模仿优秀个体的行为,因此要利用其解决优化问题,关键要处理好探索一个好解与利用一个好解之间的平衡关系,以解决优化问题的全局快速收敛问题。

这样就要求鸟的个体具有个性,鸟不互相碰撞,又要求鸟的个体要知道找到好解的其他鸟并向它们学习。

9.2　基本微粒群算法

1. PSO 算法基本原理

PSO 模拟鸟类捕食行为。假设一群鸟在只有一块食物的区域内随机搜捕食物,所有鸟都不知道食物的位置,但它们知道当前位置与食物的距离,最为简单而有效的方法是搜寻目前离食物最近的鸟的区域。PSO 算法从这种思想得到启发,将其用于解决优化问题。

设每个优化问题的解都是搜索空间中的一只鸟,把鸟视为空间中的一个没有质量和体积的理想化"质点",称其为"微粒"或"粒子",每个粒子都有一个由被优化函数所决定的适应值,还有一个速度决定它们的飞行方向和距离。然后粒子们以追随当前的最优粒子在解空间中搜索最优解。

2. PSO 算法的描述

设 n 维搜索空间中粒子 i 的当前位置 X_i、当前飞行速度 V_i 及所经历的最好位置 P_i(即具有最好适应值的位置) 分别表示为

$$X_i = (x_{i1}, x_{i2}, \cdots, x_{in}) \tag{9.1}$$

$$V_i = (v_{i1}, v_{i2}, \cdots, v_{in}) \tag{9.2}$$

$$P_i = (p_{i1}, p_{i2}, \cdots, p_{in}) \tag{9.3}$$

对于最小化问题,若 $f(X)$ 为最小化的目标函数,则微粒 i 的当前最好位置确定为

$$P_i(t+1) = \begin{cases} P_i(t) & \text{若} f(X_i(t+1)) \geqslant f(P_i(t)) \\ X_i(t+1) & \text{若} f(X_i(t+1)) < f(P_i(t)) \end{cases} \tag{9.4}$$

设群体中的粒子数为 S,群体中所有粒子所经历过的最好位置为 $P_g(t)$,称为全局最好位置,即为

$$P_g(t) \in \{P_0(t), P_1(t), \cdots, P_s(t)\} \mid f(P_g(t)) = \min\{f(P_0(t)), f(P_1(t)), \cdots, f(P_s(t))\} \tag{9.5}$$

基本粒群算法粒子 i 的进化方程可描述为

$$v_{ij}(t+1) = v_{ij}(t) + C_1 r_{1j}(t)(P_{ij}(t) - x_{ij}(t)) + C_2 r_{2j}(t)(P_{gj}(t) - x_{ij}(t)) \tag{9.6}$$

$$x_{ij}(t+1) = x_{ij}(t) + v_{ij}(t+1) \tag{9.7}$$

其中,$v_{ij}(t)$ 表示粒子 i 第 j 维第 t 代的运动速度;C_1、C_2 均为加速度常数;r_{1j}、r_{2j} 分别为两个相互独立的随机数;$P_g(t)$ 为全局最好粒子的位置。

式(9.6) 描述了微粒 i 在搜索空间中以一定的速度飞行,这个速度要根据本身的飞行经历(式(9.6) 中右边第 2 项) 和同伴的飞行经历(式(9.6) 中右边第 3 项) 进行动态调整。

9.3　PSO 算法步骤

PSO 算法模拟鸟群捕食的群体智能行为,以研究连续变量最优化问题为背景。

在问题求解中,每个粒子以其几何位置与速度向量表示,每个粒子参考既定方向,所经历的最优方向和整个鸟群所公共认识的最优方向来决定自己的飞行。

每个粒子 X 可标识为

$$X = \langle p, v \rangle = \langle \text{几何位置,速度向量} \rangle \tag{9.8}$$

PSO 算法步骤如下:

(1) 构造初始粒子群体,随机产生 n 个粒子 $X_i = \langle p_i, v_i \rangle, i = 1, 2, \cdots, n$

$$X(0) = (X_1(0), X_2(0), \cdots, X_n(0)) =$$

$$(<p_1(0),v_1(0)>,<p_2(0),v_2(0)>,\cdots,<p_n(0),v_n(0)>) \tag{9.9}$$

置 $t:=0$。

(2) 选择。

① 假定以概率 1 选择 $X(t)$ 的每一个体。

② 求出每个粒子 i 到目前为止所找到的最优粒子 $X_{ib}(t)=<P_{ib}(t),v_{ib}(t)>$。

③ 求出当前种群 $X(t)$ 到目前为止所找到的最优粒子 $X_{gb}(t)=<P_{gb}(t),v_{gb}(t)>$。

(3) 繁殖,对每个粒子 $X_i(t)=<p_i(t),v_i(t)>$ 令

$$p_i(t+1)=p_i(t)+\alpha v_i(t+1) \tag{9.10}$$

$$\begin{aligned} v_i(t+1)=C_1v_i(t)+C_2r(0,1)[P_{ib}(t)-P_i(t)]+ \\ C_3r(0,1)[P_{gb}(t)-P_i(t)] \end{aligned} \tag{9.11}$$

由此形式,第 $t+1$ 代粒子群为

$$\begin{aligned} X(t+1)=(X_1(t+1),X_2(t+1),\cdots,X_n(t+1))= \\ (<p_1(t+1),v_1(t+1)>,<p_2(t+1),v_2(t+1)>,\cdots, \\ <p_n(t+1),v_n(t+1)>) \end{aligned} \tag{9.12}$$

(4) 终止检验,如 $X(t+1)$ 已产生满足精度的近似解或达到进化代数要求,停止计算并输出 $X(t+1)$ 最佳个体为近似解。

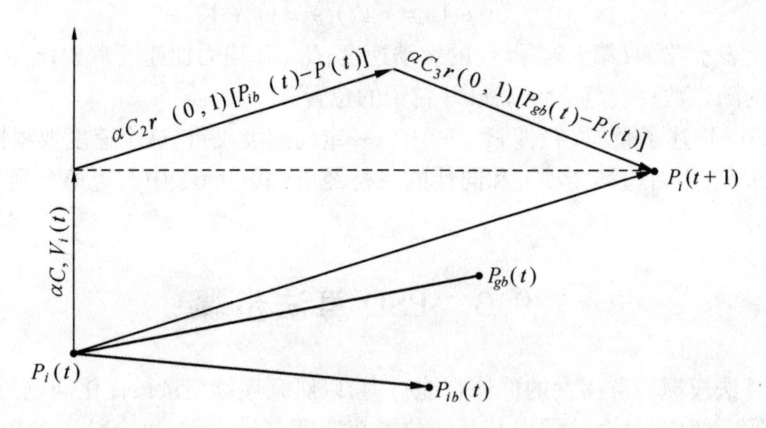

图 9.1 PSO 算法粒子 i 飞行方向校正示意图

否则对于 $t:=t+1$ 转入第(2) 步。

在上述式(9.11) 中 $r_1(0,1)$ 及 $r_2(0,1)$ 分别表示(0,1) 中的随机数,C_1 称为惯性系数,C_2 称为社会学习系数,C_3 称为认知系数,一般 C_2,C_3 在 0 ~ 2 之间取值,C_1 在 0 ~ 1 之间取值。

PSO 算法中粒子飞行方向校正示意如图 9.1 所示,图中 $P_i(t)$ 是粒子 i 当前所处位置,

$P_{ib}(t)$ 是粒子 i 到目前为止找到的最优粒子位置，$P_{gb}(t)$ 是当前种群 $X(t)$ 到目前为止找到的最优位置；$u_i(t)$ 是粒子 i 当前飞行速度。

一个基本微粒群算法流程如图 9.2 所示。

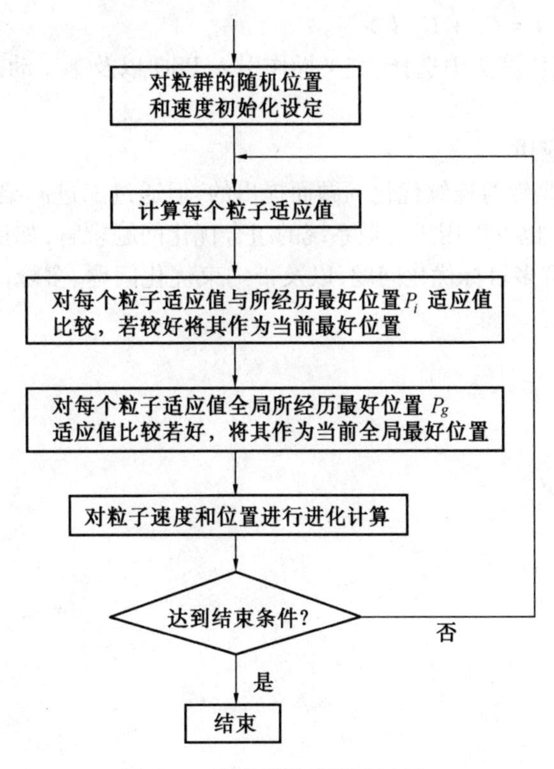

图 9.2　基本微粒群算法流程

9.4　PSO 算法的改进及应用

为了提高基本 PSO 算法的局部搜索能力和全局搜索能力的加速搜索速度，许多研究工作者提出了一些改进方法。

1. 带有惯性因子的 PSO 算法

对于式(9.6) 中 $v_{ij}(t)$ 项前加以惯性权重 ω，一般选取

$$\omega(t) = 0.9 - 0.5t/[\text{最大截止代数}] \tag{9.13}$$

此外对惯性因子可以在线动态调整，如采用模糊逻辑将 $v_{ij}(t)$ 表示成[低]、[中]、[高] 三个模糊语言变量，通过模糊推理决定相应的加权大小。

2. 带有收缩因子的 PSO 算法

$$v_{ij}(t+1) = \mu[v_{ij}(t) + C_1 r_{1,j}(t)(P_{ij}(t) - x_{ij}(t)) +$$

$$C_2 r_{2,j}(t)(P_{g,j}(t) - x_{ij}(t))] \tag{9.14}$$

$$\mu = \frac{2}{|2 - l - \sqrt{l^2 - 4}|} \tag{9.15}$$

其中，μ 为收缩因子；$l = C_1 + C_2, l > 4$。

此外，通过将遗传算法中选择、交叉操作引入 PSO 以及基于动态邻域（小生境）等方法加以改进。

3. PSO 算法的应用

虽然 PSO 算法是针对连续优化问题而提出的，但通过二进制编码可以得到离散变量的 PSO 形式，因此它也可以用于离散系统的组合优化问题求解，如用于求解 TSP 问题等。PSO 还可以用于求解多目标优化问题，以及带约束优化问题、多峰函数优化、整数规则等问题。

第10章　混沌优化算法

10.1　混沌现象和混沌学

非线性动力系统在相空间的长时间行为可归纳为3种表现形式:

一种可能是轨线趋于一个点(定态吸引子);另一种可能是轨线趋于一个闭合曲线(周期吸引子);第三种可能是控制参数在一定取值范围内,轨线在相空间被吸引到一个有限的区域。在这个区域内,既不趋于一个点,也不趋于一个环,而做无规则的随机运动,称此为奇怪吸引子,这种动态行为就是混沌。

混沌是由确定性的非线性动力学系统产生的随机现象。早在1903年,法国数学家J. H. Poincare在《科学与方法》一书中就提出了Poincare猜想。他把动力学系统和拓扑学两大领域结合起来,提出了混沌存在的可能性。

混沌现象是美国气象学家Lorenz在1963年发现的。他为了预报天气,把大气动力学方程组简化为12个方程,用计算机作数值模拟时发现:在相同初始条件下,重复模拟结果随计算时间的增加而彼此分离,以至于后来变得毫无相似。这个结果表明短期天气预报是可行的,长期天气预报是不可能的。Lorenz进而就大气动力学方程简化为3个一阶常微分方程来研究对流问题。在一定的参数范围内得到上述同样的结论,并在三维相空间中观察到上述提到的混沌行为。

20世纪70年代,生物学家发现人类的心脏中存在着混沌现象。1975年,美国华人学者李天岩和美国数学家J. Yorke在美国数学杂志上发表"周期三意味着混沌"的著名文章,深刻描述了从有序到混沌的演变过程。1976年,美国生物学家R. May在《自然》杂志上发表了《具有极复杂的动力学的简单数学模型》一文指出:简单的确定论数学模型竟然也可以产生看似随机的行为。1977年,第一次国际混沌会议在意大利召开,标志着混沌科学的诞生。

我们周围的世界乃至宇宙,混沌现象无处不在。一支香烟冒出的烟迹,自来水龙头的滴水,油管内流动油的性质中等都会出现混沌。混沌中蕴含着有序,有序过程也可能出现混沌。

什么是混沌学?混沌学是研究确定性的非线性动力学系统所表现出来的复杂行为产生的机理,特征的表述,从有序到无序的演化及其反演化的规律及其控制的科学。混沌学研究一个动力学系统,怎样判断它是否为混沌系统,对于一个混沌系统如何定性定量描述,如何对一个混沌系统进行控制,如何利用混沌,如何利用历史数据对混沌进行预测等。

10.2 Logistic 映射

在生态领域,Logistic 通过对马尔萨斯人口论的线性差分方程模型进行修正,用非线性模型描述人口模型,称为 Logistic 方程

$$\begin{aligned} x_{n+1} &= f(\mu, x_n) \\ &= \mu x_n(1 - x_n) \end{aligned} \tag{10.1}$$

其中,μ 是一个正常数;$f(\mu, x_n)$ 为非线性函数。对于式(10.1)这一有限差分方程的迭代求解用图示法简单表述。下面考虑在 $\mu \in [1,4]$ 情况下的 Logistic 映射。

当 $x = 0$ 时,种群灭绝,x 的最大值不能超过 1,因此 x 取值范围为 $x \in (0,1)$。为使 $x < 1$,则控制参数 $\mu < 4$,由于增长率 $r = \mu - 1$,应保证 $r > 0$,故必须使 $\mu > 1$。

给定初值 $x_0 = 0$,经过若干次迭代后,该种群达到一平衡值,即 $x_{n+1} = x_n = x^*$,如图 10.1(a)中直线与曲线的交点,$x^* = 1 - \dfrac{1}{\mu}$,称 x^* 为 Logistic 方程的定态解或不动点,其中 $\mu = 2.8$。

当增大控制参数使 $\mu = 3.14$ 时,原来的不动点 x^* 变为不稳定,由一对新的稳定不动点 x_1^* 和 x_2^* 所取代,形成如图 10.1(b)周期 2 的振荡,使系统交替地处于 x_1^* 和 x_2^* 两个不动点上。再增大 μ 值,周期 2 的两个不动点又会变成不稳定,并各自又产生一对新的不动点,而形成周期 4 的振荡。

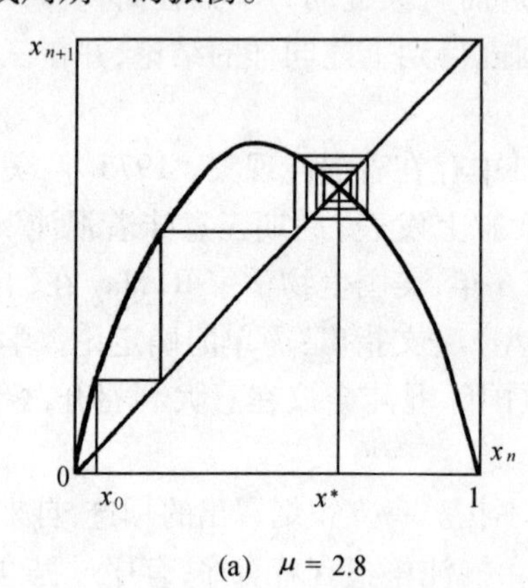

(a) $\mu = 2.8$

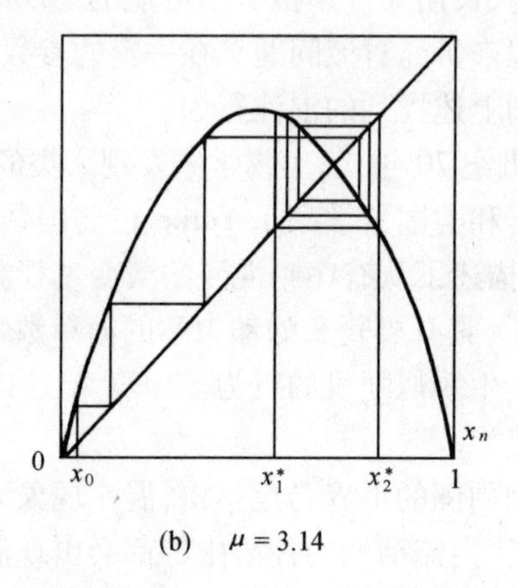

(b) $\mu = 3.14$

图 10.1 一维 Logistic 非线性映射

随着 μ 值进一步增大,类似地会出现周期 8,16,…,2^n 的倍周期分岔现象,直至进入混沌区,如图 10.2 所示,μ 从 2.9 变化到 4.0 时分岔直至混沌的情况。

相邻两分岔点的间距以几何级数递减，并很快地收敛于某一临界值。费根鲍姆对分岔点序列的收敛速度 δ 进行了计算，得到了一个与函数 $f(\mu, x_n)$ 形式无关的普适常数 $\delta = 4.669\cdots$。此外，当每对不动点失稳变成两对新的不动点时，其间距要比原来间距小 $\alpha = 2.502\ 9\cdots$ 倍，这又是一个费根鲍姆常数，它反映了无穷嵌套的几何结构上标度变换的普适性。

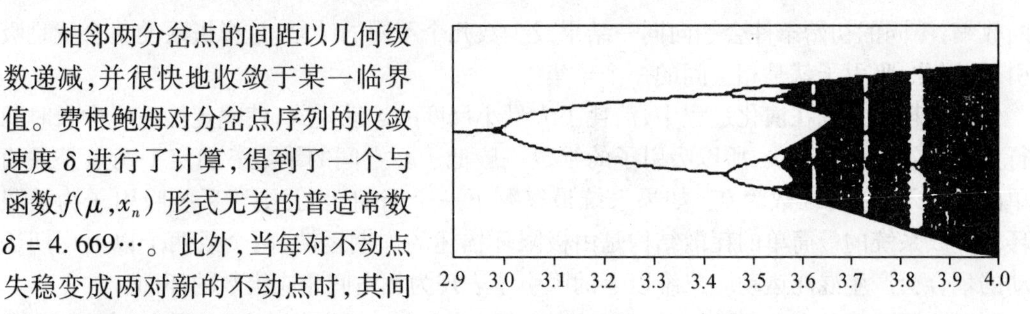

图 10.2　Logistic 映射分岔混沌图

通过上面 Logistic 映射中分岔导致混沌的过程不难看出，分岔是非线性方程所描述的动力学系统所特有的现象，其特点是平衡状态的失稳、突变，表现为对称性破坏，即对称破缺。经过大量分岔后周期变得无限长，即不存在周期性，此时系统的吸引子变成非周期，即系统进入混沌。

可见，在确定性的有限差分方程描述的系统中，可以出现以敏感依赖于初始条件为特征的非周期性的混沌动力学过程。

上述的 Logistic 映射具有一维相空间和一维参数空间，它通向混沌的典型路径是倍周期的分岔。这是形成混沌的一类最简单最基本的映射方式。此外，如圆周映射具有一维相空间和二维参数空间，Henon 映射具有二维相空间等，它们通向混沌的路径要比一维 Logistic 映射复杂得多。但是，一维映射对于耗散系统混沌研究具有更重要的意义，因为一维映射所得到的分岔序列与临界点邻域的标度律对于高维系统具有普适性。

众所周知，有阻尼的单摆的摆动最终要停到一个固定点，这个不动点犹如磁石一样吸引摆锤并使其不动点成为它的最终归宿。所以，形象地称这个固定点为吸引子，这是最简单的一类吸引子。

第二类吸引子是极限环，它描述系统在状态空间的稳定振荡，是描述周期行为的吸引子。

第三类吸引子是环面吸引子，它描述复合振荡的拟周期行为，它的轨道绕行在状态空间的一个环面上。

上述的不动点、极限环和环面吸引子统称为非混沌吸引子，它们的行为是可以预测的，故又称非奇异吸引子。

第四类吸引子是奇异吸引子，又称混沌吸引子，它具有复杂的拉伸、折叠和伸缩的结构。这种奇异吸引子具有分维形态的结构，就好比厨师揉面一样，可以使指数型发散保持在有限的相空间内，这种结构性态不能用传统的欧几里得几何学来描述。

实际上，耗散系统在其运动和演化过程中，相空间的体积由于阻尼等耗散项存在会不断收缩,不同的初始条件会趋向同一结果或少数几个不同的结果,这样极限的集合就是吸引子,因此,吸引子就是相空间的一个子集。

由于耗散系统在演化过程中,消耗了大量小尺度的运动模式,使确定性系统中长时间行为的有效自由度减少,所以吸引子的维数一般低于相空间的维数。稳定平衡点是最简单的吸引子,它的维数为0。如果系统最终剩下一个周期运动,则该系统吸引子为极限环。开放系统的最简单的耗散结构是由极限环描述的周期运动,两个或两个以上周期运动的耦合会产生混沌运动。二维以上的吸引子表现为相空间相应维数的环面。

混沌吸引子具有分形的性质,它具有两种运动方向,一切在吸引子之外的运动都向它靠拢,对应着稳定方向;而一切到达吸引子内的运动轨道都相互排斥,对应不稳定方向。耗散是整体性的稳定因素,它使运动轨道稳定地收缩到吸引子上,而动力系统在相空间体积收缩的同时,它在某些方向上的运动又造成局部不稳定,混沌吸引子是整体稳定性与局部不稳定性相互作用的结果。

10.3　从倍周期分支到混沌

人口的动力学模型可写为

$$s_{n+1} = ax_n(1 - x_n), 0 \leqslant a \leqslant 4 \tag{10.2}$$

式中,x_n 表示第 n 代个体的相对个数;a 应限于实数区间[0,4]。式(10.2)是一种 Logistic 映射,它的基本分叉形态如图 10.3 所示。

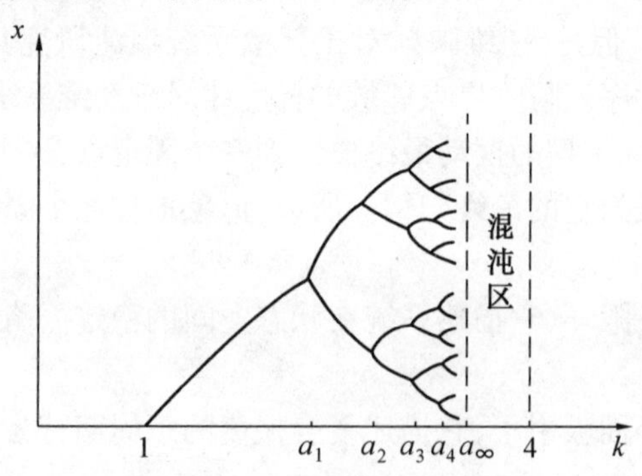

图 10.3　从倍周期分支到混沌(坐标不按比例)

在 $a = 1$ 处,出现转换稳定性的折叠分叉;$a = 3$ 处,按叉型分岔稳定分支失去稳定性。如果详细地观察,我们会发现大量倍周期分支出现间隔越来越短,经过 n 次分支,周期长度为 2^n。因此,经过大量的分支后,周期变得无限长,即不存在周期性。此时,系统吸引子成为非周期的,即是混沌的。出现这种现象的点(a_∞)是倍周期序列的累加点。

假定用 a_n 代表周期 2^n 轨迹的分支点,则可有比值

$$\delta_n = (a_n - a_{n-1})/(a_{n+1} - a_n) \tag{10.3}$$

Feigenbaum 对这个序列的研究发现,δ_n 序列很快地收敛到一个常数,$\delta = 4.669\ 20\cdots$ 即 a_∞ 的逼近速度是几何级数,称 δ 为著名的 Feigenbaum 常数。Feigenbaum 还发现,只要 $f(x)$ 是光滑的单峰函数,且具有连续的一阶导数,在极值处二阶导数不为零,则 δ 值与函数 $f(x)$ 形式无关,故 δ 又称为普适常数。

当 $a > a_\infty$ 时,混沌映射有 3 个特征:

(1) 对初始条件具有敏感的依赖性,在初始状态,两个相互接近的轨迹会随着时间的推移,越来越分开。

(2) 混沌是非周期的,它不能被细分或不能被分解为两个互不影响的子系统。

(3) 在混沌状态中,存在着有规律的成分,即奇异吸引子。

10.4 区间映射与混沌

设 I 为实轴上的一个闭区间,不妨取[0,1]。在其上定义连续映射 $f:I \to R$。如果 f 满足下列条件:

(1) f 具有任意正整数周期的周期点,即对任何自然数 n,有 $x \in I$,使 $f^n(x) = x$(非不动点的 n 周期点)。

(2) 存在不可数集 $k \subset I$,使对任意 $x, y \in k$,有

$$\limsup_{n\to\infty} | f^n(x) - f^n(y) | > 0 \tag{10.4}$$

$$\liminf_{n\to\infty} | f^n(x) - f^n(y) | = 0 \tag{10.5}$$

(3) 对每一 $x \in k$ 及周期点 y,有

$$\limsup_{n\to\infty} | f^n(x) - f^n(y) | > 0 \tag{10.6}$$

则称 f 为混沌的。

在 f 的迭代下,条件(2) 说明 k 内的任二轨道有时要相互无限靠近,有时又要相互分开;条件(3) 说明周期轨道不是渐进的。可以看出,区间 I 在 f 的不断作用下,呈现出一片混沌的运动状态,其中一部分是周期的运动,而更多的是复杂无章的运动,它们时分时合,在完全确定的 f 的一次次迭代下,出现了类似于随机状态。上述定义可推广到任意维数的映射。

按上述定义,Li 和 Yorke 得出"如果 f 存在了周期点,则 f 是混沌"的结论。

10.5　混沌中的规律性

混沌的产生经历了一个从无序到有序,又从有序到无序的过程。

混沌是一种有结构的无序,表面上看起来杂乱无规则的混沌是有其内在规律性的。混沌具有类似随机变量的杂乱表现 —— 随机性;混沌是由确定性非线性迭代方程产生的复杂动力学行为,表现出规律性;混沌由于对初始条件极端敏感,导致混沌运动具有轨道不稳定性,因此混沌能不重复地历经一定范围内的所有状态。

1. 各态历经性

在式(10.1)中,我们从 $a = 4$ 时的混沌区进行方向考察,从[0,1]中任取一个数作为初始值,利用迭代

$$x_{n+1} = 4x_n(1 - x_n) \tag{10.7}$$

可求出以后各年的 $x_1, x_2, \cdots, x_n, \cdots$,这些值几乎布满了(0,1)整个的区间。不管在[0,1]内取什么值为初始值,都是如此。这种现象在物理上被称做各态历经。根据初始值无法预测多少年后 x_n 是多少,即当混沌发生时,对系统的长时间行为不可预测,这是混沌表现无序的一面。

2. 混沌带倍周期逆分支

从图10.4可以看出,当 a 从4减少时,x_n 数历经的区域逐步缩小,AB 和 CD 这两条历经区域的边界方程分别是

$$\begin{cases} x_{AB} = a(1 - a/4) \\ x_{CD} = a/4 \end{cases} \tag{10.8}$$

计算表明,所有历经区间[$a(1 - a/4), a/4$]之外的点,经过一次或有限次迭代后,都会被吸引到历经区间,一个点如落到这个区间也再不会跑出来;a 减小到 a'_1,原来连成一片的混沌带被一分为二,到 a'_2 时分为四,到 a'_3 时分为八等等,这时分支点不是周期点而是混沌带。

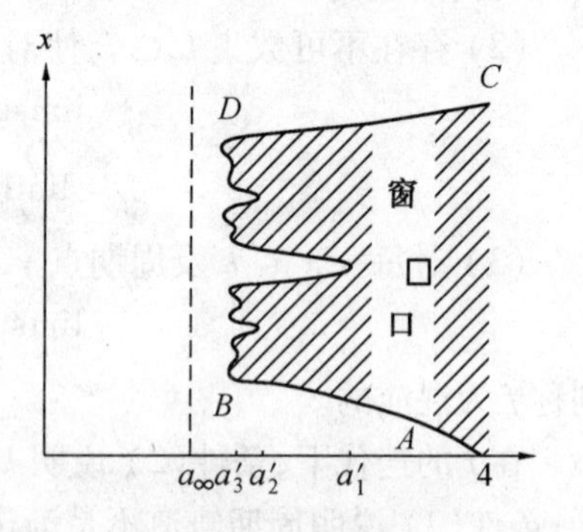

图 10.4　混沌带倍周期逆分支
(坐标不按比例)

当 $a = a'_n$ 时,出现 2^n 条混沌带。x 会以确定的顺序历经这些混沌带,每年出现在一条带上,在 2^n 年内不会重复出现,到 2^{n+1} 年又回到原出发的带上,以后又从头开始同样的循环。这种混沌带之间表现出的周期性是混沌有序的一面。

每条混沌带是一个区间,x 到底落在每个区间的哪个具体部位,则完全是随机的,这又是混沌有序中的无序行为。当 $n \to \infty$,a'_n 趋于一定比

$$\lim_{n \to \infty} a'_n = a'_\infty \tag{10.9}$$

把上述混沌带的分支过程称为混沌带倍周期逆分支。

3. 周期窗口和阵发混沌

混沌区并不完全是无序的,它是有结构的,它还存在一个透明的窗口。在这些窗口内,物种数的演化是周期性的,最大的周期窗口的周期为 3,它发生在 $a = a_3 = 1 + 8^{1/2} = 3.828\cdots$ 处。从 a_3 开始逐渐增加 a,又可以发现 $3 \to 6, 6 \to 12, 12 \to 24, \cdots, 3 \times 2^n$ 的倍周期分支。当 $n \to \infty$ 时,会走出这个窗口进入混沌区;从 a_3 往回减小也会进入混沌区,但这时并不存在倍周期分支,而是从周期3 直接进入。在 a 略小于 a_3 的小邻域,物种数演化表现出很奇怪的特性,在很长时间内表现出周期 3 的特性,但这种有节奏的变化在某段时间突然被打破,产生无规则运动,一阵混乱后又回到周期 3 上来,不知过了多久运动又会乱起来,这种周期性和混沌性间歇发生的现象叫阵发混沌。

在混沌区内,除了周期3 窗口外,还存在周期5、周期7 等窗口,它们都具有和周期3 相同的规律性。

上述混沌行为特征是从 Logistic 生态模型得到的,但它具有相当大的普遍性。实际上,这类倍周期分支序列和混沌结构会出现在许多更为复杂的非线性系统中。

4. Feigenbaum 普适常数

Feigenbaum 发现,随着 n 的增加,相邻分支间距离越来越小,而相邻分支间距离之比却越来越稳定。当 $n \to \infty$ 时,则有

$$\delta_n = \frac{a_n - a_{n-1}}{a_{n+1} - a_n} \to 4.669\ 21\cdots = \delta \tag{10.10}$$

进一步研究发现 δ 常数与 Logistic 映射的抛物性无关,对于指数映射 $x_{n+1} = x_n e^{a(1-x_n)}$ 及正弦映射 $x_{n+1} = a\sin(\pi x_n)$ 均无关。它是放之许多映射而皆准的一个普适常数。

普适常数 δ 描述了混沌的内在规律性,非线性方程虽然不同,但它们在倍周期分支这条道路上却以相同的速率走向混沌。

对比:一个常数的发现意味着揭示了一条大自然法则。例如,由光速 c 不变产生了相对论;普朗克常数 h 的出现产生了量子力学等。Feigenbaum 常数的发现揭示了一条普遍适用于从倍周期分支到混沌的自然法则。

进一步研究发现,混沌具有无穷层次的嵌套结构,在这大大小小的复杂的自相似图形中,从小到大的自相似度尺比例是不变的一个常数 α,称之为 Feigenbaum 第二常数,又称标度变换因子。它与大小尺寸无关,与时间无关,与位置无关,与什么样的非线性映射无关,是一个普适的常数 $a = 2.502\ 907\ 8\cdots$。

10.6　Lyapunov 指数

Lyapunov 指数是刻画吸引子性质的重要指标。

考虑一维非线性微分方程

$$dx/dt = f(x) \tag{10.11}$$

为了检验 $x = x_0$ 不动点的稳定性,作如下线性稳定性分析。将

$$x(t) = x_0 + \delta x(t) \tag{10.12}$$

代入式(10.11)中,得到

$$d\delta x/dt = \lambda \delta x \tag{10.13}$$

其中,$\lambda = (\partial f/\partial x)x_0$,是一个定常的线性化系数。方程(10.13)的解为

$$\delta x(t) = \delta x(0) e^{\lambda t} \tag{10.14}$$

$$\lambda = \lim_{t \to \infty}(1/t)\ln|\delta x(t)| \tag{10.15}$$

称 λ 为 Lyapunov 指数。$\delta x(0)$ 为初值的差异,显然,若 $\lambda > 0$,则 x 间的差异 δx 会越来越大,而呈现正的 λ 为混沌特征,它反映了初值的差异 δx_0 按指数扩大的平均速度。

当 $\boldsymbol{x}$ 是 m 维相空间的一个矢量时,上述 δx 有 m 个分量,而对每个分量可求出一个相应的 λ,共有 m 个 λ。按从大到小的顺序排列,有

$$\lambda_1 \geqslant \lambda_2 \geqslant \cdots \geqslant \lambda_m \tag{10.16}$$

这 m 个实数称为 Lyapunov 指数谱。当 $\boldsymbol{x}(t)$ 为 m 维时,近似有

$$\delta x_i(t) = e^{\lambda_i t}\delta x_i(0), \quad i = 1,2,\cdots,m \tag{10.17}$$

λ_i 可正、可负或为零,它的定义如下:

(1)$\lambda_i < 0$,被研究的轨线 $x_0(t)$ 周围的其他轨线 $x(t)$ 会沿着 x_i 的方向以指数衰减方向向它靠近。

(2)$\lambda_i > 0$,$\boldsymbol{x}(t)$ 会沿着 x_i 方向以指数增长方式远离 $x_0(t)$。

(3)$\lambda_i = 0$,$\delta x_i(0)$ 既不衰减也不增长而沿着 $x_0(t)$ 的切线方向运动。

奇怪(异)吸引子上任何相邻的点,随着迭代步数的增加,会以指数增长的速度迅速分开,最后变为完全不相关的点。表 10.1 给出了 λ 与吸引子的关系。

表 10.1　λ 与吸引子的关系

维数	λ	吸引子类型
一维	(−) ($\lambda < 0$)	有稳定不动点
二维	(−, −) $\lambda_1 < 0, \lambda_2 = 0$ (−,0)	稳定的不动点(结点、焦点) 极限环,垂直于极限环的方向 $\lambda_1 < 0$ 沿极限环的切线方向 $\lambda_2 = 0$

续表 10.1

维数	λ	吸引子类型
三维	(-, -, -)	不动点吸引子(稳定结点、焦点)
	(-, -,0)	周期吸引子
	(0,0, -)	准周期吸引子
	(+,0, -)	奇怪(异)吸引子(混沌吸引子)

10.7　奇异吸引子

吸引子除了吸引不动点、极限环和极限面(它们的拓扑结构分别是 0 维,1 维和 2 维,吸引子具有整数维的简单几何结构,它们是不奇怪的)之外,还存在着这样一些动力学系统,其运动过程是非周期的演变。这种演变可以由某一确定性的动力学系统产生,描述这类动力学系统特征的直观方法就是利用奇异吸引子,即混沌吸引子。奇异吸引子有多种,如 Lorenz 吸引子,Rossler 吸引子,Henon 吸引子,Duffing 吸引子。

当一个系统表现为奇异吸引子时,系统演变过程绝不重复,其轨迹绝不自身相交,尽管在奇异吸引子内部的任何地方,两条轨迹都局部分离,但它们在未来某些时候又有可能局部地相互靠拢。可以把奇异吸引子的作用看做一个混合过程。

奇异吸引子具有如下的特性:

(1)对初始条件敏感依赖性,由于奇异吸引子内部的不稳定性而导致初始条件微小误差不断加倍放大,它存在于一切奇异吸引之中。

(2)奇异吸引子对初始条件的敏感性使中、长期预报不可能,短期预报是可能的。

(3)奇异吸引子具有自相似性,不仅控制参数变化时,混沌现象可以表现出自相似现象,而且当控制参数固定情况下奇异吸引子本身具有一种无穷嵌套的自相似结构。

(4)奇异吸引子具有分形性质,尽管多种吸引子的奇怪形状和复杂程度不同,但无穷次拉伸与折叠过程是共同的。在无穷次拉伸和折叠过程中,二维的正方形变为无数条细线。奇异吸引子这些无穷折叠细线的维数既不是 2 维,也不是 1 维,而是介于 2 和 1 之间的分数维,分数维也是奇异吸引子的一个普遍特点。

10.8　混沌优化方法

基于 Logistic 映射产生混沌运动轨道的遍历性,即混沌序列能够不重复地历经一定范围内的所有状态,可将其混沌用于函数优化问题。

混沌优化算法的基本思想是将变量从混沌空间变换到解空间,然后利用混沌变量所具有的丰富的非线性动力学特性——随机性、遍历性、规律性的特点进行搜索。混沌优化易跳出局部最优解，不需要优化问题具有连续性和可微性。

10.8.1　变尺度混沌优化方法

应用 Logistic 方程产生混沌变量来进行优化搜索，即

$$x_{k+1} = \mu \cdot x_k(1.0 - x_k) \tag{10.18}$$

其中，$\mu = 4$，若需优化 n 个参数，则任意设定(0,1)区间 n 个相异的初值（注意不能为方程(10.18)的不动点0.25,0.5,0.75），得到 n 个轨迹不同的混沌变量。

对连续对象的全局极小值优化问题

$$\min f(x_1, x_2, \cdots, x_n)$$
$$x_i \in [a_i, b_i], i = 1, 2, \cdots, n \tag{10.19}$$

应用混沌优化方法的步骤如下（记 $f(x_1, x_2, \cdots, x_n)$ 为 $f(x_i)$）：

Step1：初始化 $k = 0, r = 0$。$x_i^k = x_i(0)$，$x_i^* = x_i(0)$，$a_i^r = a_i$，$b_i^r = b_i$，其中 $i = 1, 2, \cdots, n$。这里 k 为混沌变量迭代标志，r 为细搜索标志，$x_j(0)$ 为(0,1)区间 n 个相异的初值，x_i^* 为当前得到的最优混沌变量，当前最优解 f^* 初始化为一个较大的数。

Step2：把 x_i^k 映射到优化变量取值区间成为 mx_i^k

$$mx_i^k = a_i^r + x_i^k \cdot (b_i^r - a_i^r) \tag{10.20}$$

Step3：用混沌变量进行优化搜索。

若 $f(mx_i^k) < f^*$，则 $f^* = f(mx_i^k)$，$x_i^* = x_i^k$；否则，继续。

Step4：$k := k + 1$，$x_i^k := 4 \cdot x_i^k(1.0 - x_i^k)$。

Step5：重复 Step2,3,4，直到一定步数内 f^* 保持不变为止，然后进行以下步骤。

Step6：缩小各变量的搜索范围

$$a_i^{r+1} = mx_i^* - \gamma \cdot (b_i^r - a_i^r) \tag{10.21}$$

$$b_i^{r+1} = mx_i^* + \gamma \cdot (b_i^r - a_i^r) \tag{10.22}$$

其中，$\gamma \in (0, 0.5)$；$mx_i^* = a_i^r + x_i^* \cdot (b_i^r - a_i^r)$ 为当前最优解。为使新范围不至于越界，需做如下处理：

若 $a_i^{r+1} < a_i^r$，则 $a_i^{r+1} = a_i^r$；若 $b_i^{r+1} < b_i^r$，则 $b_i^{r+1} = b_i^r$。

另外，x_i^* 还需做如下还原处理

$$x_i^* = \frac{mx_i^* - a_i^{r+1}}{b_i^{r+1} - a_i^{r+1}} \tag{10.23}$$

Step7：把 x_i^* 与 x_i^k 的线性组合选作新的混沌变量，用此混沌变量进行搜索

$$y_i^k = (1 - \alpha) x_i^* + \alpha x_i^k \tag{10.24}$$

其中，α 为一较小的数。

Step8：以 y_i^k 为混沌变量进行 Step2,3,4 的操作。

Step9：重复 Step7,8 的操作，直到一定步数内 f^* 保持不变为止。然后进行以下步骤。

Step10：$r:=r+1$，减小 α 的值，重复 Step6,7,8,9 的操作。

Step11：重复 Step10 若干次后结束寻优计算。

Step12：此时的 mx_i^* 即为算法得到的最优变量，f^* 为算法得到的最优解。

全局极大值优化问题 $\max f(\cdot)$，可转化为全局极小值问题 $-\min(-f(\cdot))$。

混沌运动能遍历空间内所有状态，但当空间较大时遍历时间较长。于是，考虑逐渐缩小寻优变量的搜索空间。从 Step6 可以看出，优化算法的寻优区间最慢将以 2γ 的速率减小。另外，当前的最优变量 mx_i^* 不断朝真值靠近，故不断减小(10.24)式中 α 的值，让 mx_i^* 在小范围内寻找，从而达到细搜索的目的。需要注意的是 Step5 及 Step9 的运行次数较大，以利于当前最优点到达真正最优点附近。

10.8.2　混沌模拟退火方法

把混沌变量引入模拟退火，这相当于给混沌优化方法增加一个启发式规则。基于混沌变量的模拟退火方法——混沌模拟退火方法(CSA)将集结混沌优化方法与模拟退火优化方法的优点。

综合混沌优化和模拟退火优化的优点，设计模拟退火策略，一是考虑利用混沌变量自身的变化规律，二是利用模拟退火中的启发式规则。下面从初始温度的确定、随机扰动的确定及温度下降策略三方面来设计混沌模拟退火方法。

1. 初始温度及温度下降策略的确定

应用模拟退火时，通常给出一个足够高的初始温度，以便让最初的随机搜索很充分，这实际上进行了许多冗余的迭代。Lin 等人把遗传算法与模拟退火相结合，导出了一种获得 T_0 的方法。这里利用 Lin 的思路来确定初始温度。假定取开始时接受较差点的概率为 P_{r_0}，则 $P_{r_0}=\exp(-\Delta C/T_0)$，其中 ΔC 为新点的函数值减去老点的函数值。于是有 $T_0=-\Delta C/\ln P_{r_0}$。先按混沌寻优方法的第一个阶段搜索 N 个可能解，并记录这 N 个点所对应的目标函数值的最大、最小值。$\Delta C=f_{\max}-f_{\min}$ 为其中最大、最小值之差。可看做对随机两个点对应函数值之差最大值的近似估计。于是按式

$$T_0=\frac{f_{\min}-f_{\max}}{\ln P_{r_0}} \tag{10.25}$$

确定初始温度 T_0。采用指数下降的降温方法：$T_{k+1}=\gamma T_k$，其中 $\gamma<1$。对不同的优化问题需要选择不同的 γ，问题复杂时 γ 应选得较大，一般取 $\gamma\in[0.95,0.999]$。

2. 随机扰动的确定

混沌优化方法中的细搜索方式为

$$X' = X^* + \alpha C_k \tag{10.26}$$

其中X^*为当前最优解;C_k为当前混沌向量。这种方式需要对X'进行越界处理,并且α的取值不易确定。基于此,将式(10.26)改为如下的混沌扰动方法

$$C'_k = (1-\alpha)C^* + \alpha C_k,\quad \alpha < 1 \tag{10.27}$$

其中,C^*为当前最优解映射到[0,1]区间后形成的向量,称为最优混沌向量。式(10.27)方式可以保证C'_k取值在[0,1]区间,免去了原先算法中对X'越界的处理。经多次仿真计算表明,式(10.27)效果明显好于式(10.26)。另外,式(10.27)中的α采用了自适应选取,这是因为搜索初期希望X_k变动较大,这需要较大的α。随着搜索进程的深入,可以认为X_k在逐渐接近最优点,故需要设计较小的α,以便让X^*在小范围内搜索。可以采用式

$$\alpha = 1 - \left|\frac{k-1}{k}\right|^m \tag{10.28}$$

确定α。式中,m为一整数。

3. 混沌模拟退火优化方法

综上所述,基于混沌变量的模拟退火优化算法步骤归纳如下:

(1) 随机初始化混沌向量C_0,并置$k=0$。

(2) while $k<N$。

(3) 计算C_k所对应的可行解向量X_k,并计算$f(X_k)$。

(4) $C_k = 4C_k(1-C_k)$, $k := k+1$。

(5) 保留$f(X_k)$中的最大、最小值$\max f_k$、$\min f_k$。

(6) end while。

(7) 选择P_{r_0},初始温度$T_0 := (\max f_k - \min f_k)/\ln P_{r_0}$。

(8) 解向量X^*:$\min f_k$对应的可行解,最优混沌向量C^*:$\min f_k$对应的混沌变量。

(9) $k=1$。

(10) while 未满足终止条件。

(11) 按式(10.27)产生一新点C'_k,并映射到寻优空间成为Y_k。

(12) $\Delta C = f(\gamma_k) - f(X_k)$, $P_r = \min(1, \exp(-\Delta C/T_k))$。

(13) 若 $\mathrm{rand}(0,1) < P_r$,则$C^* = C'_k$;若$f(\gamma_k) < f_{\min}$,则$X^* = \gamma_k$, $f_{\min} = f(\gamma_k)$。

(14) 温度更新$T_{k+1} = \gamma T_k$。

(15) $C_k = 4C_k(1-C_k)$, $k := k+1$。

(16) end while。

(17) 输出解向量X^*及最优值$f_{\min}$。

分析上述过程,CSA的(1)~(7)步既是确定初始温度,也是混沌搜索过程。后面的步骤则是模拟退火过程,不同的是采用了混沌扰动方法,利用了混沌变量随机性、遍历性

的特点。另外,这样设计随机扰动编程实现简单方便。需要说明的是:

(1) 步骤(2) 中 N 值不能选取过大,否则会成为单纯的混沌随机搜索。

(2) 式(10.28) 也可以设计其他更好的形式,其中 m 的值需由经验确定。

(3) 优化问题较为复杂时,γ 应选得较大,这要由经验来确定。

10.8.3　混沌优化算法的一般描述

设待优化的问题描述为

$$\begin{cases}\min f(z) \\ \text{s.t.}\quad z \in T\end{cases} \tag{10.29}$$

其中,T 是使式(10.29) 成立的所有解的集合;$f(z)$ 是优化问题的目标函数。算法的基本步骤如下:

步骤 1:根据不同的约束条件选择不同的混沌函数。

如果 $z \in [a,b]$,则可以选择 $x_{n+1} = \lambda x_n(1 - x_n)$,$0 \leqslant \lambda \leqslant 4$。当 $\lambda = 4$ 时方程完全处于混沌状态,x 在$[0,1]$ 内遍历。目标函数则变为 $f(X)$,$X = a + x(b - a)$。

如果 $z \in [-a,a]$,可以选择 $x_{n+1} = \lambda x_n^3 - \lambda x_n + x_n$,$0 \leqslant \lambda \leqslant 4$。当 $\lambda = 4$ 时方程完全处于混沌状态,此时 x 在$[-1,1]$ 内遍历。目标函数则变为 $f(X)$,$X = ax$。

步骤 2:通过随机的方法产生一个初始种群 x_{0i},$x_{0i} \in [0,1]$ 或$[-1,1]$($i = 1,2,\cdots,n$),计算其性能指标 $f(X_{0i})$,$X_{0i} = a + x_{0i}(b - a)$ 或 $X_{0i} = ax_{0i}$,n 为种群数。

步骤 3:根据所选的混沌方程在原有解的基础上产生一个新的种群 x_i,$x_i \in [0,1]$ 或$[-1,1]$($i = 1,2,\cdots,n$),计算其相应的性能指标 $f(X_i)$,$X_i = a + x_i(b - a)$ 或 $X_i = ax_i$。

步骤 4:如果 $f(x_i) < f(x_{i0})$,根据遗传算法的复制运算则接受新解 $x_{i0} = x_i$。

步骤 5:根据遗传算法中的交换运算,随机地对新种群中的部分解按概率 P_c 进行交换。

步骤 6:根据遗传算法中的变异运算,随机地对新种群中的部分解按概率 P_m 进行替换。经过 4 ~ 6 步得到种群 x_{1i},$x_{1i} \in [0,1]$ 或$[-1,1]$($i = 1,2,\cdots,n$)。

步骤 7:如果 $f(x_{1i}) < f(x_{i0})$,则接受新解 $x_{i0} = x_{1i}$。种群 x_{i0},$x_{i0} \in [0,1]$ 或$[-1,1]$($i = 1,2,\cdots,n$) 中将保持性能指标较好的个体。从中找出性能最好的个体记作 X_c。然后转到步骤 3。如果 X_c 在规定的迭代的次数 m 里没有满足指定的误差要求搜索条件,则进行步骤 8,否则结束。

步骤 8:以上一步搜索结果 X_c 为中心,以 r/a 为半径,r 为前一步的搜索半径,即前一步解空间的半径,a 为 r 的衰减因子。以 $x_{n+1} = \lambda x_n(1 - x_n)$ 或 $x_{n+1} = \lambda x_n^3 - \lambda x_n + x_n$ 为搜索函数。重复步骤 3 ~ 7,在缩小的范围内进行细搜索。其搜索范围为$[X_c - r/a, X_c - r/a]$。

步骤 9:如果在指定的迭代次数里不满足误差要求条件,将继续以 r/a 为半径进一步缩小搜索范围。重复步骤3 ~ 7继续搜索。如果满足误差要求条件,结束。否则,重复步骤9直到满足误差要求条件。最终所得到的 X_c 和 $f(X_c)$ 为全局最优。

说明:步骤3中采用混沌函数产生新的种群,这保证了在可行解的区域里,所有的状态都可以被遍历到。步骤4 ~ 6使用遗传算法中的复制、交换、变异运算,利用了其启发式搜索的性质,提高了搜索的精度,保证了以概率收敛到全局最优解。这样既能克服早熟收敛,保证搜索到全局最优值,又能加快搜索速度,使算法具有良好的性能。当空间较大时,遍历时间较长,而且不易搜索到最优值。因此,应用变尺度的思想,步骤8以 r/a 的速度减小搜索空间,同时不断变换搜索空间中心,实现在小范围内搜索的同时,保证了全局最优解在其搜索范围内。通过大范围的搜索可以找到次优解,进一步通过小范围的细搜索就可以找到全局最优解了。将遗传算法和混沌理论很好地结合,充分发挥了两种算法的优越性,具有并行搜索的特点,从而使算法得到满意的结果。

参数 n,m,a 的确定要根据不同的问题进行不同设置。如果搜索空间比较大,则 n 应取得比较大,来减少搜索时间,反之可以取得小一些。因此,n 的选择应与搜索空间成正比。m 不宜取得过小,当 m 取得过小,同时 a 取得过大时,在搜索范围缩小以后,将使得全局最优解不在搜索范围内,从而使得最终陷入局部最优。如果 m 取得过大,将会使得搜索速度变慢。同样,a 取得太小,会使搜索速度变慢,太大会陷入局部最优。所以,m 的选择应与 a 选择成正比。因此,参数 n,m,a 要设置恰当才能使算法更好地工作。

第 11 章　量子优化算法

通常信息是用一种物质运动或存在状态来表征的。例如,早期的计算机利用纸带穿孔来表示二进制数,随着电子技术的发展,后来用晶体管开、关的两种状态表示二进制数 0 和 1。量子力学的创立,揭示了微观粒子的运动形态及其规律。一般将分子、原子、电子这些微观粒子统称为量子。利用微观粒子的状态表示的信息称为量子信息。例如,光子的两种不同的极化;在均匀电磁场中核自旋的取向;图 11.1 所示的围绕单个原子旋转的电子的两种状态等。

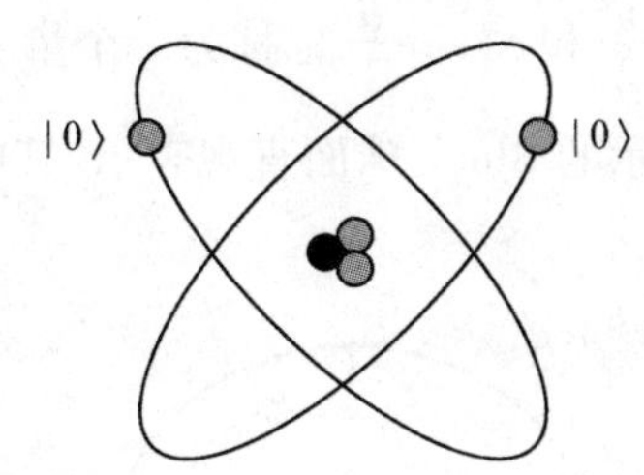

图 11.1　原子中电子的两种自旋状态表示的量子比特

量子计算就是用原子中电子的两种自旋状态表示信息的,称其为量子比特。

11.1　量子比特

11.1.1　单量子比特

在经典计算中,采用 0、1 二进制数表示信息,通常称它们为比特(Bit)。在量子计算中,采用$|0\rangle$和$|1\rangle$表示微观粒子的两种基本状态,称它们为单量子比特(Quantum Bit,Qubit)的基态,单量子比特的任意状态都可以表示为这两个基态的现象组合。称“$|\rangle$”为狄拉克(Dirac)记号,它在量子力学中表示状态,比特和量子比特的区别在于,量子比特的状态除为$|0\rangle$和$|1\rangle$之外,还可以是状态的线性组合,通常称其为叠加态(Superposition),例如

$$|\varphi\rangle = \alpha|0\rangle + \beta|1\rangle \tag{11.1}$$

其中,α、β 是一对复数,称为量子态的概率幅,即量子态$|\varphi\rangle$因测量导致或者以$|\alpha|^2$的概率坍缩(Collapsing) 到$|0\rangle$,或者以$|\beta|^2$的概率坍缩到$|1\rangle$,且满足

$$|\alpha|^2 + |\beta|^2 = 1 \tag{11.2}$$

因此,量子态也可由概率幅表示为$|\varphi\rangle=[\alpha,\beta]^{\mathrm{T}}$。显然,在式(11.1)中,当$\alpha=1$,$\beta=0$时,$|\varphi\rangle$即为基态$|0\rangle$,此时可表示为$[1,0]^{\mathrm{T}}$;相反,当$\alpha=0,\beta=1$时,$|\varphi\rangle$即为基态$|1\rangle$,此时可表示为$[0,1]^{\mathrm{T}}$。

由式(11.2),可将式(11.1)改写为

$$|\varphi\rangle=\cos\frac{\theta}{2}|0\rangle+\mathrm{e}^{\mathrm{i}\varphi}\sin\frac{\theta}{2}|1\rangle \tag{11.3}$$

其中,$\cos\frac{\theta}{2}$和$\mathrm{e}^{\mathrm{i}\varphi}\sin\frac{\theta}{2}$是复数,$\left|\cos\frac{\theta}{2}\right|^2$和$\left|\mathrm{e}^{\mathrm{i}\varphi}\sin\frac{\theta}{2}\right|^2$分别表示量子位处于$|0\rangle$或$|1\rangle$的概率,且满足归一化条件

$$\left|\cos\frac{\theta}{2}\right|^2+\left|\mathrm{e}^{\mathrm{i}\varphi}\sin\frac{\theta}{2}\right|^2=1 \tag{11.4}$$

满足式(11.4)的一对复数$\cos\frac{\theta}{2}$和$\mathrm{e}^{\mathrm{i}\varphi}\sin\frac{\theta}{2}$也称为一个量子比特相应状态的概率幅。此时,量子态可借助如图11.2所示的Bloch球面直观表示,其中θ和φ定义了该球面上的一点P。

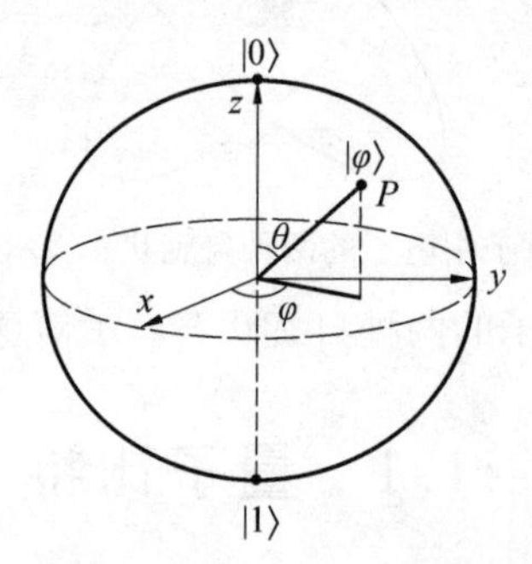

图11.2 量子比特的Bloch球面表示

该球面是使单个量子比特状态可视化的有效方法,但这种直观图示法具有局限性,如何将Bloch球面简单地推广到多量子比特的情形尚有待研究。

经典比特像一枚硬币:在理想情况下,要么正面向上,要么反面向上。与之相反,量子比特可以处在$|0\rangle$和$|1\rangle$之间的连续状态中,直到它被观测为止,因为观测会引起量子态的坍缩。上述量子比特连续状态的存在和行为已被大量实验所证实,并且已有许多不同的物理系统可以用来实现量子比特。

11.1.2 双量子比特

对两个经典比特而言,共有四种可能状态:00,01,10和11。相应的,一个双量子比特也有4个基态:$|00\rangle,|01\rangle,|10\rangle,|11\rangle$。一对量子比特也可处于这4个基态的叠加,因而双量子比特的状态可描述为

$$|\varphi\rangle = a_{00}|00\rangle + a_{01}|01\rangle + a_{10}|10\rangle + a_{11}|11\rangle \tag{11.5}$$

类似于单量子比特的情形,测量结果$|00\rangle$、$|01\rangle$、$|10\rangle$、$|11\rangle$出现的概率分别是$|a_{00}|^2$、$|a_{01}|^2$、$|a_{10}|^2$、$|a_{11}|^2$,上述概率之和为 1 的归一化条件为

$$\sum_{x\in\{0,1\}^2} |a_x|^2 = 1 \tag{11.6}$$

对于一个双量子比特系统,可以只测量 4 个基态中的 1 个量子比特,如单独测量第 1 个量子比特,得到 0 的概率为$|a_{00}|^2 + |a_{01}|^2$,而测量后的状态变为

$$|\varphi'\rangle = \frac{a_{00}|00\rangle + a_{01}|01\rangle}{\sqrt{|a_{00}|^2 + |a_{01}|^2}} \tag{11.7}$$

而得到 1 的概率为$|\alpha_{10}|^2 + |\alpha_{11}|^2$,而测量后的状态变为

$$|\varphi'\rangle = \frac{a_{10}|10\rangle + a_{11}|11\rangle}{\sqrt{|a_{10}|^2 + |a_{11}|^2}} \tag{11.8}$$

同理,单独测量第 2 个量子比特,得到 0 的概率为$|a_{00}|^2 + |a_{10}|^2$,而测量后的状态变为

$$|\varphi'\rangle = \frac{a_{00}|00\rangle + a_{10}|10\rangle}{\sqrt{|a_{00}|^2 + |a_{10}|^2}} \tag{11.9}$$

而得到 1 的概率为$|\alpha_{01}|^2 + |\alpha_{11}|^2$,而测量后的状态变为

$$|\varphi'\rangle = \frac{a_{01}|01\rangle + a_{11}|11\rangle}{\sqrt{|a_{01}|^2 + |a_{11}|^2}} \tag{11.10}$$

11.1.3　多量子比特

更一般地,考虑 n 量子比特系统,该系统有 2^n 个形如$|x_1x_2\cdots x_n\rangle$的基态,其量子状态由 2^n 个概率幅所确定。类似于单量子比特,n 量子比特也可以处于 2^n 个基态的叠加态之中,即

$$|\varphi\rangle = \sum_{x\in(0,1)^n} a_x|x\rangle \tag{11.11}$$

其中,a_x 称为基态$|x\rangle$的概率幅,且满足

$$\sum_{x\in(0,1)^n} |a_x|^2 = 1 \tag{11.12}$$

例如,当 $n = 3$ 时,$|\varphi\rangle = a_{000}|000\rangle + a_{001}|001\rangle + a_{010}|010\rangle + \cdots + a_{111}|111\rangle$

其中,概率幅满足

$$|a_{000}|^2 + |a_{001=1}|^2 + |a_{010}|^2 + \cdots + |a_{111}|^2 = 1$$

11.2 量子逻辑门

11.2.1 单比特量子门

在量子计算中,通过对量子位状态进行一系列的酉变换来实现某些逻辑变换功能。因此,在一定时间间隔内实现逻辑变换的量子装置,称其为量子门。量子门是在物理上实现量子计算的基础。单比特量子门可以由 2×2 矩阵给出,对用作量子门的矩阵 $\boldsymbol{U}$,唯一要求是其具有酉性,即 $\boldsymbol{U}^{+}\boldsymbol{U} = \boldsymbol{I}$,其中 $\boldsymbol{U}^{+}$ 是 $\boldsymbol{U}$ 的共轭转置矩阵,$\boldsymbol{I}$ 是单位阵。表 11.1 给出了常用的单比特量子门的名称、符号及矩阵表示。

表 11.1 常用单比特量子门的名称、符号及矩阵表示

名称	符号	矩阵表示
Hadamard 门	H	$\frac{1}{\sqrt{2}}\begin{bmatrix}1 & 1\\1 & -1\end{bmatrix}$
Pauli-X 门	X	$\begin{bmatrix}0 & 1\\1 & 0\end{bmatrix}$
Pauli-Y 门	Y	$\begin{bmatrix}0 & -i\\i & 0\end{bmatrix}$
Pauli-Z 门	Z	$\begin{bmatrix}1 & 0\\0 & -1\end{bmatrix}$
相位门	S	$\begin{bmatrix}1 & 0\\0 & i\end{bmatrix}$
π/8 门	T	$\begin{bmatrix}1 & 0\\0 & e^{i\pi/4}\end{bmatrix}$
量子旋转门	R	$\begin{bmatrix}\cos\theta & -\sin\theta\\\sin\theta & \cos\theta\end{bmatrix}$

由表 11.1 通过简单计算可知 $H = (X + Z)/\sqrt{2}$ 和 $S = \boldsymbol{T}^2$。应该指出,尽管 $\boldsymbol{T}$ 门称为 π/8 门,然而矩阵中出现的却是 π/4,这是因为

$$\boldsymbol{T} = \begin{bmatrix}1 & 0\\0 & e^{i\pi/4}\end{bmatrix} = e^{i\pi/8}\begin{bmatrix}e^{-i\pi/8} & 0\\0 & e^{i\pi/8}\end{bmatrix} \tag{11.13}$$

故将其称为 π/8 门。

在上述量子门中,Hadamard 门是最常用而又最重要的量子门,其作用可通过图 11.3

中 Bloch 球面加以说明。在该图中,Hadamard 门作用恰好是先使 $|\varphi\rangle$ 绕 y 轴旋转 90°,再绕 x 轴旋转 180°,即对应于球面上的旋转和反射。

在量子计算中,另一个重要而且经常使用的单量子比特门是量子旋转门,其矩阵表示见表 11.1,由如下的简单推导可知,该门可以使单量子比特的相位旋转 θ 弧度。

$$|\varphi'\rangle = \boldsymbol{R}|\varphi\rangle = \begin{bmatrix} \cos\theta & -\sin\theta \\ \sin\theta & \cos\theta \end{bmatrix} \begin{bmatrix} \cos\varphi \\ \sin\varphi \end{bmatrix} = \begin{bmatrix} \cos(\varphi+\theta) \\ \sin(\varphi+\theta) \end{bmatrix}$$

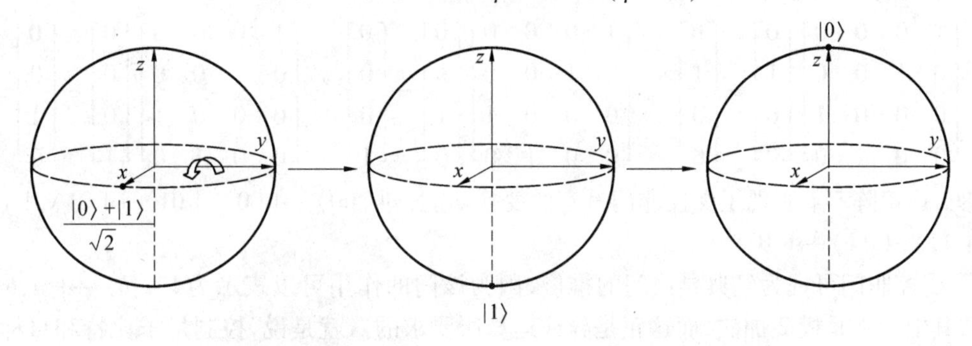

图 11.3　作用于$(|0\rangle+|1\rangle)/\sqrt{2}$ 上的 Hadamard 门在 Bloch 球面上的显示

11.2.2　多比特量子门

多比特量子门的原型是受控非门(Controlled-NOT 或 CNOT),其线路及矩阵描述如图 11.4 所示。

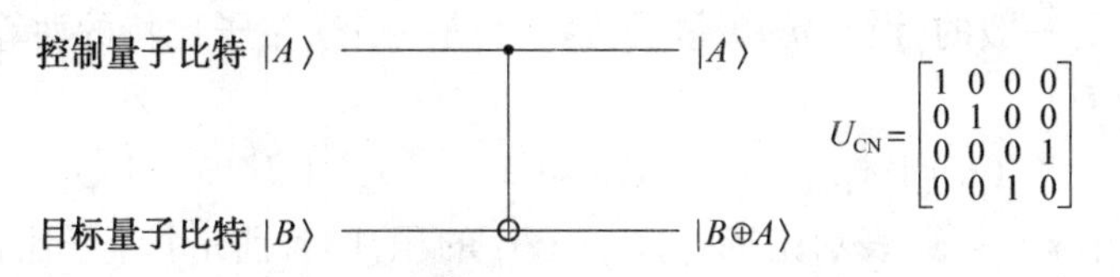

图 11.4　两位受控非门及矩阵表示

该门有两个输入量子比特,分别是控制量子比特和目标量子比特,上面的线表示控制量子比特 $|A\rangle$,下面的线表示目标量子比特 $|B\rangle$;输出也为两个量子比特,其中控制量子比特保持不变(仍然为 $|A\rangle$),目标量子比特为两个输入比特的异或 $|B\oplus A\rangle$。其作用可描述如下:若控制量子比特置为 0,则目标量子比特的状态保持不变;若控制量子比特置为 1,则目标量子比特的状态将翻转。用方程形式表示有 $|00\rangle\to|00\rangle$, $|01\rangle\to|01\rangle$, $|10\rangle\to|11\rangle$, $|11\rangle\to|10\rangle$。上述作用可借助酉矩阵 $\boldsymbol{U}_{CN}$ 来描述,例如当输入为基态 $|00\rangle$ 时,控制量子比特为 $|A\rangle=|0\rangle$,目标量子比特为 $|B\rangle=|0\rangle$,此时,该基态的向量表示为$[1000]^{T}$,经过酉矩阵 $\boldsymbol{U}_{CN}$ 的作用过程可描述为

$$\begin{bmatrix}1&0&0&0\\0&1&0&0\\0&0&0&1\\0&0&1&0\end{bmatrix}\begin{bmatrix}1\\0\\0\\0\end{bmatrix}=\begin{bmatrix}1\\0\\0\\0\end{bmatrix}$$

因此,基态$|00\rangle$经$\boldsymbol{U}_{\mathrm{CN}}$作用后仍为$|00\rangle$。同理,当输入分别为$|01\rangle$ $|10\rangle$ $|11\rangle$时的变换过程可分别描述为

$$\begin{bmatrix}1&0&0&0\\0&1&0&0\\0&0&0&1\\0&0&1&0\end{bmatrix}\begin{bmatrix}0\\1\\0\\0\end{bmatrix}=\begin{bmatrix}0\\1\\0\\0\end{bmatrix}\quad\begin{bmatrix}1&0&0&0\\0&1&0&0\\0&0&0&1\\0&0&1&0\end{bmatrix}\begin{bmatrix}0\\0\\1\\0\end{bmatrix}=\begin{bmatrix}0\\0\\0\\1\end{bmatrix}\quad\begin{bmatrix}1&0&0&0\\0&1&0&0\\0&0&0&1\\0&0&1&0\end{bmatrix}\begin{bmatrix}0\\0\\0\\1\end{bmatrix}=\begin{bmatrix}0\\0\\1\\0\end{bmatrix}$$

可见,酉矩阵$\boldsymbol{U}_{\mathrm{CN}}$实现了受控非门具有的变换功能,即$|00\rangle\to|00\rangle$,$|01\rangle\to|01\rangle$,$|10\rangle\to|11\rangle$,$|11\rangle\to|10\rangle$。

受控非门可视为经典异或门的推广,因为该门的作用可以表示为$|a,b\rangle\to|a,b\oplus a\rangle$,其中,$\oplus$是模2加法,而这正是异或运算所要求的。就是说,控制量子比特和目标量子比特作异或运算,并将结果存储在目标量子比特中。其他常用的二比特量子门还有兑换门(Swap)、受控Z门(Controlled-$\boldsymbol{Z}$)、受控相位门(Controlled-Phase)等。

Toffoli门是三比特量子门,有3个输入比特和3个输出比特,该门实际是图11.4所示受控非门的推广,如图11.5所示。前两个输入a,b为控制比特,经过Toffoli门后状态不变,第三个输入c为目标比特。在前两个控制比特都置1时,目标比特的状态翻转为$c\oplus ab$,否则不变。更一般的,设有$n+k$量子比特,$\boldsymbol{U}$是一个k量子比特的酉算子,则按下式定义受控运算$C^n(\boldsymbol{U})$

$$C^n(\boldsymbol{U})\,|x_1x_2\cdots x_n\rangle\,|\varphi\rangle=|x_1x_2\cdots x_n\rangle\,|U^{x_1x_2\cdots x_n}|\varphi\rangle \tag{11.14}$$

其中,$\boldsymbol{U}$的指数中$x_1x_2\cdots x_n$表示比特$x_1,x_2,\cdots,x_n$的积,即若前n个量子比特全为1,则算子$\boldsymbol{U}$作用到后k量子比特,否则没有任何作用,如图11.6所示。

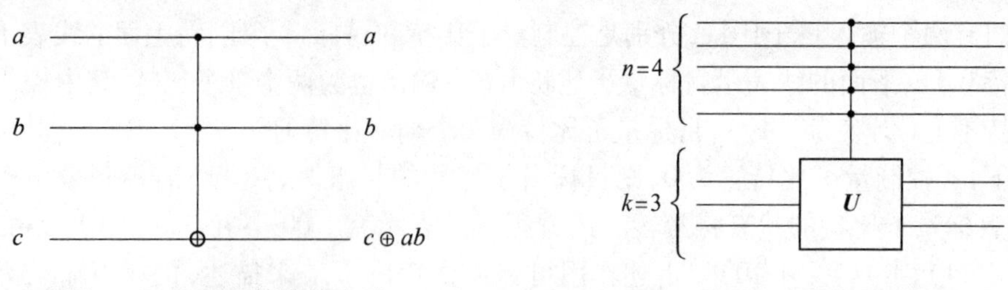

图11.5　Toffoli门线路表示　　　　图11.6　$C^n(U)$运算线路表示

11.2.3　量子门的通用性

当一组量子门线路能以任意精度逼近任意酉运算时,称这组门对量子计算是通用

的。

1. 两级酉门(Two-Level Unitary Gate) 具有通用性

考虑一个作用在 d 维 Hilbert 空间上的酉矩阵 $\boldsymbol{U}$,若存在两级酉矩阵 $\boldsymbol{U}_1,\boldsymbol{U}_2,\cdots,\boldsymbol{U}_n$,使得 $\boldsymbol{U}_n\boldsymbol{U}_{n-1}\cdots\boldsymbol{U}_1\boldsymbol{U}=\boldsymbol{I}$,则 $\boldsymbol{U}=\boldsymbol{U}_1^+\boldsymbol{U}_2^+\cdots\boldsymbol{U}_n^+$,这就说明 d 维 Hilbert 空间上的任意酉矩阵可以写成两级酉矩阵的乘积形式,从而表明两级酉门具有通用性。设 $\boldsymbol{U}$ 具有的形式为

$$\boldsymbol{U}=\begin{bmatrix} a & d & g \\ b & e & h \\ c & f & j \end{bmatrix} \tag{11.15}$$

下面说明如何将 $\boldsymbol{U}$ 分解为两级酉矩阵的乘积。首先,用下述过程构造 $\boldsymbol{U}_1$:若 $b=0$,则取

$$\boldsymbol{U}_1=\begin{bmatrix} 1 & 0 & 0 \\ 0 & 1 & 0 \\ 0 & 0 & 1 \end{bmatrix} \tag{11.16}$$

若 $b\neq 0$,则取

$$\boldsymbol{U}_1=\begin{bmatrix} \dfrac{a*}{\sqrt{|a|^2+|b|^2}} & \dfrac{b*}{\sqrt{|a|^2+|b|^2}} & 0 \\ \dfrac{b}{\sqrt{|a|^2+|b|^2}} & \dfrac{-a}{\sqrt{|a|^2+|b|^2}} & 0 \\ 0 & 0 & 1 \end{bmatrix} \tag{11.17}$$

上述两种情况下,$\boldsymbol{U}_1$ 均为一个两级酉矩阵。将 $\boldsymbol{U}_1$ 与 $\boldsymbol{U}$ 作乘法得到 $\boldsymbol{U}_1\boldsymbol{U}=\begin{bmatrix} a' & d' & g' \\ 0 & e' & h' \\ c' & f' & j' \end{bmatrix}$,上述取法的目的在于保证 $\boldsymbol{U}_1\boldsymbol{U}$ 的结果中左数第 1 列的中间项为 0,矩阵的其他项用加上撇号的符号表示,其实际值并不重要。类似地,找出一个两级酉矩阵 $\boldsymbol{U}_2$,使得 $\boldsymbol{U}_2\boldsymbol{U}_1\boldsymbol{U}$ 左下角元素为 0,即若 $c'=0$,取 $\boldsymbol{U}_2=\begin{bmatrix} a'^* & 0 & 1 \\ 0 & 1 & 0 \\ 0 & 0 & 1 \end{bmatrix}$,而若 $c'\neq 0$,取

$$\boldsymbol{U}_2=\begin{bmatrix} \dfrac{a'^*}{\sqrt{|a'|^2+|c'|^2}} & 0 & \dfrac{c'^*}{\sqrt{|a'|^2+|c'|^2}} \\ 0 & 1 & 0 \\ \dfrac{c'}{\sqrt{|a'|^2+|c'|^2}} & 0 & \dfrac{-a'}{\sqrt{|a'|^2+|c'|^2}} \end{bmatrix} \tag{11.18}$$

两种情况下,作矩阵乘法均得到 $\boldsymbol{U}_2\boldsymbol{U}_1\boldsymbol{U}=\begin{bmatrix} 1 & d'' & g'' \\ 0 & e'' & h'' \\ 0 & f'' & j'' \end{bmatrix}$,由于 $\boldsymbol{U},\boldsymbol{U}_1,\boldsymbol{U}_2$ 是酉的,所以

U_2U_1U 也是酉的，又因为 U_2U_1U 第 1 行的模必须为 1，所以 $d'' = g'' = 0$，最后，取 $U_3 = \begin{bmatrix} 1 & 0 & 0 \\ 0 & e''^* & f''^* \\ 0 & h''^* & j''^* \end{bmatrix}$，容易验证 $U_3U_2U_1U = I$，于是 $U = U_1^+U_2^+U_3^+$ 是 U 的两级酉分解。

更一般地，设 U 作用在 d 维空间上，则类似于 3×3 的情况，可以找到两级酉矩阵 $U_1, U_2, \cdots, U_{d-1}$，使得 $U_{d-1}U_{d-2}\cdots U_1U$ 左上角元素为 1，而第 2 行和第 2 列的其他元素均为 0。接着对 $U_{d-1}U_{d-2}\cdots U_1U$ 右下角的 $(d-1)\times(d-1)$ 子酉阵重复这个过程，依此类推，最终可把 $d\times d$ 酉矩阵写为

$$U = V_1V_2\cdots V_k \tag{11.19}$$

其中，矩阵 V_i 是两级矩阵，而 $k \leqslant (d-1)+(d-2)+\cdots+1 = d(d-1)/2$。

2. 单量子比特门和受控非门具有通用性

上节已经证明了 d 维 Hilbert 空间上的任意酉矩阵可以写成两级酉矩阵的乘积形式，而单比特量子门和受控非门可以实现 n 量子比特状态空间上的任意两级酉运算。这些结果结合在一起就可以得出，单比特量子门和受控非门可以实现 n 量子比特上的任意酉运算，所以它们对量子计算来说是通用的。因此，任何量子线路，不论其实现的功能多么复杂，最终都可将其分解为单量子比特门和受控非门的乘积形式，从而为量子计算机的硬件实现奠定了重要的理论基础。

11.3　Grover 量子搜索算法

在计算机科学中，从数据库众多的数据里找出所需要的数据，称为数据库的搜索问题。而当数据库中众多的数据处于无序状态时，需要遍历搜索的次数随着数据库的规模而成比例增加。在经典算法中，只能采取逐个元素验证的方法遍历地搜索下去，因此需要的步骤 N 与被搜寻集合中元素数目成正比，显然，这种方法很耗时。为了加速上述问题的搜索过程，1996 年 Grover 提出了一种量子搜索算法，他将问题的搜索步骤从经典算法的 N 缩小到 $\sqrt{N}$。显然，这种算法起到了对经典算法的二次加速作用，从而显著地提高了搜索的效率。

11.3.1　基于黑箱的搜索思想

为了深入研究 Grover 量子算法，首先介绍基于黑箱（Orcle）的搜索思想。我们考虑含有 N 个元素的空间搜索问题。为简单起见，假设 $N = 2^n$，搜索问题恰好有 M 个解。每个元素指标可以存储在 n 个比特中（$1 \leqslant M \leqslant N$）。为方便起见，不妨把搜索问题表示成输入为从 0 到 $N-1$ 的整数 x 的函数 f，其定义是，若 x 是搜索问题的一个解，$f(x) = 1$，而如果 x 不是搜索问题的解，则 $f(x) = 0$。

设有一个量子黑箱,其中的一个量子比特可以识别搜索问题的解。这个黑箱实际上起着一个酉算子 O 的作用,其定义为

$$|x\rangle|q\rangle \xrightarrow{O} |x\rangle|q \oplus f(x)\rangle \tag{11.20}$$

其中,$|x\rangle$ 是一个指标寄存器,$\oplus$ 表示模2加法,$|q\rangle$ 是黑箱中一个单量子比特,当$f(x)=1$时翻转,否则不变。于是可以通过初始状态$|x\rangle|0\rangle$,应用黑箱检查其中的量子比特是否翻转到$|1\rangle$。若翻转到$|1\rangle$,则 x 是搜索问题的一个解;否则,x 不是搜索问题的解。

若 x 不是搜索问题的解,黑箱中的状态$|x\rangle|(|0\rangle-|1\rangle)/\sqrt{2}$ 并不改变;若 x 是搜索问题的解,则$|0\rangle$ 和$|1\rangle$ 在黑箱的作用下相交换,输出状态为 $-|x\rangle|(|0\rangle-|1\rangle)/\sqrt{2}$。因此黑箱的作用是

$$|x\rangle\left(\frac{|0\rangle-|1\rangle}{\sqrt{2}}\right)\rangle \xrightarrow{O} (-1)^{f(x)}|x\rangle\left(\frac{|0\rangle-|1\rangle}{\sqrt{2}}\right) \tag{11.21}$$

需指出,黑箱中的单量子比特在搜索过程中始终保持为$(|0\rangle-|1\rangle)/\sqrt{2}$ 状态,因此在下面算法的讨论中省略不写。此时,黑箱的作用可以简写成

$$|x\rangle \xrightarrow{O} (-1)^{f(x)}|x\rangle \tag{11.22}$$

为了进一步认识量子黑箱理论上的作用,我们考虑大数 $m=pq$ 的质因子分解问题,为确定 p 和 q,经典计算通过搜索从2到$\sqrt{m}$ 的所有数以找到其中较小的一个因子,这种搜索过程需要大约$\sqrt{m}$ 次试除可以得到结果。而量子搜索算法可以加速这个搜索过程。由上述可知,黑箱对输入状态$|x\rangle$ 的作用相当于用 x 除 m,并且检验是否可以除尽,如果是,就翻转 Oracle 比特。这种方法能以很大的概率给出两个素因子中较小的一个。其关键在于,即使不知道 m 的因子,也可以具体构造一个可以识别搜索问题的黑箱。利用基于黑箱的量子搜索算法可以通过调用 $O(m^{1/4})$ 次黑箱,搜索2到$\sqrt{m}$ 的范围。即大致需要进行 $m^{1/4}$ 次试除,而经典算法需要$\sqrt{m}$ 次,显然基于搜索技术的经典算法可以被量子搜索算法加速。

11.3.2　Grover 算法搜索步骤

Grover 算法搜索过程如图11.7所示,其中输入侧包括一个 n 量子比特寄存器和一个含有若干个量子比特的 Oracle 工作空间。该算法的目的是使用最少的 Oracle 调用次数求出搜索问题的一个解。

由图11.7可知,算法需要反复执行 $O(\sqrt{N})$ 次搜索过程,每次搜索过程称为一次 Grover 迭代。为此,首先从计算基的初态$|0\rangle^{\otimes n}$ 开始,用 Hadamard 变换使计算机处于均衡叠加态然后通过 $O(\sqrt{N})$ 次 Grover 迭代完成搜索过程。实现 Grover 迭代的量子线路如图11.8所示,可分为如下4步:

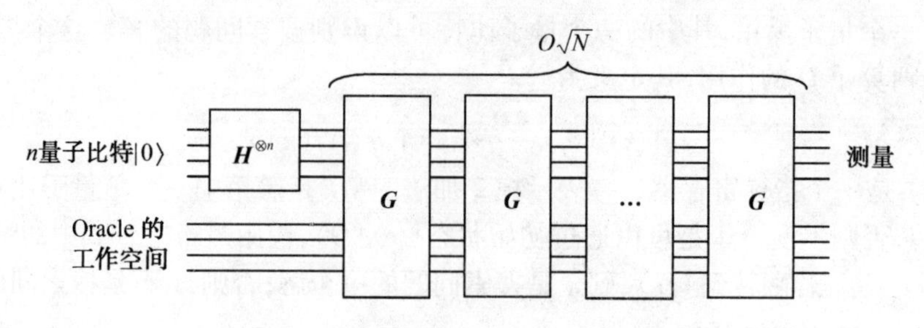

图 11.7　量子搜索算法的线路框架

$$|\psi\rangle = \frac{1}{\sqrt{N}}\sum_{x=0}^{N-1}|x\rangle \tag{11.23}$$

第 1 步　应用 Oracle 算子 $\boldsymbol{O}$，检验每个元素是否为搜索问题的解。

第 2 步　对第 1 步的结果施加 Hadamard 变换 $H^{\otimes n}$。

第 3 步　对第 2 步的结果在计算机上执行条件相移，使 $|0\rangle$ 以外的每个计算基态获得 -1 的相位移动

$$|x\rangle \to -(-1)^{\delta_{x0}}|x\rangle \tag{11.24}$$

第 4 步　对第 3 步的结果施加 Hadamard 变换 $H^{\otimes n}$。

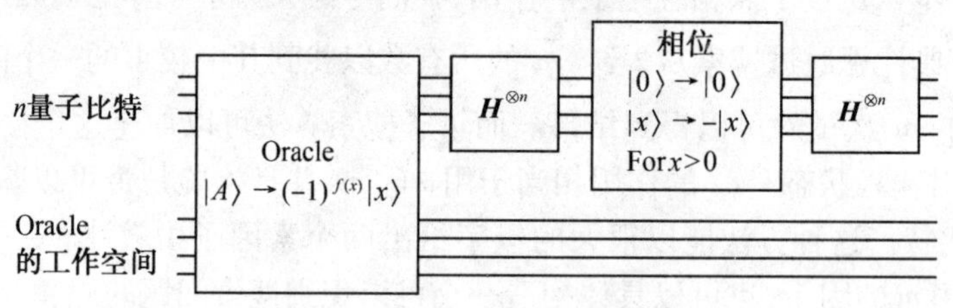

图 11.8　Grover 迭代 G 的线路

在上述过程中，第 2 步和第 4 步的 Hadamard 变换各需要 $n=\log_2 N$ 次运算，第 3 步的条件相移只需用 $\boldsymbol{O}(n)$ 个门即可实现。Oracle 的调用次数依赖特定应用，这个例子中 Grover 只需要一个 Oracle 调用。需指出，上述的第 2、3、4 步总的作用效果是

$$\boldsymbol{H}^{\otimes n}(2|0\rangle\langle 0|-I)H^{\otimes n} = 2|\psi\rangle\langle\psi|-I \tag{11.25}$$

其中，$|\psi\rangle$ 是所有基态的均衡叠加态，于是 Grover 迭代可以写成

$$\boldsymbol{G} = (2|\psi\rangle\langle\psi|-I)O \tag{11.26}$$

11.3.3　Grover 算法搜索过程几何描述

式(11.26)启发我们，一个 Grover 迭代中 $2|\psi\rangle\langle\psi|-I$ 和 $\boldsymbol{O}$ 可看做量子态在二维空间的两次变换。我们将证明，Grover 迭代可视为在由开始向量 $|\psi\rangle$ 和搜索问题解组成均匀叠加态张成的二维空间中的一个旋转。为弄清这一点，采用 $\sum_x^1$ 表示所有 x 上搜索问

题解的和,用 $\sum_x^2$ 表示所有 x 上搜索问题非解的和。定义归一化状态

$$|\alpha\rangle = \frac{1}{\sqrt{N-M}}\sum_x^2 |x\rangle \tag{11.27}$$

$$|\beta\rangle = \frac{1}{\sqrt{M}}\sum_x^1 |x\rangle \tag{11.28}$$

其中,N 为记录总数;M 为标记态数。通过简单的代数运算,初态 $|\psi\rangle$ 可重新表示为

$$|\psi\rangle = \sqrt{\frac{N-M}{N}}|\alpha\rangle + \sqrt{\frac{M}{N}}|\beta\rangle \tag{11.29}$$

故量子计算机的初态属于 $|\alpha\rangle$ 和 $|\beta\rangle$ 张成的空间。

不难看出,运算 $\boldsymbol{O}$ 的作用是将 $|\psi\rangle$ 在 $|\alpha\rangle$ 和 $|\beta\rangle$ 定义的平面上,对 $|\alpha\rangle$ 进行了一次反射,该反射可描述为 $\boldsymbol{O}(a|\alpha\rangle + b|\beta\rangle) = (a|\alpha\rangle - b|\beta\rangle)$;类似地,$2|\psi\rangle\langle\psi| - I$ 也执行了 $|\alpha\rangle$ 和 $|\beta\rangle$ 定义的平面上 $|\psi\rangle$ 的一次反射,两次反射的积是一个旋转。由此可知,对任意 k 状态 $G^k|\psi\rangle$ 仍然在 $|\alpha\rangle$ 和 $|\beta\rangle$ 定义的平面上,且能容易地计算出旋转角度的大小。为此,令 $\cos\theta = \sqrt{(N-M)/N}$,使得 $|\psi\rangle = \cos\theta|\alpha\rangle + \sin\theta|\beta\rangle$,如图 11.9 所示。通过一次 Grover 迭代,$\boldsymbol{G}$ 中的两次反射将 $|\psi\rangle$ 变为

$$G|\psi\rangle = \cos 3\theta|\alpha\rangle + \sin 3\theta|\beta\rangle \tag{11.30}$$

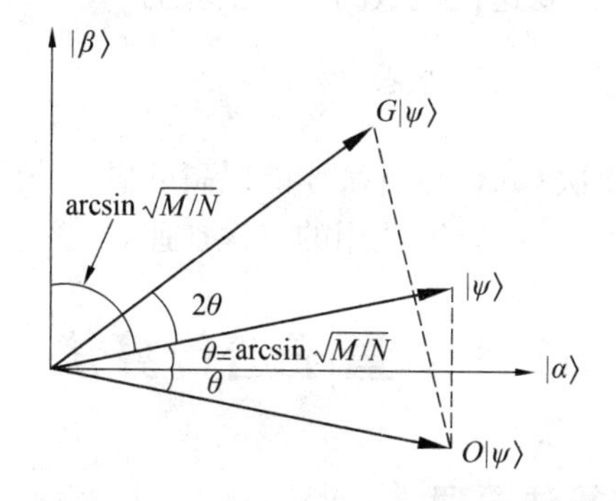

图 11.9　单次 Grover 迭代 $\boldsymbol{G}$ 的旋转作用

实际上,$\boldsymbol{G}$ 是 $|\alpha\rangle$ 和 $|\beta\rangle$ 定义的二维空间中的一个旋转算子,每次应用 $\boldsymbol{G}$ 迭代,都会使 $|\psi\rangle$ 的相位增加 2θ。若连续 k 次应用 $\boldsymbol{G}$,则把状态变为

$$\boldsymbol{G}^k|\psi\rangle = \cos(2k+1)\theta|\alpha\rangle + \sin(2k+1)\theta|\beta\rangle \tag{11.31}$$

反复应用 Grover 迭代,就能以很高的概率把状态向量旋转到接近搜索问题的一个解 $|\beta\rangle$。

11.3.4 Grover 算法性能分析

为得到搜索问题的一个解，即把$|\psi\rangle$旋转到接近$|\beta\rangle$，为此需要事先计算 Grover 的迭代次数。如图 11.9 所示，设系统初态为$|\psi\rangle=\sqrt{(N-M)/N}|\alpha\rangle+\sqrt{M/N}|\beta\rangle$，因此旋转 $\arccos\sqrt{M/N}$ 弧度，系统进入$|\beta\rangle$状态。因每次迭代相位旋转 2θ 弧度，故需迭代$(\arccos\sqrt{M/N})/2\theta$次，但通常$(\arccos\sqrt{M/N})/2\theta$不是整数，为此我们取它的整数部分，即

$$R=\mathrm{CI}((\arccos\sqrt{M/N})/2\theta) \tag{11.32}$$

其中，$\mathrm{CI}(x)$表示最接近实数 x 的整数。即可把$|\psi\rangle$旋转到距离$|\beta\rangle$为$\theta\leqslant\pi/4$的角度范围内，于是对状态在计算基中的观察，将至少以 1/2 的概率给出搜索问题的一个解。

事实上，当$M<<N$时，有$\theta\approx\sin\theta\approx\sqrt{M/N}$，故最终状态的角误差至多是$\theta\approx\sqrt{M/N}$，即给出最多为 M/N 的错误概率，也就是说可以达到高得多的成功概率。应着重指出，R 仅依赖于解的数目 M，而不依赖于具体问题的性质，因此如果我们知道 M，就可以使用上述量子搜索算法对任何问题进行求解。

应用 Grover 搜索算法求解问题的迭代次数的上限如何确定呢？根据式(11.32)可知$R\leqslant\lceil\pi/4\theta\rceil$，因此可由 θ 的一个下界确定出 R 的一个上界。假设$M\leqslant N/2$，于是有$\theta\geqslant\sin\theta=\sqrt{M/N}$，由此可导出需要迭代次数的一个上界为

$$R\leqslant\left\lceil\frac{\pi}{4}\sqrt{\frac{N}{M}}\right\rceil \tag{11.33}$$

即必须进行$R=O(\sqrt{N/M})$次 Grover 迭代，才能以高的概率得到搜索问题的一个解，这是对经典算法要求的$O(N/M)$次 Oracle 调用的二次加速。

11.4 量子遗传算法

11.4.1 量子遗传算法原理

2000 年，K. H. Han 等人将量子位和量子门的概念引入进化算法，提出了一种遗传量子算法(QGA，Quantum Genetic Algorithm)，并用一类组合优化问题验证了算法的有效性。因而，这种算法具有一定的代表性。

QGA 是基于量子位和量子叠加态的概念提出的。量子位或量子比特是量子计算机中的最小信息单位。一个量子位可以处于$|0\rangle$态、$|1\rangle$态以及$|0\rangle$和$|1\rangle$之间的任意叠加态。一个量子位的状态可以描述为

$$|\psi\rangle=\alpha|0\rangle+\beta|1\rangle \tag{11.34}$$

其中，α、β 是复数，称为量子位对应态的概率幅。$|\alpha|^2$表示量子态被观测为$|0\rangle$态的概

率，$|\beta|^2$ 表示量子态被观测为 $|1\rangle$ 态的概率，且满足归一化条件

$$|\alpha|^2 + |\beta|^2 = 1 \tag{11.35}$$

如果一个系统有 m 个量子位，则该系统可同时描述 2^m 个状态，然而在观测时，该系统将坍缩为一个确定的状态。

传统进化计算的染色体编码可以有多种方式：二进制、十进制、符号编码等。在 QGA 中采用基于量子位的编码方式。一个量子位可由其概率幅定义为 $\begin{bmatrix}\alpha\\ \beta\end{bmatrix}$，同理 m 个量子位可定义为

$$\begin{bmatrix}\alpha_1 & \alpha_2 & \cdots & \alpha_m \\ \beta_1 & \beta_2 & \cdots & \beta_m\end{bmatrix} \tag{11.36}$$

其中，$|\alpha_i|^2 + |\beta_i|^2 = 1, i = 1,2,\cdots,m$。这种描述的优点是可以表达任意量子叠加态。例如有一个 3 比特量子系统，拥有如下 3 对概率幅

$$\begin{bmatrix}1/\sqrt{2} & 1 & 1/2 \\ 1/\sqrt{2} & 0 & \sqrt{3}/2\end{bmatrix} \tag{11.37}$$

则系统状态可描述为

$$\frac{1}{2\sqrt{2}}|000\rangle + \frac{\sqrt{3}}{2\sqrt{2}}|001\rangle + \frac{1}{2\sqrt{2}}|100\rangle + \frac{\sqrt{3}}{2\sqrt{2}}|101\rangle \tag{11.38}$$

以上结果表明，系统呈现 $|000\rangle$、$|001\rangle$、$|100\rangle$、$|101\rangle$ 的概率分别是 1/8，3/8，1/8，3/8。所以由式(11.37)描述的三比特量子系统能够同时包含 4 个状态的信息。

由于量子系统能够描述叠加态，因此基于量子位编码的进化算法，比传统进化算法具有更好的种群多样性。对于式(11.37)描述的染色体而言，仅需 1 条染色体就足以描述 4 个状态，而在传统进化算法中至少需要 4 条染色体：(000)，(001)，(100)，(101)。基于量子染色体描述的种群同样具有多样性。当 $|\alpha_i|^2$ 或 $|\beta_i|^2$ 趋近于 0 或 1 时，多样性将逐渐消失，量子染色体会收敛到一个确定状态。这就表明量子染色体同时具有探索和开发两种能力。

11.4.2　QGA 算法的实现

上述的量子遗传算法的结构可描述如下：

```
Procedure QGA
Begin
    t←0
    Initialize Q(t)
    makeP(t) by observing Q(t) states
```

```
    evaluate P(t)
    store the best solution among P(t)
    while(not termination-condition) do
    begin
        t←t+1
        make P(t) by observing Q(t) states
        evaluate P(t)
        update Q(t) using quantum gates U(t)
        store the best solution among P(t)
    End
End
```

与遗传算法类似,QGA 也是一种概率搜索算法,拥有一个量子种群 $Q(t)=\{q_1^t,q_1^t,\cdots,q_n^t\}$,其中 n 表示种群规模,t 表示遗传代数,q_j^t 表示一条量子染色体,其定义为

$$q_j^t=\begin{bmatrix}\alpha_1^t & \alpha_2^t & \cdots & \alpha_m^t \\ \beta_1^t & \beta_2^t & \cdots & \beta_m^t\end{bmatrix} \tag{11.39}$$

其中,m 是量子位数,即量子染色体的长度,$j=1,2,\cdots,n$。

首先,将种群初始化"Initialize $Q(t)$",即将全部 n 条染色体的 $2mn$ 个概率幅都初始化为 $1/\sqrt{2}$,它表示在 $t=0$ 代,每条染色体以相同的概率 $1/\sqrt{2^m}$ 处于所有可能状态的线性叠加态之中,即

$$|\psi_{q_i}^0\rangle=\sum_{k=1}^{2^m}\frac{1}{\sqrt{2^m}}|s_k\rangle \tag{11.40}$$

其中,s_k 是由二进制串$(x_1x_2\cdots x_m)$描述的第 k 个状态;$x_i=0,1,i=1,2,\cdots,m$。其次,通过观察 $Q(t)$ 的状态来生成二进制解集 $P(t)=(x_1^t,x_2^t,\cdots,x_n^t)$,每个解 $x_j^t,j=1,2,\cdots,n$ 为一个长度为 m 的二进制串,其值由相应量子位的概率 $|\alpha_i^t|^2$ 或 $|\beta_i^t|^2(i=1,2,\cdots,m)$ 决定。然后,计算 $P(t)$ 中每个解的适应度,存储最优解。

在循环中,首先通过观察种群 $Q(t-1)$ 的状态,获得二进制解集 $P(t)$,计算每个解的适应度;然后为获得更加优良的染色体,通过将二进制解集 $P(t)$ 与当前存储的最优解比较,用适当的量子门 $U(t)$ 更新种群 $Q(t)$;量子门可根据实际问题具体设计,通常采用的量子旋转门定义为

$$\boldsymbol{U}(\theta)=\begin{bmatrix}\cos\theta & -\sin\theta \\ \sin\theta & \cos\theta\end{bmatrix} \tag{11.41}$$

其中,θ 是旋转角度。最后选择 $P(t)$ 中的当前最优解,若该最优解优于目前存储的最优

解,则用该最优解将其更新。

值得指出,该算法并未使用交叉、变异等遗传算子,尽管这些算子能够改变量子染色体中线性叠加态的概率,但由于量子染色体本身具有由量子叠加态而导致的个体多样性,因此没有必要再使用这些算子。相反,若采用交叉概率和变异概率较高时,QGA 的性能反而会显著下降。在 QGA 中,种群规模及量子染色体的数量始终是恒定不变的。由于在 QGA 中使用了量子叠加态,从而 QGA 比普通遗传算法具有更好的种群多样性和收敛性。

量子染色体 q_j 的更新是通过式(11.41)描述的量子旋转门实现的,其中第 i 个量子位 (a_i,β_i) 的更新过程可描述如下

$$\begin{bmatrix}\tilde{\alpha}_i\\ \tilde{\beta}_i\end{bmatrix}=\begin{bmatrix}\cos\theta_i & -\sin\theta_i\\ \sin\theta_i & \cos\theta_i\end{bmatrix}\begin{bmatrix}\alpha_i\\ \beta_i\end{bmatrix} \tag{11.42}$$

其中,$\theta_i=s(\alpha_i\beta_i)\Delta\theta_i$,$s(\alpha_i\beta_i)$ 和 $s(\alpha_i\beta_i)$ 的取值如表 11.2 所示。

表 11.2　量子旋转门中 θ_i 的查询表

x_i	b_i	$f(x)\geqslant f(b)$	$\Delta\theta_i$	$s(\alpha_i\beta_i)$			
				$\alpha_i\beta_i\rangle 0$	$\alpha_i\beta_i<0$	$\alpha_i=0$	$\beta_i=0$
0	0	False	0	0	0	0	0
0	0	True	0	0	0	0	0
0	1	False	0	0	0	0	0
0	1	True	0.05π	−1	+1	±1	0
1	0	False	0.01π	−1	+1	±1	0
1	0	True	0.025π	+1	−1	0	±1
1	1	False	0.005π	+1	−1	0	±1
1	1	True	0.025π	+1	−1	0	±1

表 11.2 中,$f(x)$ 是利润函数;$s(\alpha_i\beta_i)$ 是 θ_i 的符号;b_i 和 x_i 分别是最优解和当前解中第 i 个值。

上述算法对 0-1 背包问题的仿真结果表明,量子遗传算法在优化结果和运行时间两方面均优于基本遗传算法。

11.5　实数编码双链量子遗传算法

目前已有的多种量子遗传算法,多半采用基于量子位测量的二进制编码方式,其进化方式是通过改变量子比特相位来实现的。事实上,通过测量染色体上量子位的状态来生成所需要的二进制解,这是一个概率操作过程,具有很大的随机性和盲目性。因此,在种群进化的同时,个体将不可避免地产生退化的现象。在优化过程中,必须确定量子旋转门

的转角大小和方向。对于转角方向,目前几乎都是基于查询表。由于涉及多路条件判断,影响了算法的效率。对于转角大小,文献[54]提出了一种自适应调整转角迭代步长的策略,使步长随进化代数增加逐渐减小,但此方法对全部种群一视同仁,没有考虑各染色体之间的差异。因此,如何对量子染色体编码和如何确定量子门的旋转相位,是目前制约量子遗传算法效率的两个主要问题。

针对上述问题,作者提出一种用于连续空间优化的基于实数编码和目标函数梯度信息的双链量子遗传算法(DCQGA,Double Chains Quantum Genetic Algorithm)。该算法用量子位编码染色体;用概率幅描述可行解;用旋转门更新量子比特的相位;对于转角的方向的确定,给出了一种简单实用的确定方法;对于转角的迭代步长的确定,充分利用了目标函数的梯度信息;同时该算法将量子比特的两个概率幅值都看做基因位,因此,每条染色体带有两条基因链,这样可使搜索加速。仿真表明,这些改进措施使优化的效率具有明显的提高。

11.5.1　实数编码双链量子遗传算法结构

1. 连续优化问题的描述

若将 n 维连续空间优化问题的解看做 n 维空间中的点或向量,则连续优化问题可表述为

$$\left.\begin{aligned}&\min f(x)=f(x_1,x_2,\cdots,x_n)\\&\text{s.t.}\quad a_i\leqslant x_i\leqslant b_i;i=1,2,\cdots,n\end{aligned}\right\}\tag{11.43}$$

若将约束条件看做 n 维连续空间中的有界闭集 Ω,将 Ω 中每个点都看做优化问题的近似解,为反映这些近似解的优劣程度,可定义如下适应度函数

$$fit(x)=C_{\max}-f(x)\tag{11.44}$$

其中,$C_{\max}$ 是一个适当的输入值,或者是到目前为止优化过程中的最大值。

2. 双链编码方案

在 DCQGA 中,直接采用量子位的概率幅编码。考虑到种群初始化时编码的随机性及量子态概率幅应满足的约束条件,采用如下双链编码方案

$$\boldsymbol{p}_i=\begin{bmatrix}\begin{vmatrix}\cos(t_{i1})\\\sin(t_{i1})\end{vmatrix}\begin{matrix}\cos(t_{i2})\\\sin(t_{i2})\end{matrix}\begin{vmatrix}\cdots\\\cdots\end{vmatrix}\begin{matrix}\cos(t_{in})\\\sin(t_{in})\end{matrix}\end{bmatrix}\tag{11.45}$$

其中,$t_{ij}=2\pi\times Random$;$Random$ 为(0,1)之间的随机数;$i=1,2,\cdots,m$;$j=1,2,\cdots,n$;m 是种群规模;n 是量子位数。在 DCQGA 中,将每一量子位的概率幅,看做上下两个并列的基因,每条染色体包含两条并列的基因链,每条基因链代表一个优化解。因此,每条染色体同时代表搜索空间中的两个优化解,即

$$\boldsymbol{p}_{ic} = (\cos(t_{i1}), \cos(t_{i2}), \cdots, \cos(t_{in})) \tag{11.46}$$

$$\boldsymbol{p}_{is} = (\sin(t_{i1}), \sin(t_{i2}), \cdots, \sin(t_{in})) \tag{11.47}$$

其中 $i=1,2,\cdots,m$。$\boldsymbol{p}_{ic}$ 称为“余弦”解；$\boldsymbol{p}_{is}$ 称为“正弦”解。这样既避免了测量带来的随机性，也避免了从二进制到十进制频繁的解码过程。因为每次迭代，两个解同步更新，故在种群规模不变的情况下，能增强对搜索空间的遍历性，加速优化进程；同时，能扩展全局最优解的数量，增加获得全局最优解的概率。上述结论可概括为如下定理。

定理 11.1　对于连续优化问题(11.43)的每个全局最优解，用 DCQGA 优化时，存在 2^{n+1} 组量子比特，其中任何一组的 n 个量子比特都与该全局最优解对应。(证明略)

在图 11.10 中，应用 $\boldsymbol{r}_{c+}^{i}$、$\boldsymbol{r}_{c-}^{i}$ 可构造 2^n 个余弦解 $\boldsymbol{p}_c$；同理应用 $\boldsymbol{r}_{s+}^{i}$、$\boldsymbol{r}_{s-}^{i}$ 可构造 2^n 个正弦解 $\boldsymbol{p}_s$。易知，存在 2^{n+1} 个解(量子比特)与之对应。

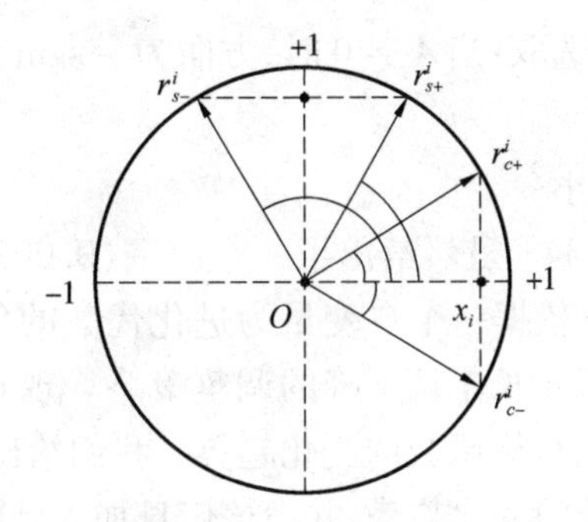

图 11.10　最优解中第 i 个量子位在单位圆中的位置

3. 解空间变换

群体中的每条染色体包含 $2n$ 个量子比特的概率幅，利用线性变换，可将这 $2n$ 个概率幅由 n 维单位空间 $I^n=[-1,1]^n$ 映射到优化问题(11.43)的解空间 Ω。每个概率幅对应解空间的一个优化变量。记染色体 p_j 上第 i 个量子位为 $[\alpha_i^j,\beta_i^j]^{\mathrm{T}}$，则相应解空间变量为

$$X_{ic}^{j} = \frac{1}{2}[b_i(1+\alpha_i^j) + a_i(1-\alpha_i^j)] \tag{11.48}$$

$$X_{is}^{j} = \frac{1}{2}[b_i(1+\beta_i^j) + a_i(1-\beta_i^j)] \tag{11.49}$$

因此，每条染色体对应优化问题的两个解。其中量子态 $|0\rangle$ 的概率幅 α_i^j 对应 X_{ic}^j；量子态 $|1\rangle$ 的概率幅 β_i^j 对应 X_{is}^j，其中 $i=1,2,\cdots,n$；$j=1,2,\cdots,m$。

4. 量子旋转门的转角方向

DCQGA 用于更新量子比特相位的旋转门为

$$\boldsymbol{U}(\Delta\theta) = \begin{bmatrix} \cos(\Delta\theta) & -\sin(\Delta\theta) \\ \sin(\Delta\theta) & \cos(\Delta\theta) \end{bmatrix} \tag{11.50}$$

更新过程为

$$\begin{bmatrix}\cos(\Delta\theta) & -\sin(\Delta\theta)\\ \sin(\Delta\theta) & \cos(\Delta\theta)\end{bmatrix}\begin{bmatrix}\cos(t)\\ \sin(t)\end{bmatrix}=\begin{bmatrix}\cos(t+\Delta\theta)\\ \sin(t+\Delta\theta)\end{bmatrix} \tag{11.51}$$

由上式可知,该门只改变量子位的相位,不改变量子位的长度。

转角 $\Delta\theta$ 的大小和方向直接影响到算法的收敛速度和效率。关于转角 $\Delta\theta$ 的方向,通常的做法都是构造一个查询表,非常繁琐。为简化转角方向的确定方法,我们给出了如下定理。

定理 11.2　令 α_0 和 β_0 是当前搜索到的全局最优解中某量子位的概率幅,α_1 和 β_1 是当前解中相应量子位的概率幅,记

$$\boldsymbol{A}=\begin{vmatrix}\alpha_0 & \alpha_1\\ \beta_0 & \beta_1\end{vmatrix} \tag{11.52}$$

则转角 θ 的方向按如下规则选取:当 $\boldsymbol{A}\neq 0$ 时,方向为 $-\operatorname{sgn}(\boldsymbol{A})$;当 $\boldsymbol{A}=0$ 时,方向取正负均可。(证明略)

5. 量子旋转门的转角大小

关于转角的大小,文献[34]虽然给出了一个范围$(0.005\pi, 0.1\pi)$,但没有给出具体选择的依据。文献[52]给出依据一个自变量为进化代数的负指数函数的自适应调整策略,实际上是一种转角的迭代步长单调下降的调整策略。现有文献没有考虑种群中各染色体的差异,也没有充分利用目标函数的变化趋势。我们给出的策略是:重点考虑目标函数在搜索点(单个染色体)处的变化趋势,并把该信息加入到转角步长函数中。当搜索点处目标函数变化率较大时,适当减小转角步长,反之适当加大转角步长。这样,可使各染色体依据自身的特性在搜索过程的平坦之处迈大步,而不至于缓步漫游在一块"平坦的高原",而在搜索过程的陡峭之处迈小步,而不至于越过全局最优解。考虑可微目标函数的变化率,利用梯度定义如下转角步长函数

$$\Delta\theta_{ij}=-\operatorname{sgn}(\boldsymbol{A})\times\Delta\theta_0\times\exp\left(-\frac{|\nabla f(X_i^j)|-\nabla f_j\min}{\nabla f_j\max-\nabla f_j\min}\right) \tag{11.53}$$

其中,$\boldsymbol{A}$ 的定义同式(11.52),$\Delta\theta_0$ 为迭代初值,$\nabla f(X_i^j)$ 为评价函数 $f(X)$ 在点 X_i^j 处的梯度,$\nabla f_j\max$ 和 $\nabla f_j\min$ 分别定义为

$$\nabla f_j\max=\max\left\{\left|\frac{\partial f(\boldsymbol{X}_1)}{\partial X_1^j}\right|,\cdots,\left|\frac{\partial f(\boldsymbol{X}_m)}{\partial X_m^j}\right|\right\} \tag{11.54}$$

$$\nabla f_j\min=\min\left\{\left|\frac{\partial f(\boldsymbol{X}_1)}{\partial X_1^j}\right|,\cdots,\left|\frac{\partial f(\boldsymbol{X}_m)}{\partial X_m^j}\right|\right\} \tag{11.55}$$

其中,$X_i^j(i=1,2,\cdots,m;j=1,2,\cdots,n)$ 表示向量 $\boldsymbol{X}_i$ 的第 j 个分量,可根据当前全局最优解的类型取为 X_{ic}^j 或 X_{is}^j,X_{ic}^j 和 X_{is}^j 分别按(11.50)、(11.51)两式计算;m 表示种群规模;n 表示空间维数(单个染色体上量子比特数)。对于离散优化问题,由于 $f(X)$ 不存在梯度,故

不能像连续情形那样,将梯度信息直接加入到转角函数中,但可以利用相邻两代的一阶差分代替梯度,即将$\nabla f(X_i^j)$、$\nabla f_j \max$、$\nabla f_j \min$ 分别表示为

$$\nabla f(X) = f(X^p) - f(X^c) \tag{11.56}$$

$$\nabla f_j \max = \max\{|f(X_1^p) - f(X_1^c)|, \cdots, |f(X_m^p) - f(X_m^c)|\} \tag{11.57}$$

$$\nabla f_j \min = \min\{|f(X_1^p) - f(X_1^c)|, \cdots, |f(X_m^p) - f(X_m^c)|\} \tag{11.58}$$

其中,X^p、X^c 分别表示父代和子代染色体。

6. 变异处理

采用量子非门实现染色体变异。首先依变异概率随机选择一条染色体,然后随机选择若干个量子位施加量子非门变换,使该量子位的两个概率幅互换。这样可使两条基因链同时得到变异。这种变异实际上是对量子位幅角的一种旋转:如设某一量子位幅角为 t,则变异后的幅角为 $\pi/2 - t$,即幅角正向旋转了 $\pi/2 - t$。由于这种旋转不与当前最佳染色体比较,一律正向旋转,有助于增加种群的多样性,降低早熟收敛的概率。

11.5.2　算法流程及仿真结果

实现上述实数双链编码梯度量子遗传算法的流程如下:

Step1:种群初始化。按式(11.45)产生 m 条染色体组成初始群体;设定转角步长初值为 θ_0,变异概率为 p_m。

Step2:解空间变换。将每条染色体代表的近似解,由单位空间 $I^n = [-1,1]^n$ 映射到连续优化问题(11.43)的解空间 Ω,按式(11.44)计算各染色体的适应度。记当前最优解为 $\tilde{X}_0$,对应染色体为 $\tilde{p}_0$,到当前为止的最优解为 X_0,对应染色体为 p_0。若 $fit(\tilde{X}_0) \rangle fit(X_0)$,则 $p_0 = \tilde{p}_0$。

Step3:对种群中每条染色体中的各量子位,以 p_0 中相应量子位为目标,按定理 11.2 确定转角方向,按式(11.53)确定转角大小,应用量子旋转门更新其量子位。

Step4:对种群中每条染色体,应用量子非门按变异概率实施变异。

Step5:返回步骤 Step2 循环计算,直到满足收敛条件或代数达到最大限制为止。

下面通过函数极值和神经网络权值优化问题进行仿真,并与普通量子遗传算法 CQGA 和普通遗传算法 CGA 进行对比分析,来检验该算法的有效性。

1. 函数极值问题

(1)Shaffer's F5 函数:

$$f(x_i) = \frac{1}{500} + \sum_{j=1}^{25} \frac{1}{j + \sum_{i=1}^{2} (x_i - a_{ij})^6} \tag{11.59}$$

其中,$x_i \in (-65.536, 65.536)$;

$$(a_{ij}^k)=\begin{pmatrix} -32 & -16 & 0 & 16 & 32 \\ -32+16k & -32+16k & -32+16k & -32+16k & -32+16k \end{pmatrix}$$

$$(a_{ij})=(a_{ij}^0a_{ij}^1a_{ij}^2a_{ij}^3a_{ij}^4)\ i=1,2;j=1,2,\cdots,25;k=0,1,\cdots,4$$

此函数有多个局部极大值点,全局极大值点为(-32,-32);全局极大值为1.002,当优化结果大于1.000时认为算法收敛。

(2)Shaffer′s F6 函数:

$$f(x,y)=0.5-\frac{\sin^2\sqrt{x^2+y^2}-0.5}{(1+0.001(x^2+y^2))^2} \tag{11.60}$$

此函数有无限个局部极大值点,其中只有一个(0,0)为全局最大值点,最大值为1。自变量的取值范围均为(-100,100),当优化结果大于0.995时认为算法收敛。

算法参数:种群规模 $m=50$;量子位数 $n=2$;交叉概率 $P_c=0.8$;变异概率 $P_m=0.1$;转角步长初值 $\theta_0=0.01\pi$;Shaffer's F5 限定代数 $L_{\max}=200$;Shaffer's F6 限定代数 $L_{\max}=500$;在CQGA中,每个变量用20个二进制位描述,因此,每条染色体包含40个量子位;适应度函数取目标函数本身。对于上述两个函数,分别用DCQGA、CQGA、CGA进行10次仿真,优化结果对比如表11.3、图11.11、图11.12所示。对于DCQGA,以单位圆形式给出了收敛后最优解中量子比特的位置,如图11.13、图11.14所示。

表 11.3 函数极值问题算法优化结果对比

算法	Shaffer's F5					Shaffer's F6				
	最优结果	最差结果	平均结果	收敛次数	平均时间/s	最优结果	最差结果	平均结果	收敛次数	平均时间/s
DCQGA	1.002 0	0.997 5	1.001 5	9	1.939 8	0.999 3	0.990 28	0.995 8	9	0.323 4
CQGA	1.002 0	0.730 9	0.946 3	4	2.327 3	0.996 4	0.990 27	0.991 2	2	3.412 9
CGA	1.000 4	0.770 7	0.915 9	1	1.997 3	0.991 5	0.981 69	0.988 1	1	0.431 6

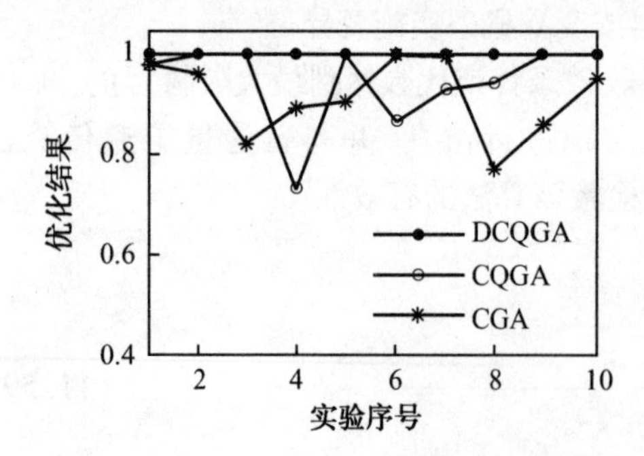

图 11.11 Shaffer's F5 函数的优化结果

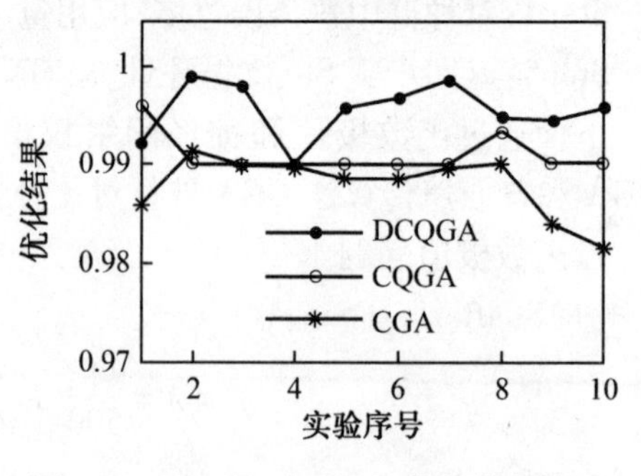

图 11.12 Shaffer's F6 函数的优化结果

由表11.3可知,DCQGA的优化效率最高,优化结果也最好;其次是CQGA;效率最低的是CGA。由图11.11、图11.12可以看出,在DCQGA算法中采用双链基因具有优越性。Shaffer's F5的全局最优解($X=-32,Y=-32$)在单位空间$I^n=[-1,1]^n$中,被映射为($x=-0.4883,y=-0.4883$);Shaffer's F6的全局最优解($X=0,Y=0$)在单位空间$I^n=[-1,1]^n$中,仍然为($x=0,y=0$);上述两个函数的最优解,分别存在8组量子比特与之对应。

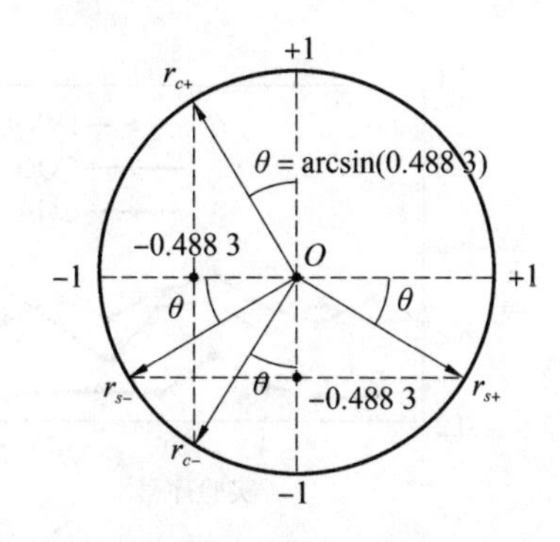

图11.13 Shaffer's F5最优解量子比特在单位圆中的分布

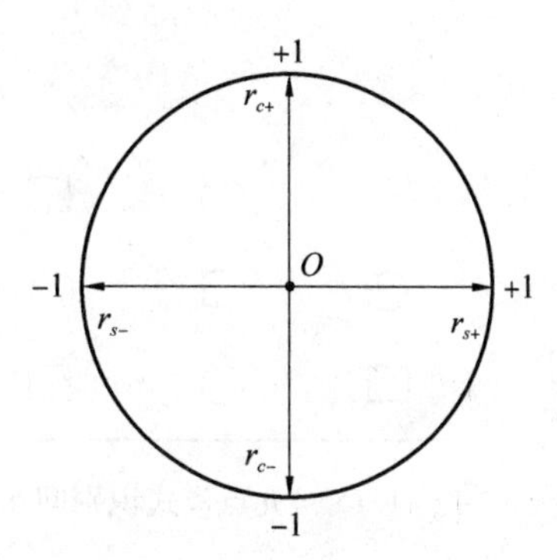

图11.14 Shaffer's F6最优解量子比特在单位圆中的分布

2. 神经网络权值优化问题

采用DCQGA优化神经网络权值实现图11.15所示九点模式分类问题,这是一个典型的两类模式分类问题,可看做“异或”问题的推广。选用三层前馈神经网络作为分类器,算法参数如表11.4所示。

表11.4 神经网络及优化算法参数

输入节点	隐层节点	输出节点	权值数量	种群规模	交叉概率	变异概率	转角步长初值	限定代数
2	5	1	15	50	0.8	0.1	0.01π	500

在DCQGA中,染色体上量子位数等于神经网络权值数15;应用CQGA时,每个权值用15个二进制位描述,因此每条染色体含有$15\times15=225$个量子位;适应度函数取为$\exp(-\text{Error})$,其中Error为网络输出误差。分别用DCQGA,CQGA,CGA优化网络权值,每种算法优化10次,优化结果取平均值,其对比情况分别如表11.5、图11.16所示。

表 11.5　九点模式分类问题优化结果对比

算法	最小误差	最大误差	平均误差	收敛次数	平均时间 /s
DCQGA	0.253 6	0.360 7	0.274 8	10	8.221 8
CQGA	0.340 9	0.514 5	0.444 8	9	24.459 0
CGA	0.430 6	0.547 8	0.470 5	8	8.520 7

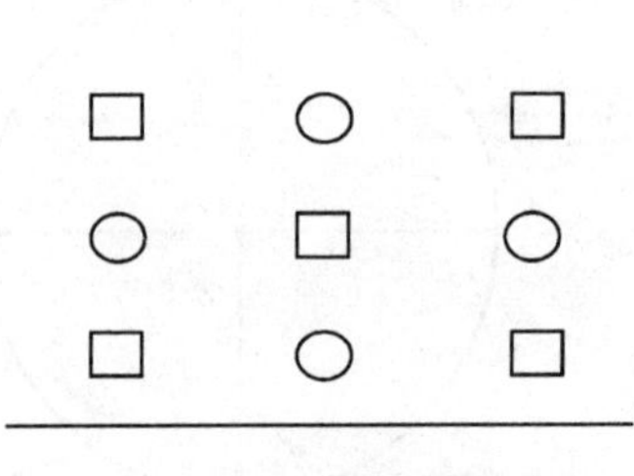

图 11.15　九点模式识别问题

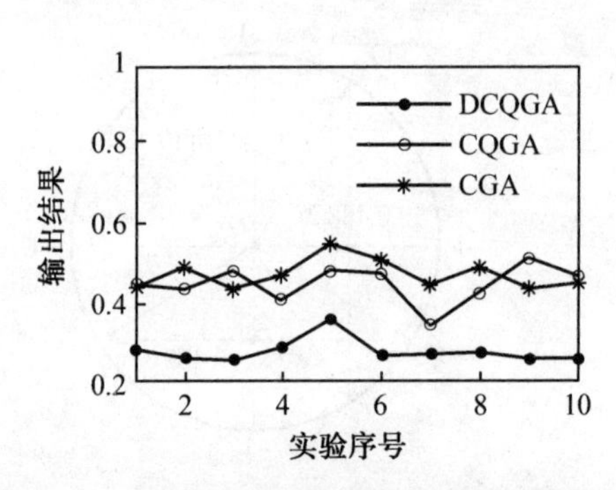

图 11.16　三种算法优化神经网络权值结果对比

由表 11.5 可知，对于高维优化问题，DCQGA 的效率同样是最高的，而平均运行时间也是三种算法中最少的。而效率最低的是 CQGA，这是因为在优化过程中，CQGA 不仅需要频繁查表确定转角大小，而且还需要频繁地进行二进制到十进制的解码操作的缘故。

第 12 章　智能优化算法的工程应用

12.1　基于 RBF 神经网络优化自适应模糊导引律

12.1.1　解析描述的自适应模糊导引律

解析描述模糊制导系统如图 12.1 所示，将比例制导律指令 $u=K|\dot{r}|\dot{q}$ 及其微分，作为模糊控制的输入量 e 和 ec，将其模糊量化后得到模糊量 E 和 EC，然后同调整因子一起构成解析描述的模糊控制规则，模糊控制的输出经过解模糊后作为计算得到的导弹的法向加速度命令 a_c。考虑到导弹过载能力的限制，图 12.1 饱和环节对导弹加以限幅得到加速度命令 a_m。为提高拦截大机动目标的制导性能，解析描述的模糊控制规则调整因子 α 的调整范围 $[\alpha_0,\alpha_s]$，是根据目标机动及速度的大小而自适应调整的。目标机动性的大小 a_t 可用视线角的二阶导数 $\ddot{q}$ 及其他参数来进行重构，速度的大小 v 可以由传感器直接测得，从而可以通过 a_t、v 对 α_0 和 α_s 进行自调整。整个自适应模糊制导系统的目标是使误差 e 趋于零，使系统逐渐进入 $\dot{q}=0$ 的零控拦截曲面，最终完成目标拦截。

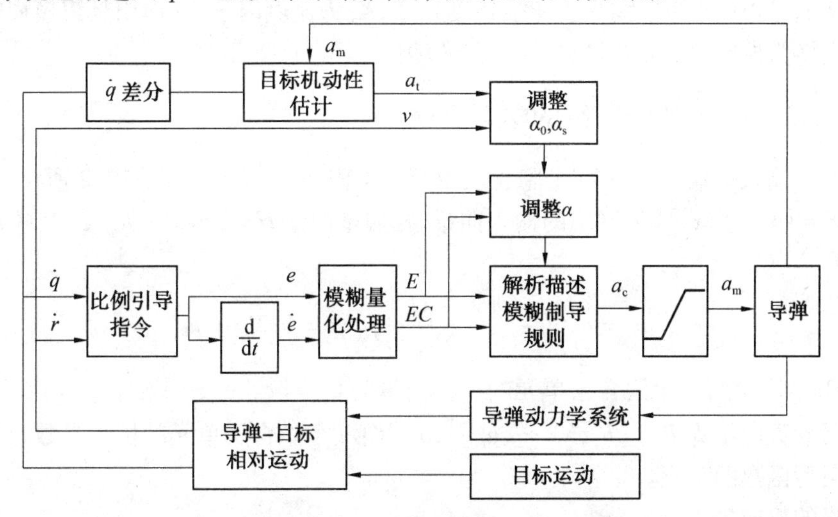

图 12.1　解析描述模糊制导系统原理图

解析描述模糊控制器是对在线推理的模糊控制器的一种良好的近似，其规则可以通过加权因子进行自适应调整,易于实时实现。解析描述模糊制导律的设计过程如下。

首先,确定输入变量 E、EC 和输出变量 u 的论域,即

$$\{E\} = \{EC\} = \{u\} = \{-N, \cdots, -2, -1, 0, 1, \cdots, N\}$$

其中,E、EC 和 u 均为模糊变量,N 为量化等级。为适应拦截高速大机动目标的需要,N 应取较大值,本书选 $N = 130$。

设误差 e 的精确量的取值范围为$[-x_e, x_e]$,可计算出误差量化因子 $k_e = N/x_e$,同理误差变化 ec 的精确量取值范围为$[-x_{ec}, x_{ec}]$,误差变化量化因子 $k_{ec} = N/x_{ec}$。

这里应用的解析描述模糊控制规则设计了一种根据目标机动大小对$[\alpha_0, \alpha_s]$进行自调整的策略,控制规则可描述为

$$u = -< \alpha E + (1-\alpha)EC > \tag{12.1}$$

$$\alpha = \frac{1}{N}(\alpha_s - \alpha_0) \mid E \mid + \alpha_0 \tag{12.2}$$

$$\alpha_0 = f_1(a_t, v) \tag{12.3}$$

$$\alpha_s = f_2(a_t, v) \tag{12.4}$$

其中,式(12.1)中 E 和 EC 作为二维解析描述的模糊控制器的输入量,α 及 $1-\alpha$ 分别是误差和误差变化的加权因子,u 是模糊控制器的输出量;式(12.2)中 α 根据误差大小自适应调整规则;α_0 和 α_s 分别是 α 调整值的下限和上限,它们之间满足 $0 \leqslant \alpha_0 \leqslant \alpha_s \leqslant 1, \alpha \in [\alpha_0, \alpha_s]$。为拦截高速大机动目标,需要对 α_0 和 α_s 进行取值进行调整,它们的取值通过仿真结果给出。式(12.3)、(12.4)中的 f_1,f_2 均为 a_t、v 的非线性函数。模糊控制器的输出为 $a_c = K_u u$,其中,a_c 为模糊导引律加速度指令,K_u 为比例因子,其作用是将模糊输出论域上的值变换为控制量的精确值。

12.1.2　RBF 神经网络的学习算法

考虑 n 输入单输出具有 m 个隐含层单元的 RBF 网络结构,如图 12.2 所示。

设 $\boldsymbol{X} = [x_1, \cdots, x_n]^{\mathrm{T}}$ 为网络的输入向量,径向基向量 $\boldsymbol{H} = [h_1, \cdots, h_m]^{\mathrm{T}}$,其中 h_i 为高斯型函数:

$$h_i = \exp\left(-\frac{\| \boldsymbol{X} - \boldsymbol{C}_i \|^2}{2b_i^2}\right), i = 1, 2, \cdots, m \tag{12.5}$$

其中,RBF 网络的第 i 个隐含层单元的中心向量为 $\boldsymbol{C}_i = [c_{i1}, c_{i2}, \cdots, c_{in}]^{\mathrm{T}}, i = 1, 2, \cdots, m$;网络的扩展参数向量为 $\boldsymbol{B} = [b_1, b_2, \cdots, b_m]^{\mathrm{T}}$,$b_i$ 为第 i 个隐含层单元的扩展参数,且大于零,即为高斯型函数的基宽。

网络的权向量为

$$\boldsymbol{W} = [w_1, w_2, \cdots, w_m]^{\mathrm{T}}$$

RBF 网络的输出为

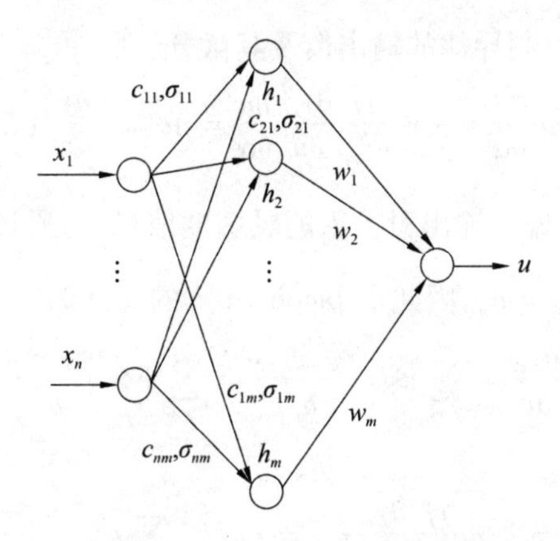

图 12.2　RBF 神经网络结构图

$$y_m(k)=w_1h_1+w_2h_2+\cdots+w_mh_m \tag{12.6}$$

RBF 网络的性能指标为

$$J=\frac{1}{2}e^2(k)=\frac{1}{2}\left(yout(k)-y_m(k)\right)^2 \tag{12.7}$$

根据梯度下降法,输出权、隐含层单元中心及扩展参数的调整算法为

$$w_i(k)=w_i(k-1)+\eta e(k)h_i+\delta(w_i(k-1)-w_i(k-2)) \tag{12.8}$$

$$\Delta b_i=e(k)w_ih_i\frac{||\boldsymbol{X}-\boldsymbol{C}_i||^2}{b_i^3} \tag{12.9}$$

$$b_i(k)=b_i(k-1)+\eta\Delta b_i+\delta(b_i(k-1)-b_i(k-2)) \tag{12.10}$$

$$\Delta c_{ij}=e(k)w_i\frac{x_i-c_{ij}}{b_i^2},j=1,2,\cdots,n \tag{12.11}$$

$$c_{ij}(k)=c_{ij}(k-1)+\eta\Delta c_{ij}+\delta(c_{ij}(k-1)-c_{ij}(k-2)) \tag{12.12}$$

其中,η 为学习速率;δ 为动量因子。

12.1.3　RBF 网络整定 α 的公式推导

采用增量式 α 控制器,控制算法为

$$u=-<\alpha E+(1-\alpha)EC> \tag{12.13}$$

$$\alpha(k)=\alpha(k-1)+\Delta\alpha \tag{12.14}$$

其中,$\Delta\alpha$ 的调整采用梯度下降法计算,即

$$\Delta\alpha=-\eta\frac{\partial J}{\partial\alpha} \tag{12.15}$$

对于导弹导引系统,设 RBF 神经网络的输入为

$$\boldsymbol{X}=[e,ec,a_n,\alpha]^{\mathrm{T}} \tag{12.16}$$

其中,e、ec 分别为比例导引制导律的输出值及其微分,则

$$\Delta\alpha = -\eta\frac{\partial J}{\partial\alpha} = -\eta\frac{\partial J}{\partial y_m}\frac{\partial y_m}{\partial u}\frac{\partial u}{\partial\alpha} = \eta e(k)\frac{\partial y_m}{\partial u}(EC - E) \tag{12.17}$$

$\frac{\partial y_m}{\partial u}$ 为Jacobian阵,即为对象的输出对输入的灵敏度信息,可通过神经网络的辨识计算,由于输出为导弹加速度,故 $u = a_n$,因此求 Jacobian 阵的算法为

$$\frac{\partial y_m}{\partial u} = \sum_{j=1}^{m} w_j h_j \frac{c_{j3} - x_3}{b_j^2} = \sum_{j=1}^{m} w_j h_j \frac{c_{j3} - u}{b_j^2} \tag{12.18}$$

所以有

$$\Delta\alpha = -\eta\frac{\partial J}{\partial\alpha} = -\eta\frac{\partial J}{\partial y_m}\frac{\partial y_m}{\partial u}\frac{\partial u}{\partial\alpha} = \eta e(k)\sum_{j=1}^{m} w_j h_j \frac{c_{j3} - u}{b_j^2}(EC - E) \tag{12.19}$$

将上式代入式(12.14)得到 α 的整定公式

$$\alpha(k) = \alpha(k-1) + \eta e(k)\sum_{j=1}^{m} w_j h_j \frac{c_{j3} - u}{b_j^2}(EC - E) \tag{12.20}$$

式中,E、EC 为 e、ec 模糊量化后的值,由于这里量化因子 $k_e = k_{ec} = 1$,所以数值上 $E = e$,$EC = ec$,所以式(12.20)可改写为

$$\alpha(k) = \alpha(k-1) + \eta e(k)\sum_{j=1}^{m} w_j h_j \frac{c_{j3} - u}{b_j^2}(ec - e) \tag{12.21}$$

实际中,由于 α 值只在区间[0,1]内,所以需要对 α 进行限幅。RBF 网络整定 α 结构如图 12.3 所示。为了区分,α' 表示导弹的攻角。

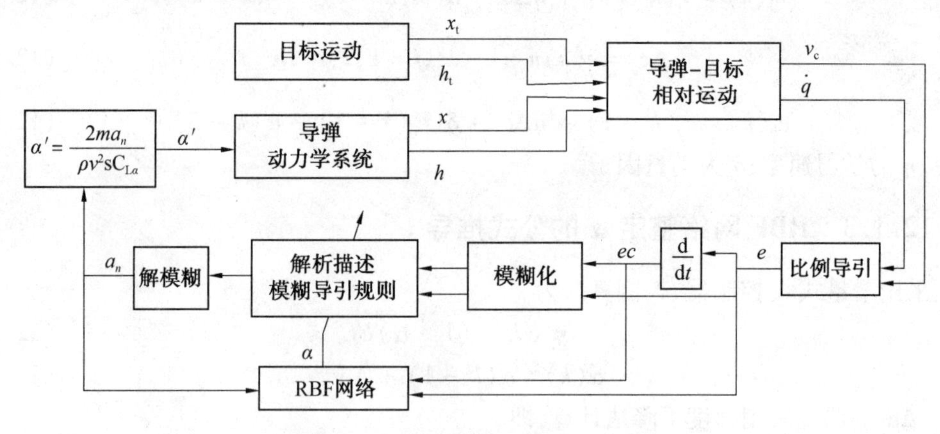

图 12.3　RBF 网络在线优化 α 框图

12.1.4　基于模糊 RBFNN 辨识的自适应模糊导引律

在模糊系统中,模糊集、隶属函数和模糊规则的设计是建立在经验知识基础上的。这

种设计方法存在很大的主观性。将学习机制引入到模糊系统中,使模糊系统能够通过不断学习来修改和完善隶属函数的模糊规则,这是模糊系统的发展方向。

将神经网络的学习能力引入到模糊系统中,将模糊系统的模糊化处理、模糊推理、精确化计算通过分布式的神经网络来表示,是实现模糊系统自组织、自学习的重要途径。在模糊神经网络中,神经网络的输入、输出节点用来表示模糊系统的输入、输出信号,神经网络的隐含节点用来表示隶属函数和模糊规则,利用神经网络的并行处理能力使得模糊系统的推理能力大大提高。

模糊神经网络是将模糊系统和神经网络相结合而构成的网络。模糊神经网络在本质上是将常规的神经网络赋予模糊输入信号和模糊权值,其学习算法通常是神经网络学习算法或其推广。模糊神经网络技术已经获得了广泛的应用,当前的应用主要集中在模糊回归、模糊控制、模糊专家系统、模糊建模和模糊模式识别等领域。在神经网络中,RBFNN 是一种局部逼近网络,因而采用 RBFNN 可大大加快学习速度并避免局部极小问题,而且其实现简单、计算速度快、适合于实现控制。利用 RBF 网络构成的控制方案,可有效提高系统的精度、鲁棒性和自适应性。因此本节利用 RBFNN 与模糊系统相结合,构成模糊 RBF 网络,直接来辨识自适应模糊制导律中的参数 α。

1. 模糊 RBFNN 结构

如图 12.4 所示是模糊 RBF 神经网络结构,该网络由输入层、模糊化层、模糊推理层和输出层构成。

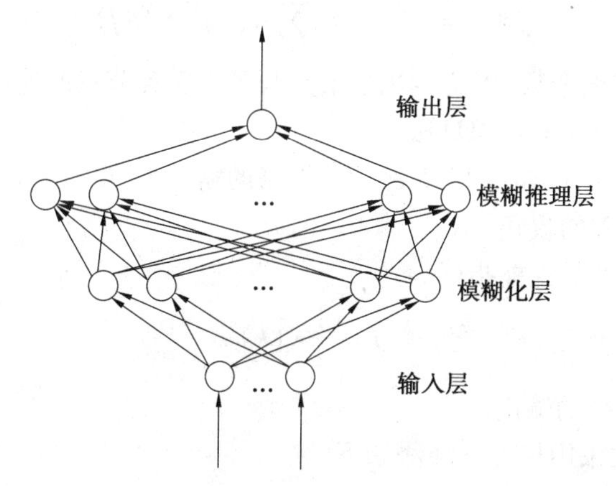

图 12.4　模糊 RBF 神经网络结构

模糊 RBF 网络中信号传播及各层的功能表示如下。

第一层:输入层

该层的各个节点直接与输入量的各个分量连接,将输入量传到下一层。对该层的每个节点 i 的输入输出表示为

$$f_1(i) = x_1 \tag{12.22}$$

第二层:模糊化层

采用高斯型函数作为隶属函数,c_{ij} 和 b_j 分别是第 i 个输入变量第 j 个模糊集合的隶属函数的均值和标准差,即

$$f_2(i,j) = \exp(net_j^2) \tag{12.23}$$

$$net_j^2 = -\frac{(f_1(i) - c_{ij})^2}{(b_j)^2} \tag{12.24}$$

第三层:模糊推理层

该层通过与模糊化层的连接来完成模糊规则的匹配和各个节点之间实现模糊运算,即通过各个模糊节点的组合得到相应的点火强度。每个节点 j 的输出为该节点所有输入信号的乘积,即

$$f_3(j) = \prod_{j=1}^{N} f_2(i,j) \tag{12.25}$$

式中,$N = \prod_{i=1}^{N} N_i$,N_i 为输入层中第 i 个输入隶属函数的个数,及模糊化层节点数。

第四层:输出层

输出层为 f_4,即

$$f_4(l) = \boldsymbol{W} \cdot f_3 = \sum_{j=1}^{N} w(l,j) \cdot f_3(j) \tag{12.26}$$

式中,l 为输出层节点的个数;$\boldsymbol{W}$ 为输出层节点与第三层各节点的连接矩阵。

2. 基于模糊 RBFNN 的辨识算法

RBF 网络辨识 α 结构如图 12.5 所示。网络的输入为$[K \mid \dot{r} \mid \dot{q}, a_n]$,输出为系数 α。为了区分,α' 表示导弹的攻角。

定义模糊 RBFNN 的性能指标为

$$J = \frac{1}{2} e(k)^2 \tag{12.27}$$

其中,$e(k)$ 为比例导引的输出。

网络的学习算法采用梯度下降法如下。

输出层的权值通过

$$\Delta w(k) = -\eta \frac{\partial J}{\partial w} = -\eta \frac{\partial J}{\partial e} \frac{\partial e}{\partial y_m} \frac{\partial y_m}{\partial w} = \eta e(k) f_3 \tag{12.28}$$

来调整,则输出层的权值学习算法为

$$w(k) = w(k-1) + \Delta w(k) + \delta(w(k-1) - w(k-2)) \tag{12.29}$$

隶属函数参数通过

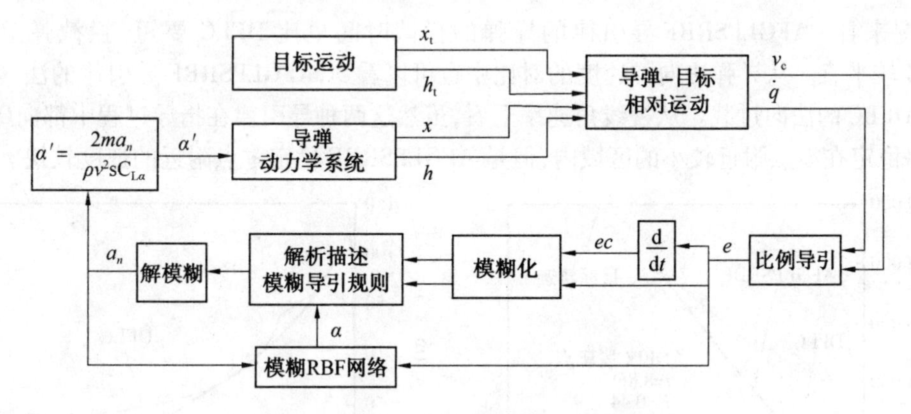

图 12.5　模糊 RBF 网络辨识 α 结构框图

$$\Delta c_{ij}=-\eta\frac{\partial J}{\partial c_{ij}}=-\eta\frac{\partial J}{\partial net_j^2}\frac{\partial net_j^2}{\partial c_{ij}}=-\eta\gamma_j^2\frac{2(x_i-c_{ij})}{b_{ij}^2}\tag{12.30}$$

$$\Delta b_j=-\eta\frac{\partial J}{\partial b_j}=-\eta\frac{\partial J}{\partial net_j^2}\frac{\partial net_j^2}{\partial b_j}=\eta\gamma_j^2\frac{2(x_i-c_{ij})}{b_j^3}\tag{12.31}$$

调整。式中

$$\gamma_j^2=\frac{\partial J}{\partial net_j^2}=-e(k)\frac{\partial y_m}{\partial f_3}\frac{\partial f_3}{\partial f_2}\frac{\partial f_2}{\partial net_j^2}=-e(k)wf_3\tag{12.32}$$

隶属函数参数的学习算法为

$$c_{ij}(k)=c_{ij}(k-1)+\Delta c_{ij}(k)+\delta(c_{ij}(k-1)-c_{ij}(k-2))\tag{12.33}$$

$$b_j(k)=b_j(k-1)+\Delta b_j(k)+\delta(b_j(k-1)-b_j(k-2))\tag{12.34}$$

12.1.5　仿真结果及分析

仿真条件:导弹质量 $m=600$ kg,燃料质量秒流量 $m_c=20$ kg/s,推力 $T=100\ 000$ N,导弹初始位置$(x_0,h_0)=(0,0)$m,导弹初始速度 $v_0=500$ m/s,目标初始速度 $v_{t0}=400$ m/s,目标初始位置$(x_{t0},h_{t0})=(7,10)$ km,目标分别以 70 m/s^2、-70 m/s^2 常值法向加速度和幅值为110 m/s^2,频率为0.5 rad/s的正弦法向加速度机动。导弹最大过载限幅为 ±13 g,自动驾驶仪为二阶模型 $\omega_n=25$ rad/s,$\xi=0.9$。

1. RBF 网络整定的模糊导引律

在基于 RBF 网络整定的自适应模糊导引律(AFGLPSRBF)和解析描述的模糊导引律(DFLC)两种导引律下,对3种不同的目标加速度、拦截轨迹、导弹法向加速度和视线角速率的比较分别如图 12.6 ~ 12.9 所示。

从图12.6 ~ 12.9可以看出,对3种目标机动情况,AFGLPSRBF的拦截时间与脱靶量都略优于 DFLC 导引律,特别是从脱靶量对比的 $a_t=-70$ m/s^2 和 $a_t=110\sin(0.5t)$m/s^2

的情况来看。AFGLPSRBF 导引律的导弹的拦截时间也比 DFLC 要短,拦截弹道也比 DFLC 较平直。从导弹法向加速度的对比中也可以看到,AFGLPSRBF 导引律的法向过载大于DFLC的法向过载。从视线角速率上看,虽然这两种导引律在指导过程中都向0点靠近,并稳定在零点附近较小的区域内,但是 AFGLPSRBF 稳定零点附近的速度较快。

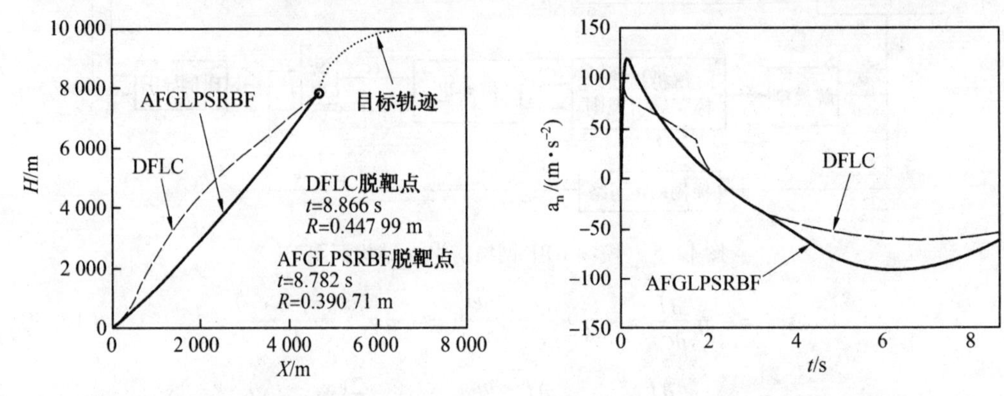

图 12.6　$a_t = 70\ \mathrm{m\cdot s^{-2}}$时拦截轨迹和导弹法向加速度比较

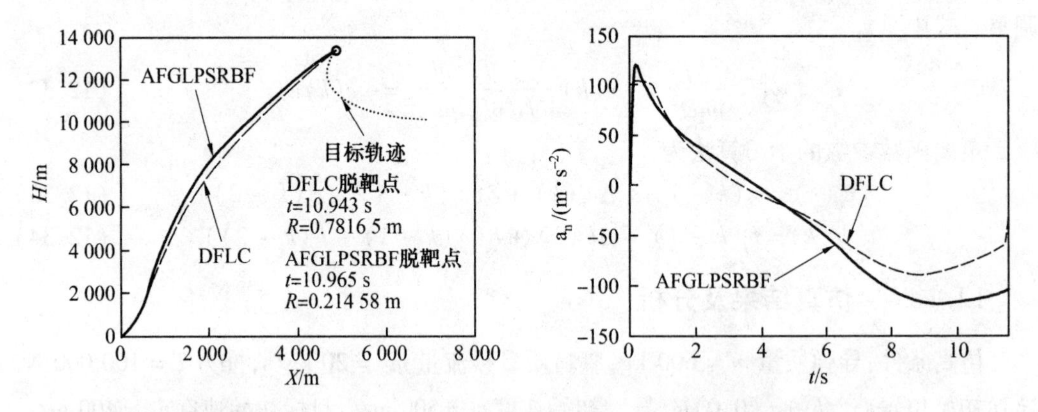

图 12.7　$a_t = -70\ \mathrm{m\cdot s^{-2}}$ 时拦截轨迹和导弹法向加速度比较

2. 模糊 RBF 网络辨识的模糊导引律

在基于模糊 RBF 网络辨识的自适应模糊导引律(AFGLPIFRBF) 和解析描述的模糊导引律(DFLC) 两种导引律下,对3种不同的目标加速度、拦截轨迹、导弹法向加速度和视线角速率的比较分别如图 12.10 ~ 12.13 所示。

从图 12.10 ~ 12.13 中可以看出,对 $a_t = 70\ \mathrm{m/s^2}$、$a_t = -70\ \mathrm{m/s^2}$ 和 $a_t = 110 \sin(0.5t)\,\mathrm{m/s^2}$ 这 3 种目标机动情况,AFGLPIFRBF 的脱靶量与拦截都明显优于 DFLC 导引律,并且优于上一节的 AFGLPSRBF。AFGLPIFRBF 导引律的导弹的拦截时间也比 DFLC 短,拦截弹道也较平直。从导弹法向加速度的对比中也可以看到,AFGLPSFRBF 导

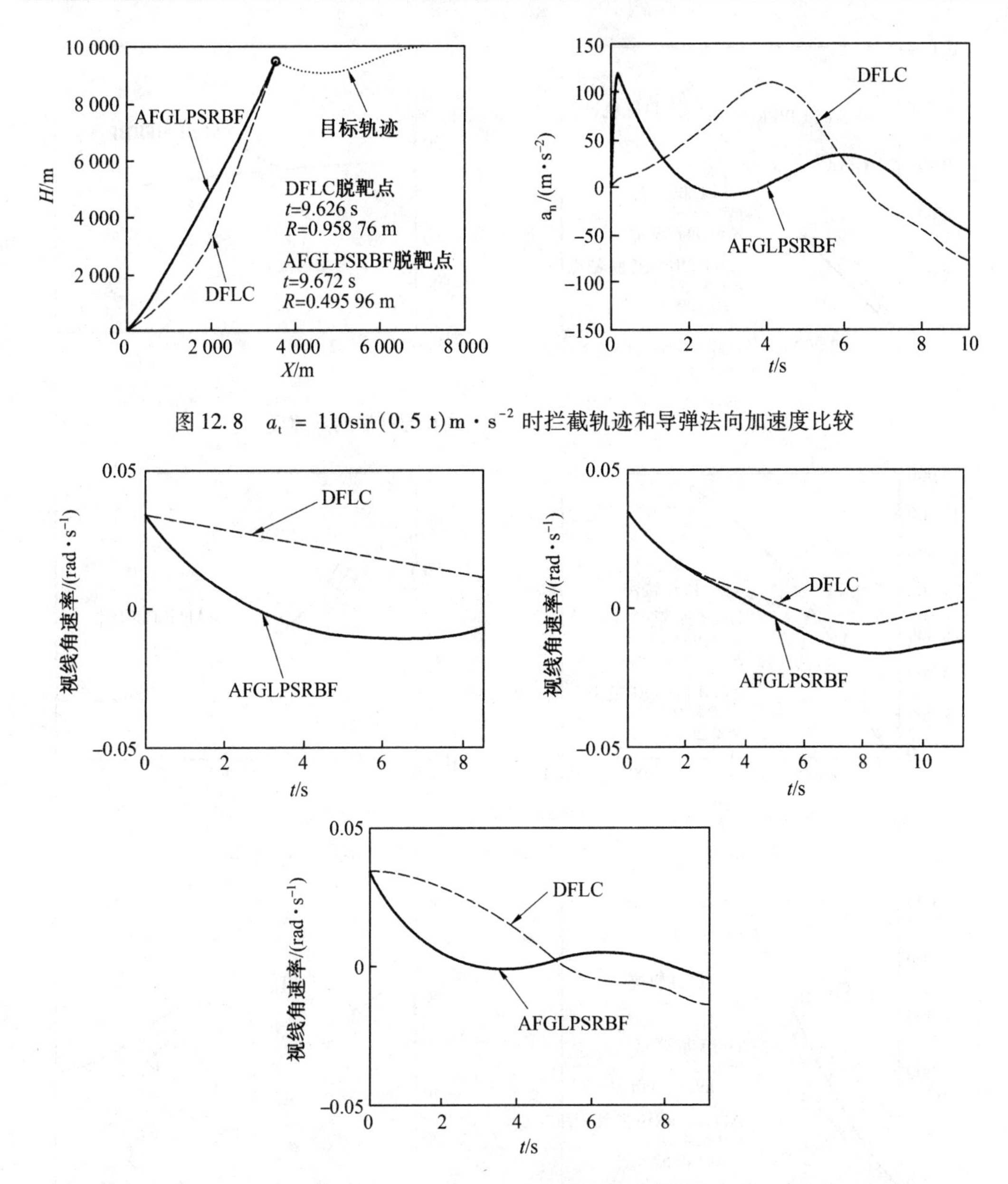

图 12.8　$a_t = 110\sin(0.5\ t)\mathrm{m\cdot s^{-2}}$ 时拦截轨迹和导弹法向加速度比较

图 12.9　3 种情况下视线角速率比较

引律的法向过载小于 DFLC 的法向过载，且小于目标机动，因此有利于导弹的全向拦截。从视线角速率上看，虽然这两种导引律都经过零点线，都稳定在零点附近较小区域内，但 AFGLPIFRBF 稳定零点附近速度很快且几乎无波动，而 DFLC 的视线角速率波动较大。

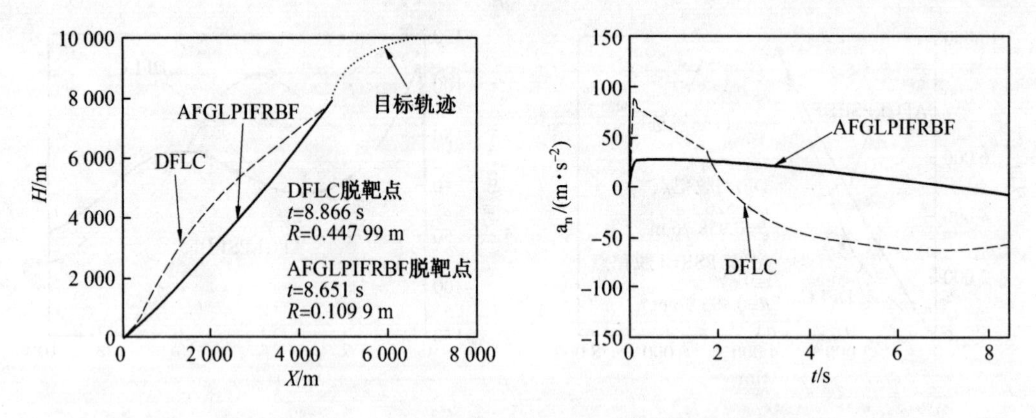

图 12.10　$a_t = 70\ \mathrm{m \cdot s^{-2}}$ 时拦截轨迹和导弹法向加速度比较

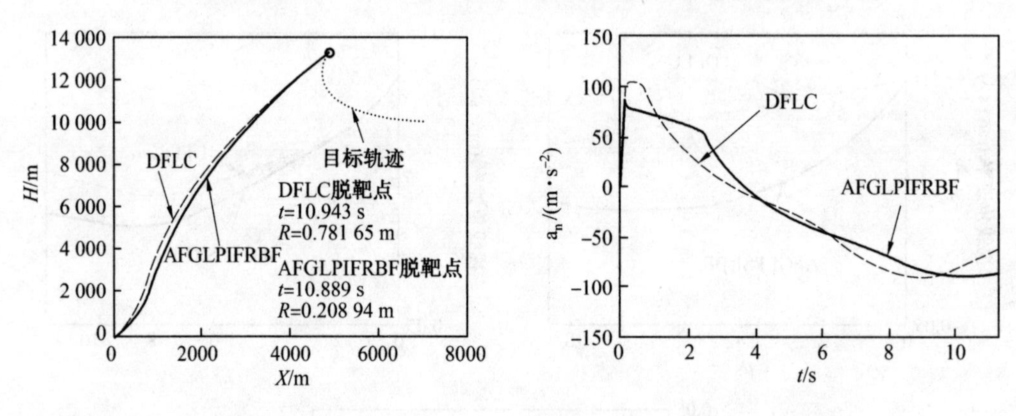

图 12.11　$a_t = -70\ \mathrm{m \cdot s^{-2}}$ 时拦截轨迹和导弹法向加速度比较

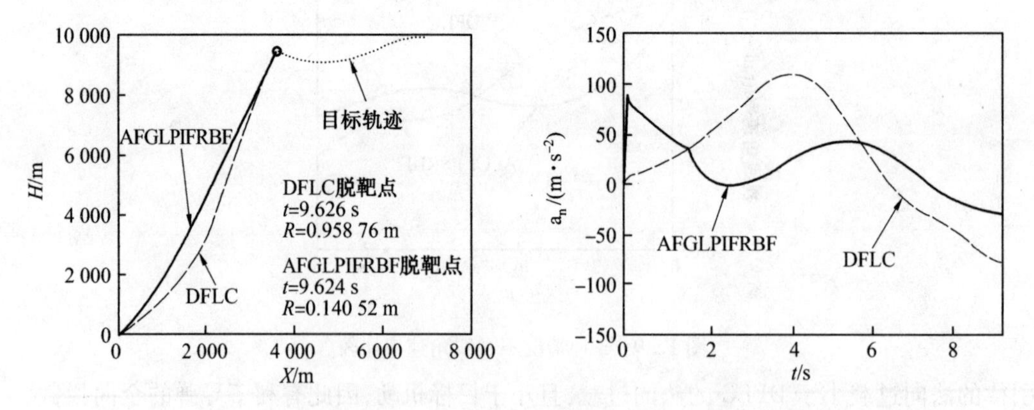

图 12.12　$a_t = 110\sin(0.5t)\mathrm{m \cdot s^{-2}}$ 时拦截轨迹和导弹法向加速度比较

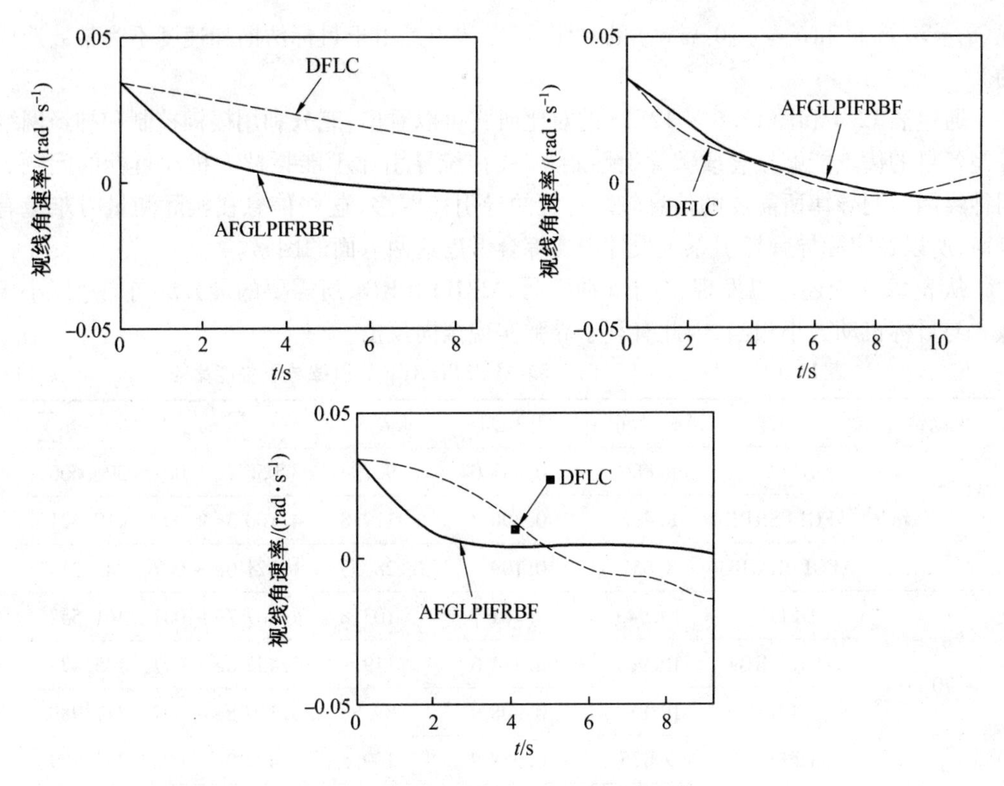

图 12.13　3 种情况下视线角速率比较

3.3 种导引律的对比分析

为了量化分析这3种导引律的性能,我们做了性能分析对比表,如表12.1所示。表中 $|MD|$ 表示脱靶量,单位为 m;$|a_n|_{max}$ 表示法向加速度绝对值的最大值,单位为 m/s^2;$\sum a_n^2$ 为法向加速度的平方的积分,表征了导引系统所需要的控制能量,单位为 m^2/s^4;$|MD|+\rho\sum a_n^2$ 表征模糊导引系统的总体性能指标,拦截时间的单位为 s。

从表 12.1 可以看出,对目标机动的3 种情况而言,AFGLPSRBF 的脱靶量和拦截时间都优于 DFLC,但其所需要的法向加速度较之 DFLC 有所增加;对于本章所设计的另一种导引规律 AFGLPIFRBF,无论脱靶量、拦截时间还是法向过载都小于 DFLC 导引律的。从 AFGLPSRBF 和 AFGLPIFRBF 的对比中可以看到,除在目标机动 $a_t = 110\sin(0.5t)\,m/s^2$ 情况下 AFGLPIFRBF 的所需法向加速度平方的积分劣于 AFGLPSRBF 的外,AFGLPIFRBF 的其他性能指标都要优于 AFGLPSRBF。从图12.6 ~ 12.13 可以看出,AFGLPIFRBF 导引律拦截弹道也比 AFGLPSRBF 平直。

针对目标机动的 $a_t = 110\sin(0.5t)\,m/s^2$ 情况,AFGLPIFRBF 的所需法向加速度平方的积分稍微劣于 AFGLPSRBF 的。分析其中的原因并考虑到目标法向加速度为常数的情况（$a_t = 70\ m/s^2$ 和 $a_t = -70\ m/s^2$）的对比，可以认为是由于目标法向加速度不为常数造成的。

通过表12.1和图12.6～12.13的对比研究可以看出，充分利用模糊控制和神经网络控制各自的优点能够显著改善导引性能，解决传统导引律不能拦截大机动目标的问题。但神经网络制导律所需要的信息较之传统的导引律要多，这些信息在实际测量时难免有噪声，所以在实际导弹导引系统设计中要综合考虑这两方面的因素。

从表12.1中还可以发现，对于3种机动，AFGLPIFRBF所需要的最大法向加速度小于或者与目标机动大小相当，因此有利于导弹实现全向反击。

表12.1　DFLC、AFGLPSRBF 和 AFGLPIFRBF 导引律导引性能比较

机动情况	导引律	拦截时间/s	$\|MD\|$	$\|a_n\|_{max}$	$\sum a_n^2$	$\|MD\| + \rho \sum a_n^2$
$a_t = 70\ m/s^2$	DFLC	8.866	0.448 0	90.04	3.056 2e+007	306.608
	AFGLPSRBF	8.782	0.390 7	119.8	4.100 3e+007	410.421
	AFGLPIFRBF	8.651	0.109 9	28.53	1.821 0e+007	182.210
$a_t = -70\ m/s^2$	DFLC	10.943	0.781 7	103.8	4.607 7e+007	461.552
	AFGLPSRBF	10.965	0.214 6	119.9	7.452 6e+007	745.475
	AFGLPIFRBF	10.889	0.208 9	89.88	3.177 8e+007	317.989
$a_t = 110\sin(0.5t)\ m/s^2$	DFLC	9.626	0.958 8	109.5	3.404 2e+007	341.379
	AFGLPSRBF	9.672	0.496 0	119.5	1.123 2e+007	112.816
	AFGLPIFRBF	9.624	0.140 5	90	1.629 2e+007	163.061

我们提出的两种自适应模糊导引律中，第一种导引律通过对 RBF 神经网络增量式 α 公式的推导，得到了 α 递推公式，并用于求解 α，然后用于调整解析描述模糊导引规则；第二种导引律直接用模糊 RBF 神经网络去辨识 α。仿真结果表明，提出的这两种导引律的拦截时间域脱靶量均优于固定 α_0，α_s 的自适应模糊导引律。通过第一种导引律和第二种导引律的对比，利用模糊控制与神经网络控制的优点，能够有效提高导弹拦截性能。

12.2　带有成长算子遗传算法在辨识与优化中的应用

GA具有不需要求梯度就能得到全局最优解，算法简单，易于并行处理等优点。但是，GA要搜索到更好的个体很大程度上依赖于随机的交叉和变异算子，收敛速度较慢，尤其是当GA搜索到最优点附近时，要花费大量时间达到最优点。有人提出在GA中嵌入一个最速下降算子以解决这一问题，但是要求目标函数可导，这大大限制了其应用范围，而且该算子在二进制编码 GA 中实现起来不方便。另外,在某些寻优问题中,二进制编码 GA 还存在着易陷入伪极值点的现象。我们提出在二进制编码 GA 中引入一种成长算子,它不要求目标函数连续、可导,能有效地防止算法陷入伪极值点,加速 GA 的收敛。简称这种改进的 GA 为 GGA。

12.2.1　基本二进制编码 GA 的不足

通过应用二进制编码的基本 GA 求解优化问题的仿真发现,基本的二进制编码 GA,对于参数个数不止一个的寻优问题,即使在单极值区域,也常常易陷入某些点,长时间跳不出来。这些点不妨称之为伪极值点,其特点是:描述该点的部分或全部参数的二进制编码的最后几位全是 l 或 0,比如 **100000 或**0111111(*代表 0 或 l)。以**100000 为例,这时如果最优点为**011110,且待寻优函数值关于最优点对称,那么,只有区间(**011111,**011101)中的个体优于**100000,这些个体与**100000 的欧几里德距离最大为 3,而它们与**100000 的海明距离最小的也为 5,而变异概率又很小,仅依靠基本的交叉、变异操作,要花很长时间寻到更优个体。

为了避免算法陷入伪极值点,同时加强搜索方向性的指导以加速算法的收敛,下面给出具有成长算子的遗传算法。

12.2.2　带有成长算子的遗传算法

成长算子加在适值计算之后及复制算子之前。该算子对每一代中适应度值最大的前 m 个个体进行成长操作。若每一代种群中有 N 个个体 $B_i(i=1,2,\cdots,N)$,它们的适应度值为 $f_i(i=1,2,\cdots,N)$,个体 B_i 由 n 个待寻优参数的二进制编码 $b_j^i(j=1,2,\cdots,n)$ 组成,成长操作的具体步骤如下:

Step1:$i=1$。

Step2:取出种群中的适值第 i 大的个体 B_i。

Step3:$j=1$。

Step4:$B=B_i$(B 为中间变量,B 中相应的 n 个参数编码为 b_j)。

Step5:$b_j=b_j+1$,未溢出则判断 B 的适值 f 比 f_i 大否,大则转向 Step8,否则转向 Step6。

Step6:$B=B_i$。

Step7:$b_j=b_j-1$,未溢出则判断 B 的适值 f 比 f_i 大否,大则转向 Step8,否则转向 Step9。

Step8:$B_i=B$。

Step9:$j=j+1$,若 $j\leqslant n$ 则转向 Step4,$j>n$ 则转向 Step10。

Ste10:将 B 放回种群中,$i=i+1$,若 $i\leqslant m$ 则转向 Step2,$i>m$ 则转向 Step11。

Step11:成长操作结束。

从上面步骤可以看出,该成长算子可以实现欧几里德距离很小而海明距离较大的两点之间的跨越,使当前最优个体向其所在单极值区域的极值点收敛一步,弥补了二进制编码 GA 的不足。该算子的加入增加了每一代寻优的目标函数求取次数,增加的求取次数 $\gamma \in [mn, 2mn]$。

12.2.3　在系统辨识和函数优化中的应用

下面给出 GGA 的一个系统辨识的例子和两个常用测试函数寻优的仿真例子,并与基本 GA 的仿真结果进行比较。其中,为具有可比性,对于同一例子,令 GGA 与基本 GA 的唯一差别为是否加入成长算子。编码策略与其他算子如下:

所有例子均采用编码方法

$$x = a + \frac{b-a}{2^l - 1}\sum_{i=0}^{l-1} 2^i g_i \tag{12.35}$$

其中,$x \in [a,b]$ 为待寻优参数的十进制表示;$g_{l-1}g_{l-2}\cdots g_0$ 为用来表示它的 l 位二进制串。种群大小 N 均为50。

采用排序选择策略,本书中使用其简化形式,即用适值最大的前 $P_r \times N$ 个个体覆盖适值最小的 $P_r \times N$ 个个体($P_r < 0.5$ 称为复制率)。

采用两点交叉,交叉概率 $P_c < 1$,依此概率选择执行交叉的个体对,然后对于每一选定对随机取两位,交换该个体对处于这两位之间的位。

采用均匀变异,即种群中每个个体的每一位依相同的概率 P_m 发生变异,概率 P_m 只与个体的长度 L 有关,一般写作

$$P_m = \alpha / L \tag{12.36}$$

它表示该变异操作使种群中每个个体的 α 位发生变异(或描述为使种群中个体 α 的 N 位发生变异)的概率最大,α 可以取作小数。

1. 线性系统辨识仿真

考虑如下形式的二阶离散线性系统

$$y(k) = -a_1 y(k-1) - a_2 y(k-2) + a_3 u(k) + a_4 u(k-1) + a_5 u(k-2) \tag{12.37}$$

其中,$y(k)$ 和 $u(k)$ 分别是该系统在 k 时刻的输出和输入;$a_i(i=1,2,\cdots,5)$ 为需要辨识的 5 个参数。系统输入使用值为 0 或 100 的伪随机二进制序列(PRBS),输出初值为 $y(0) = 0, y(1) = 0$。给出 15 个样本进行离线辨识。系统实际的参数为 $a_1 = -1.6$;$a_2 = 0.95$;$a_3 = -0.2$;$a_4 = 0.1$;$a_5 = 0.4$。

用 GA 进行辨识时,参数的搜索范围均定为$[-2,2]$,描述每个参数的二进制串为 15 位,个体的总长度 L 为 75 位。问题被描述为极小化目标函数

$$J = \sum_{i=1}^{15} (\widehat{y}(i) - y(i))^2 \tag{12.38}$$

其中，$\widehat{y}(i)$ 为辨识出来的系统在 i 时刻的输出。

这是一个简单的单峰值问题，而只用基本 GA，很难搜索到该编码方式所能表示的最优点，使用 GGA，可以很快收敛到该最优点。仿真中取 $P_r = 0.2$，$P_c = 0.8$，$\alpha = 0.05$，$m = 3$。为方便比较，对同一初始种群使用两种方法各进行 50 次辨识，每次搜索最大代数 $\max G = 250$ 代。GGA 收敛到编码能表示的最优参数所需的代数平均为 211 代，收敛率为 100%，而基本 GA 收敛率为 0，每次都陷入某个伪极值点而停步不前，而该点的精度远不能满足要求。图 12.14 给出了 GGA 和基本 GA 的每代最优个体目标函数值的 50 次平均曲线，其中曲线 1 对应 GGA，曲线 2 对应基本 GA。

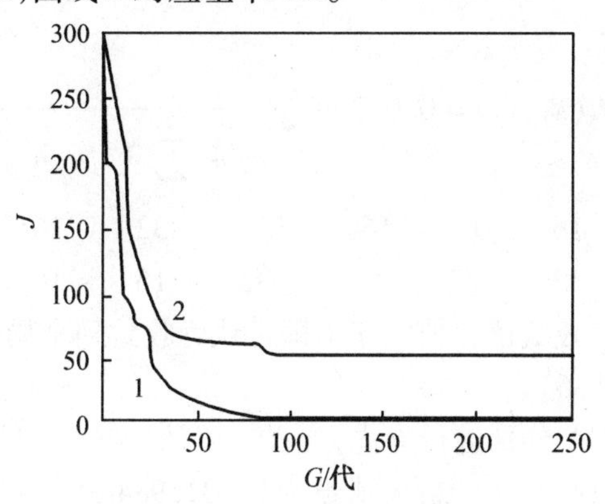

图 12.14　最优个体的目标函数值

2. 函数优化仿真

给出两个常用的多峰值测试函数的仿真结果。

(1) Camel 函数：

$$f(x,y) = (4 - 2.1x^2 + x^4/3)x^2 + xy + (-4 + 4y^2)y^2 \tag{12.39}$$

此函数有 6 个局部极小点，其中的 $(-0.089\,860,\ 0.712\,657)$ 和 $(0.089\,860,\ -0.712\,657)$ 为全局最小，最小值为 $-1.031\,628\,452\,2$，自变量取值范围 $x, y \in [-100, 100]$。

使用基本 GA 和 GGA 分别进行寻优，令 $N = 50$，$l_x = l_y = 22$，$P_r = 0.2$，$P_c = 0.8$，$\alpha = 1.0$，$m = 3$。仿真结果如表 12.2 所示。

表 12.2　GA 与 GGA 比较(Camel)

条件	(1) $\max G$ = 300 代 (2)R = 100 次 (3) $f < -1.0$		(1) $\max G$ = 500 代 (2)R = 100 次 (3)$f \leqslant -1.031\ 628\ 4522$	
算法	GGA	基本 GA	GGA	基本 GA
失败次数/次	0	45	0	82
总代数/代	4 026	13 023	9 198	44 636

表中,max G 为一次寻优的最大代数;R 为寻优次数;条件(3) 为一次寻优中断的条件。若某次寻优在满足条件(1) 时仍未满足条件(3),则称此次寻优失败。

(2)Foxholes 函数:

$$f_5(x_1,x_2) = 0.002 + \sum_{j=1}^{25} \frac{1}{j + \sum_{i=1}^{2} (x_i - a_{ij})^6} \tag{12.40}$$

其中,$[a_{ij}] = \begin{bmatrix} -32 & -16 & 0 & 16 & 32 & -32 & -16 & \cdots & 0 & 16 & 32 \\ -32 & -32 & -32 & -32 & -32 & -16 & -16 & \cdots & 32 & 32 & 32 \end{bmatrix}$,此函数有多个局部极大点,一般其函数值大于 1 即可认为收敛到全局最大值,自变量取值范围 $x_1, x_2 \in [-65\ 536, 65\ 536]$。

使用基本 GA 和 GGA 分别进行寻优,令 $N = 50$, $l_{x_1} = l_{x_2} = 22$, $P_r = 0.2$, $P_c = 0.8$, $\alpha = 1.0$, $m = 3$。编码方式所能表示的最大值点为($-31.984\ 38$, $-31.984\ 38$),其函数值为 1.002 000 154 67。仿真结果如表 12.3。

表 12.3　GA 与 GGA 比较(Shekel's Foxholes)

条件	(1) $\max G$ = 500 代 (2)R = 50 次 (3) $f_5 > 1.0$		(1) $\max G$ = 500 代 (2)R = 50 次 (3)$f_5 > 1.002\ 000\ 15467$
算法	GGA	基本 GA	GGA
失败次数/次	5	44	6
总代数/代	9 570	22 975	10 849

Camel 函数的全局最优点所在单极值区域的范围占整个寻优范围的百分比较大,因此 GGA 与基本 GA 均较容易搜索到该区域。而 GGA 每次都能快速收敛到最优点,基本 GA 却常常陷入伪极值点。

Foxholes 函数的全局最优点所在单极值区域的范围占整个寻优范围的百分比很小,基本 GA 经常在未进入该区域前就陷入伪极值点。GGA 仅有 5 次(在第二个 50 次寻优中有 6 次）陷入局部极值，其余的寻优均收敛到编码所能表示的全局最优点。

从上述仿真结果不难看出，GA 中引入成长算子提高了 GA 的收敛速度，GGA 可以搜索到与当前最优个体相邻的某个更优点，从而在交叉和变异操作没有给出更好点的时候，使当前的最优点向其所在单极值区域的极值点收敛一步，有利于避免二进制编码 GA 陷入伪极值点。

12.3　改进的免疫克隆算法在函数优化中的应用

12.3.1　免疫克隆算法的改进策略

免疫克隆选择算法首先将抗原、抗体分别对应要解决的问题和候选解，将抗体亲和力的计算作为寻找最优解的依据；然后模拟淋巴细胞再生过程，对抗体进行克隆裂变，扩增出新的个体，同时根据抗体的成熟过程，对候选解进行高频变异，在局部搜索空间中选择亲和力最大的抗体；最后根据免疫系统的正负反馈调节机制，如果抗体的规模达到原来的 4 ~ 5 倍，就进行抑制，从而保持抗体浓度的动态平衡。克隆选择算法可分为以下四个步骤：

1. 克隆操作

根据文献[36]的方法，对每个抗体施加克隆算子，使其扩增裂变成为若干子抗体，扩增的数量取决于抗体的适应度（亲和力）和当前抗体群的总数。

记向量 $\boldsymbol{X}=\{x_1,x_2,\cdots,x_m\}$ 的优化问题为 $P:\max f(x),x\in\boldsymbol{X}$。$f(x)$ 对应的抗体适应度，设为 $AI(x)$（在一些条件下需要把 $f(x)$ 转化为相应的亲和度，以便对抗体评价值进行估算，例如出现 $f(x)<0$ 时，一般通过 $AI(x)=\exp(\arctan(f(x)))$，将其影射到区间 $[\exp(-\frac{\pi}{2}),\exp(\frac{\pi}{2})]$）。由此当前初始群体 A_t 的个体 X_i 通过施加克隆算子 q_i 后分别扩增出个 q_i 子个体；当前群体（其样本总数为 m）即 $A_t=\{X_1,X_2,\cdots,X_m\}$，克隆算子为

$$q_i=g(X_i,m)=\mathrm{Int}\left[m\cdot\frac{AI(X_i)}{\sum_{j=1}^{m}AI(X_j)}\right]\tag{12.41}$$

其中，Int(·)表示上取整函数，Int(x)表示大于 x 的最小整数。由此，当前抗体扩增为

$$\bar{A}_t=\{\bar{X}_{11},\bar{X}_{12},\cdots,\bar{X}_{1q_i},\bar{X}_{21},\cdots,\bar{X}_{mq_m}\}\tag{12.42}$$

则群体 A_t 的数量扩增为 $N_t=\sum_{i=1}^{m}q_i$，这样可以保证每个抗体在克隆阶段不被除掉，便于下一步的变异成熟操作。

2. 高频变异成熟操作

为了提高抗体局部搜索能力,在文献[66]提出的免疫克隆选择算法基础上,对抗体的每个基因分量施加了变异算子k:$k=0.1\exp(-f^*)(1+\text{Gauss}(0,1))$,$f^*$为抗体的适应度,Gauss(0,1)为随机高斯算子。其采取的操作方法是:对于每个抗体的分量,首先在其正负方向分别对称地施加该变异算子扩展出两个相应的子抗体,这样每个n维抗体扩出$2n$个子个体;然后选出该子个体群中的最优个体,用于估算该$2n$个子个体所确定的超立方体的最好顶点。该方法在电磁场参数优化问题中取得良好的效果。

由于在实际应用中抗体的适应度f^*可能会很大,使得变异算子趋向于0,影响进一步的有效搜索。因此我们引入反余切函数,使施加的变异算子为

$$kl = 0.5\exp(-\arctan(AI))(1+\text{Gauss}(0,1)) \tag{12.43}$$

AI为抗体的亲和力,对应于f^*。为了进一步对克隆后的群体$\bar{A}_t$进行变异成熟操作,按如下方法进行操作:原抗体群A_t的个体X_i,如果按步骤1所求得的相应克隆算子$q_i=1$,按照文献[14]的方法对其进行高频变异成熟操作;如果克隆算子$q_i \geq 2$,先从X_i的克隆体中选一个体$\bar{X}_{ij}(1 \leqslant j \leqslant q_i)$按照文献[66]的方法进行高频变异操作,余下的$q_i-1$个克隆子抗体分别对其所有的基因分量都施加式(12.43)所示的变异算子。

需要说明的是,$\bar{X}_{ij}(1 \leqslant j \leqslant q_i)$施加变异算子$kl$以后,得到的变异个体$\bar{X}'_{ij}$可能会超出搜索空间的范围。文献[66]提出的免疫克隆选择算法中在这问题上直接用原来的抗体取代$\bar{X}'_{ij}$。为了进一步提高局部搜索能力,当出现超出搜索空间的变异个体时,对变异算子kl作如下的修正:

记抗体$\boldsymbol{X}=\{x_1,x_2,\cdots,x_m\}$的基因分量$x_i$的搜索范围为$[a_i,b_i]$,则修正的变异算子$kl$在正方向上取为

$$kl = (b_i - x_i) * \exp(-\arctan(AI)) * rand \tag{12.44}$$

负方向的修正变异算子kl取为

$$kl = (a_i - x_i) * \exp(-\arctan(AI)) * rand \tag{12.45}$$

其中,$rand$为[0,1]的随机变量。由此抗体X_i得到相应的$2n+1+q_i-1$个变异子个体。最后由X_i及其$2n+1+q_i-1$个子个体组成的子群体选择亲和力较大的q_i个抗体进入下一代,该q_i个子个体称为X_i的成熟抗体,变异成熟操作后群体A_t变成群体B_t。

3. 更新记忆抗体

从成熟后的群体B_t取出亲和力较大的N_c(一般取10～20,并且满足$N_c<|B_t|$,$|B_t|$表示B_t的个体总数)个抗体成为群体B_c,用于更新记忆抗体M。操作方法是:首先把B_c插入到记忆抗体M中,最后由它们组成的群体选择$|M|$个亲和力较大的群体保留下来成为新的记忆抗体群M,其余的抗体删除掉。

4. 浓度调节操作

根据免疫学理论，抗体受到抗原刺激反应后，在初始阶段不断克隆裂变，并不断成熟，成为记忆抗体保留下来；当抗体的数量扩增到一定阈值后应该进行调节，一些抗体的数量受到抑制。一般地，在受抗原刺激的开始阶段，抗体呈指数增长；相应的抑制机制很微弱，经过若干周期的克隆裂变，抑制力会逐渐增强，使抗体的数量达到平衡，由于难于用一个具体的数学表达式来描述这一动态过程而且也没必要这样做，我们认为抗体在指数增长 1 ~ 2 个周期也就是当抗体的数量 $N_t > 4N_0$（N_0 为初始抗体的数量）时免疫系统开始对抗体进行抑制，并且又随机产生新的$[\frac{N_t}{5}]$个新抗体插入到群体中。

抑制抗体的过程实质上是克隆选择过程：保留一些个体进入下一代，清除一些评价值过低的抗体。确定抗体的评价值才能对抗体有效地进行选择，便以搜索潜在的更优个体。传统的克隆选择算法只是按照抗体亲和力的大小作为抗体选择的标准，这不利于保持抗体的多样性，进而影响到进一步搜索潜在最优解的可能性。为此，我们对抗体的评价值作新的定义。根据免疫学正负反馈的浓度调节机制，适应度较低而浓度又高的抗体繁殖应该受到抑制，同时应该激励那些有助于杀灭抗原而浓度又比较低的抗体，使抗体得到不断的优化。信息熵是反映抗体多样性的估算方法，然而它是基于抗体基因型空间的，不适合实数编码的算法，可以利用 Parzen 窗估计法来计算抗体的熵并以此作为选择抗体的依据。我们参考该方法对抗体的评价值进行估算。

从空间几何的角度考虑，当个体均匀分布于搜索空间时最有利于进行全局搜索；当群体中的大部分抗体聚集在一个局部空间，而少数的个体却远离它们，那么这些孤立的个体更能有利于搜索潜在的更优个体。应当保留下来进入下一代。根据 Parzen 窗估计法得出的概率密度函数特点，孤立的个体相应的概率密度就比较小。如果它的适应度较高就更应当被选择并在由其构成的局部空间生成更多的抗体以便进一步搜索更优抗体，因此赋予它的评价值就应当比较高；相反，概率密度（浓度）比较大而适应度小的抗体，就应当被抑制，被新的抗体所取代，使抗体朝着有利于搜索潜在更优抗体的方向进化。因此抗体的选择评价值应当是 Parzen 窗估计概率密度的减函数，是适应度的增函数。确定方法如下：

对于抗体群

$$\boldsymbol{U} = \{u_i \mid i = 1,2,\cdots,|\boldsymbol{U}|\} \tag{12.46}$$

其中，$u_i \in R^n$，$|\boldsymbol{U}|$表示种群总数，抗体的第 j 个基因分量 $u_{i,j} \in [a_j, b_j]$，根据 Parzen 窗估计法，抗体 u 的局部空间概率密度估计值为

$$\hat{p}(u) = \frac{1}{|\boldsymbol{U}|}\sum_{u_i}\varphi(u - u_i) \tag{12.47}$$

其中，核函数 φ 采用多变量的高斯函数，表示为

$$\varphi(u)=\frac{1}{(2\pi)^{\frac{n}{2}}\ |\boldsymbol{\Sigma}|^{\frac{1}{2}}}\exp(-\frac{1}{2}u^{\mathrm{T}}\boldsymbol{\Sigma}^{-1}u) \tag{12.48}$$

T 为转置操作,$\boldsymbol{\Sigma}$ 为协方差矩阵,取为对角矩阵,按照文献[66]的方法,其对角元素表示为抗体相应的基因分量的方差,即

$$\sigma_j=\frac{\max u_j-\min u_j}{|U|} \tag{12.49}$$

$\max u_j$ 和 $\min u_j$ 分别表示群体中的抗体在第 j 基因分量的最大值和最小值。如果由式(12.49)计算得到 $\sigma_j=0$,取 $\sigma_j=10^{-4}$。不同于文献[66]的抗体评价值估算法,我们作如下的评价值估算:

$$I(u_i)=1-\hat{p}(u_i)+w*\arctan(AI(u_i)) \tag{12.50}$$

其中,w 为抗体亲和力的影响权值,一般取 0.05 ~ 0.4。反余切函数的作用是把抗体的适应度都映射到区间$[0,\frac{\pi}{2}]$避免它的值过大而使得评价值中的 Parzen 窗估计部分因值较小而被忽略掉。该评价值的作用是,在 Parzen 窗估计的评价值部分相差不大的情况下,适应度较高的个体被保留下来。由此,评价值高的抗体在空间的分布更有利于搜索潜在的最优解,应该被保留下来进入下一代。对于被除掉的一些抗体,由搜索空间随机产生的[|Bt|/5]个抗体来取代,这是模拟骨髓产生抗体的简单过程。确定好抗体选择评价值可以为下一步搜索最优解作有利的铺垫。

12.3.2　改进免疫克隆算法的程序实现

本书参考文献[36,70]方法,在克隆策略上采取式(12.41)所示的克隆算子,减少一些常数的确定。同时通过分类把每一代亲和力较大的 N_c 个抗体用于更新记忆抗体群 M;还根据免疫系统分布式性质,对于每个抗体分别在其局部区域进行搜索,这是通过12.3.1中第2步实现的。在选择策略上结合抗体正负反馈调节机制,把抗体在搜索空间的概率密度分布函数和适应度加权作为抗体的选择评价值。由此,抗体被选择进入下一代,不但取决于它在空间分布是否有利于搜索潜在的最优解而且还取决于其适应度。具体编程步骤方法如下:

(1) 在可行解空间随机产生 N_0 个抗体,组成初始群体 A_0,这是算法实现的开始。

(2) 由于有些抗体作为候选解并不满足计算条件,因此在计算其亲和力(所对应的优化函数)时必须先检测是否满足计算条件;如果不满足,这些解应该被清除以免影响搜索最优解。由此得到当前群体 A_t,其总数为 N_t。

(3) 从群体 A_t 选择亲和力较高的 N_c 个不同抗体组成新的群体 B_c,N_c 为某一常数,一般取 10 ~ 20,按照 12.3.1 中第 3 步的方法用于更新记忆抗体群 M。

(4) 判断收敛条件:如果当前群体所处的第 i_t 代已经达到进化代的总数 gen 或者连续

10代记忆抗体群 M 相同,没有发生任何变化,表明收敛条件已经满足,输出最优解,停止搜索。否则转(5)继续搜索。

(5)对于群体 A_t,按12.3.1中第1步进行克隆操作得到抗体群 $\bar{A}_t$。

(6)对于群体 $\bar{A}_t$,按12.3.1中第2步所阐述的方法对其进行高频变异成熟操作成为新的成熟群体 B_t。

(7)如果成熟群体 B_t 的个数 $|B_t| > 4N_0$,按式(12.47)~(12.50)估算抗体的评价值,然后从 A_t 中选择评价值较大的 $[|B_t|/4]$ 个抗体组成新的群体 C,并且在搜索空间中随机生成 $[|B_t|/5]$ 个新抗体插入到 C 中,最后由群体 C 和记忆抗体群 M 组成新的一代群体 A_{t+1};如果 $|B_t| \leqslant 4N_0$,直接把成熟抗体 B_t 作为下一代群体 A_{t+1}。令 $t = t + 1$,转入第(2)步重新操作。

改进的免疫克隆选择算法流程如图12.15所示。由此可以编写其相应的程序,采用Matlab语言,编程采取结构化的方法。可以把改进的免疫克隆算法求函数极值的程序定义为函数mopt (N_0, N_c, w, gen),其中 N_0 代表初始群,N_c 表示用于更新记忆抗体群 M 的个数,w 表示在对抗体进行评价值估算时抗体适应度(亲和力)的影响权值,gen 表示所要求搜索总的迭代次数。编程采用模块化的方法,以便移植。

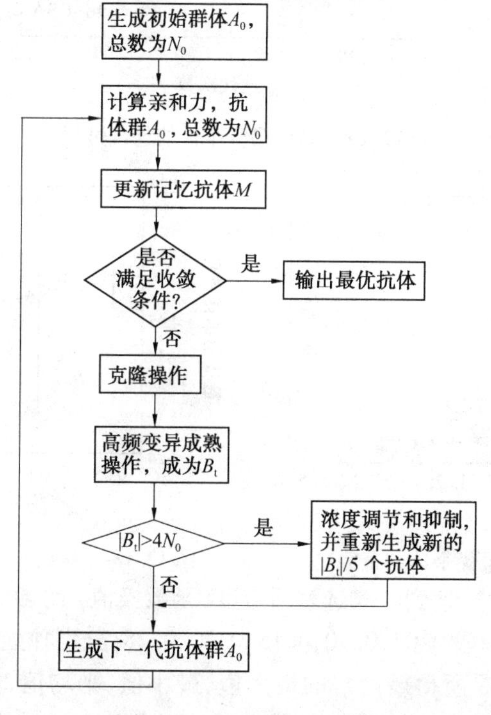

图12.15　m-ICSA算法的流程图

12.3.3　改进免疫克隆算法的仿真分析

为了检验改进的免疫克隆算法性能指标，通过对两个典型的测试函数搜索极值（求最大值），并定量分析参数 w 对搜索极值的影响；为了分析算法的稳定性，我们作了 60 次的独立仿真，并且与 Felipe Campelo 等提出的克隆免疫算法（ICSA）作对比，以便检验所改进算法的有效性。下面分别给出对于两个测试函数的仿真曲线及其对比结果。

1. 测试函数一

$$f_1(x,y) = 1 + x \times \sin(4\pi x) - y \times \sin(4\pi y + \pi), x,y \in [-1,2] \quad (12.51)$$

用于改进免疫克隆算法（m-ICSA）求该函数极值，其各参数取值分别为：$N_0 = 10$；$N_c = 4$；$w = 0.2$；进化的总代数 $gen = 50$。按照改进算法编写程序，仿真曲线如图 12.16 所示。

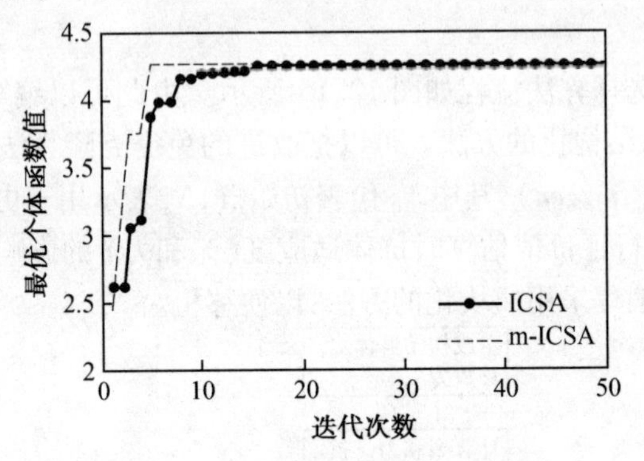

图 12.16　搜索最优个体的迭代过程

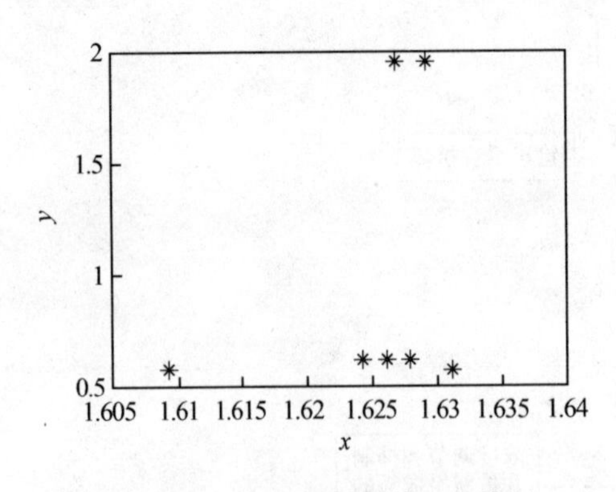

图 12.17　求得的最优个体分布情况

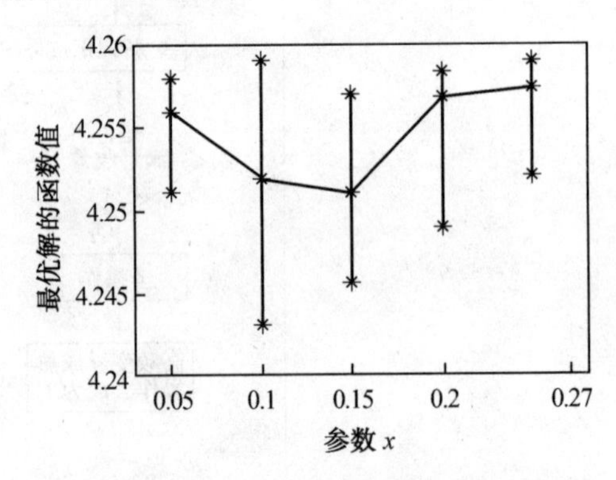

图 12.18　参数 w 对求最优解的影响情况

为了测试 w 对最后搜索到的候选解适应度（函数极值）的影响，先设定 $N_0 = 10$；$N_c = 4$；$gen = 50$；然后 w 分别取 0.05，0.10，0.15，0.20，0.25，分别独立运行 30 次，运行都得到一组最优群体 A_b，也就是所得最优解的最大值、最小值、平均值，如图 12.17 所示。由图 12.18 可知，参数 w 对搜索到的最优解影响不大，搜索到的最优解的极大值都稳定在

4.255 ±0.01 范围内,由此可知,该算法是稳定的。

2. 测试函数二

$$f_2(x) = -\sum_{i=1}^{N-1}(x_i^2 - x_{i+1})^2 + (1 - x_i)^2,\ -10 \leqslant x_i \leqslant 10(N = 10) \quad (12.52)$$

用于改进免疫克隆算法(m-ICSA)求该函数极值,其算法参数取值分别为:$N_0 = 20$;$N_c = 8$;$w = 0.3$;$gen = 100$;当迭代的次数 $it = 30$,得到的函数极值(平均)为 $\max f = 0.00807$,如图 12.19 所示,其相应的稳定性分析如图 12.20 所示。

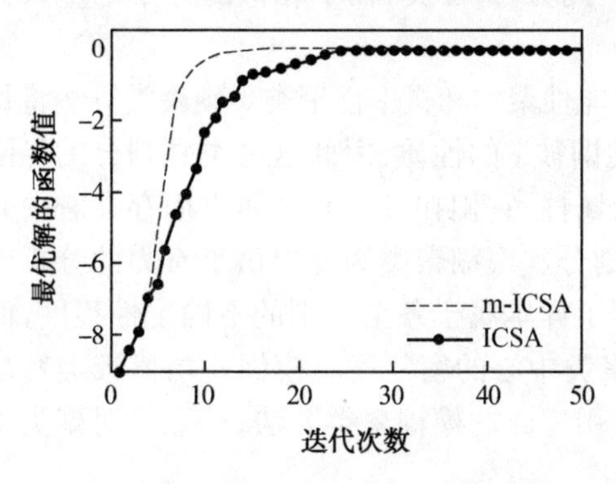

图 12.19　搜索最优个体的迭代过程

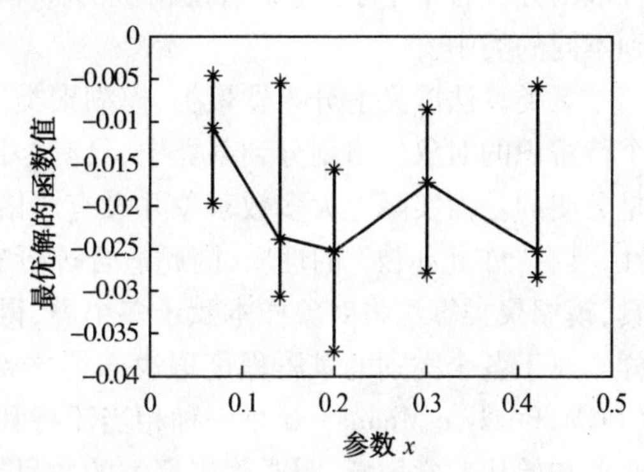

图 12.20　参数 w 对求最优解的影响情况

由图 12.20 可知,所求的最优解函数值稳定在 −0.01 ±0.005 范围内,参数 w 取不同的值对求极值结果的影响不大,算法是稳定的。为了对比算法的性能,改进的免疫克隆选择算法(m-ICSA)和文献[66]的免疫克隆选择算法(ICSA)种群规模均取20,要求精度为 0.001,分别独立运行 30 次,性能对比结果如表 12.4 所示。

表 12.4　算法的性能比较

测试函数	函数计算次数(平均)		最优解的平均值		最优解值的均方差	
f	m-ICSA	ICSA	m-ICSA	ICSA	m-ICSA	ICSA
f_1	1 345	2 530	4.255 0	4.241	2.3×10^{-4}	3.3×10^{-3}
f_2	2 630	3 780	8.24×10^{-4}	9.53×10^{-4}	3.52×10^{-4}	7.31×10^{-3}

由表中各项性能指标的对比可知,改进的免疫克隆算法,由于引入了克隆算子,并且在浓度调节过程中,把熵函数和抗体适应值加权作为抗体选择的评价值,使得保留下来的抗体能进一步地搜索潜在的更优个体。改进的算法,不但具有参数少、性能稳定的优点,更能充分利用当前的群体信息,有利提高下一步搜索到更优个体的概率。

12.4　蚁群算法在聚类分析中的应用

12.4.1　引言

聚类分析是一种传统的多变量统计分类方法,它把一个没有类别标记的样本集按某种准则分成若干个子集(类),使相似的样本尽可能归为一类,而不相似的样本尽量划分到不同的类中。

聚类算法广义上分为硬聚类、模糊聚类、可能性聚类和概率性聚类。硬聚类算法将每个待辨识的对象严格划分到某类中,具有"非此即彼"的性质,因此这种类别划分的界限是分明的。而实际上大多数对象并没有严格的属性,它们在性态和类属方面存在着中介性,具有"亦此亦彼"的性质,因此适合进行软划分。模糊聚类为此提供了有力的分析工具,模糊聚类算法将对象样本赋予多个类,得到了样本属于各个类别的不确定性程度,而样本属于各个类别的隶属程度取决于样本对聚类中心的密集度。模糊 c 均值聚类算法(FCM,Fuzzy c-Means)就是一种相当流行和应用广泛的模糊聚类算法,缺点是对聚类中心的初始化非常敏感,需要确定聚类的数目。

将蚁群算法用于聚类分析,是受蚂蚁堆积它们自己的尸体和分类它们的幼体的启发,目前蚁群算法在聚类分析方法中的研究主要基于这个启发,其主要思想是将待聚类数据初始随机地散布在一个二维平面内,然后在该平面上进行蚁群算法的聚类分析。也有一些学者提出了基于蚂蚁觅食启发的聚类分析蚁群算法。

我们从分析蚁群算法的结构出发,充分开发和利用启发式信息在分类中的作用,提出了一种新的蚁群优化聚类算法(ACCA,An Ant Colony Clustering Algorithm)。在该算法中,每一个人工蚂蚁将给定数据集划分成若干个类别。信息素矩阵反映了每一个蚂蚁的聚类信息,并引导其他的人工蚂蚁构建自己的聚类解。

12.4.2　聚类问题的数学模型

数据聚类是对数据集进行分组,使类间相似性最小化,而使类内相似性最大化。

设 $X=\{x_1,x_2,\cdots,x_N\}$ 是一个包含 N 个对象的待聚类的全体(称为论域),X 中的每个对象(称为样本)x_k 有 n 个属性,每个属性刻画样本的某个特征,于是对象 x_k 就表示为一个向量 $\boldsymbol{x}_k=\{x_{k1},x_{k2},\cdots,x_{kn}\}$,其中 $x_{kj}(j=1,2,\cdots,n)$ 是 $\boldsymbol{x}_k$ 在第 j 个特征上的赋值。聚类分析就是分析论域 X 中的 N 个样本所对应的模式矢量间的相似性,按照各样本间的亲疏关系把 $x_1,x_2,\cdots,x_N$ 划分成多个不相关的子集 $X_1,X_2,\cdots,X_K$,并要求满足下列条件。

$$
\begin{aligned}
&X_1 \cup X_2 \cup \cdots \cup X_K = X \\
&X_i \cap X_j = \varphi, 1 \leqslant i \neq j \leqslant K \\
&X_i \neq \varphi, X_i \neq X, 1 \leqslant i \leqslant K
\end{aligned}
\tag{12.53}
$$

样本 $\boldsymbol{x}_k(1 \leqslant k \leqslant N)$ 对子集(类)$X_i(1 \leqslant i \leqslant K)$ 的隶属关系可用隶属函数表示为

$$
\mu_{X_i}(\boldsymbol{x}_k) = \mu_{ik} = \begin{cases} 1 & \boldsymbol{x}_k \in X_i \\ 0 & \boldsymbol{x}_k \notin X_i \end{cases} \tag{12.54}
$$

这样 X 的 K 划分也可以用隶属函数表示，即用 K 个子集的特征函数值构成的矩阵 $\boldsymbol{U} = [\mu_{ik}]_{K \times N}$ 来表示。矩阵 $\boldsymbol{U}$ 中的第 i 行为第 i 个子集的特征函数，而矩阵 $\boldsymbol{U}$ 中第 k 列为样本 $\boldsymbol{x}_k$ 相对于 K 个子集的隶属函数。隶属函数必须满足条件 $\mu_{ik} \in E_h$。也就是说，要求每一个样本能且只能属于某一类，同时要求每个子集(类)都是非空的。因此，通常称这样的聚类分析为硬划分。

$$
E_h = \{\mu_{ik} \mid \mu_{ik} \in \{0,1\};\sum_{i=1}^{K}\mu_{ik} = 1, \forall k; 0 < \sum_{k=1}^{N}\mu_{ik} < N, \forall i\} \tag{12.55}
$$

在模糊划分(Fuzzy Partition)中，样本集 X 被划分成 K 个模糊子集 $\widetilde{X}_1, \widetilde{X}_2, \cdots, \widetilde{X}_K$，而且样本的隶属函数从 0,1 二值扩展到 $[0,1]$ 区间，满足条件：

$$
E_f = \{\mu_{ik} \mid \mu_{ik} \in [0,1];\sum_{i=1}^{K}\mu_{ik} = 1, \forall k; 0 < \sum_{k=1}^{N}\mu_{ik} < N, \forall i\} \tag{12.56}
$$

显然，由上式可得 $\bigcup\limits_{i=1}^{K} \mathrm{supp}(\widetilde{X}_i) = X$，这里 supp 表示取模糊集合的支撑集。

12.4.3　蚁群聚类算法

下面通过具体问题来详细分析蚁群聚类算法，数据集如表 12.5 所示，包含 $N = 8$ 个样本的数据集，每个样本有 $n = 4$ 个属性，设置 $R = 10$ 只蚂蚁，欲将样本划分为 $K = 3$ 个类。

表 12.5　8 个样本的聚类问题的数据集

N	K			
	1	2	3	4
1	5.1	3.5	1.4	0.2
2	4.9	3.0	1.4	0.2
3	4.7	3.2	1.3	0.2
4	4.6	3.1	1.5	0.2
5	5.0	3.6	1.4	0.2
6	5.4	3.9	1.7	0.4
7	4.6	3.4	1.4	0.3
8	5.0	3.4	1.5	0.2

1. 个体编码

在蚁群聚类算法中,使用 R 只人工蚂蚁构建解。每只蚂蚁在搜索开始之前分配一个空的长度为 N 的字符串,解串中的第 i 个位置对应第 i 个对象。在搜索结束后,每个蚂蚁构建的解字符串可表示为 $S=\{c_1,c_2,\cdots,c_N\}$,其中 $\{c_i \mid i=1,2,\cdots,N\}$ 是对象 i 的类标识,$c_i \in 1,2,\cdots,K$;$c_i=c_j$ 表示对象 x_i,x_j 属于同一类;$c_i \neq c_j$ 表示对象 x_i,x_j 不属于同一类。例如,下面是一只蚂蚁对欲分为 3 类的 8 个样本进行搜索后找到的解集 S_1。

2	1	3	2	2	3	2	1

S_1 中的值表示的是第 1 个样本分到第 2 类,第 2 个样本分到第 1 类 …,依此类推。

2. 聚类目标函数

为在众多可能的分类中寻找合理的分类结果,需要确立合理的聚类准则。对于 12.4.2 节描述的数据集 X 的 K 划分,定义聚类分析的目标函数为

$$\min J=\sum_{i=1}^{K}\left(\frac{1}{\|X_i\|}\sum_{\substack{x_j,x_v \in X_i\\ j\neq v}}\|x_j-x_v\|^2\right) \tag{12.57}$$

其中,$\|X_i\|$ 表示类 X_i 中的样本数。它有两个优点:一是这种目标函数可以形成任意形状的聚类。二是能促使更大规模、更加紧密的聚类形成,有利于纠正聚类错误。

3. 初始化

在算法初始阶段,每只蚂蚁分配到一个空的解集合,初始化规模为 $N \times K$ 的信息素矩阵 $\boldsymbol{\tau}$,将其赋予一个相同的初值 τ_0,矩阵元素 τ_{ij} 表示对象 i 相对于类 j 的信息素浓度。随着迭代过程的进行,每一个人工蚂蚁基于信息素矩阵构造一个解,然后基于改善解的质量更新信息素矩阵。于是,在不断更新的信息素矩阵的指引下,蚂蚁不断改善解的质量,直到达到迭代次数。

4. 解的构造

在蚁群聚类算法中,蚂蚁使用式(12.58)伪随机比例选择规则构造解 S,为 S 中的每一个元素分配一个类标识,即对位于元素 i 的蚂蚁,以概率 q_0 选择使 $\tau_{ij}\cdot[\eta_{ij}]^{\beta}$ 达到最大的类 s 作为该元素的类;以概率 $1-q_0$ 按式(12.59)转移概率为元素 i 分配一个类。在算法中,蚂蚁的伪随机比例公式为

$$s=\begin{cases}\arg\max\limits_{j\in K}\{\tau_{ij}\cdot[\eta_{ij}]^{\beta}\} & \text{if} \quad q\leqslant q_0\\ J & \text{otherwise}\end{cases} \tag{12.58}$$

其中,q 为均匀分布在[0,1]的随机数;q_0 为一个常数($0<q_0<1$);$\eta_{ij}=1/d_{ij}$ 表示启发式信息值,式中 d_{ij} 表示对象 i 与类 j 的中心的距离,全部启发式信息为一个 $N\times K$ 矩阵;β 为期望启发式因子,表示启发式信息的相对重要性;J 是根据式(12.59)决定的随机变量

$$p_{ij} = \frac{\tau_{ij}[\eta_{ij}]^{\beta}}{\sum_{k=1}^{K}\tau_{ik}[\eta_{ik}]^{\beta}}, j = 1, \cdots, K \tag{12.59}$$

其中，p_{ij} 表示对象 I 属于类 j 的分布概率。

在式(12.58)中，第一个过程为开发已有的知识，第二个过程偏重于探索新的解空间。下面我们介绍具体的分类过程，为了便于描述，用 t 来表示迭代次数。每只人工蚂蚁依赖于第 $t-1$ 次迭代提供的信息来实现分类。表 12.6 中列出了本次迭代中继承的信息素量和启发式信息的乘积。

表 12.6　$t-1$ 次迭代后的信息素量和启发式信息的乘积

N	K		
	1	2	3
1	0.014 756	0.015 274	0.009 900
2	0.015 274	0.009 900	0.014 756
3	0.015 274	0.014 756	0.009 900
4	0.009 900	0.015 274	0.014 756
5	0.014 756	0.015 274	0.009 900
6	0.009 900	0.014 756	0.015 274
7	0.009 900	0.020 131	0.009 900
8	0.015 274	0.014 756	0.009 900

为说明上述过程，令 $q_0 = 0.98$，以上文提到的蚂蚁构造的分类结果集 $S_1 = (2, 1, 3, 2, 2, 3, 2, 1)$ 为例具体加以说明。首先，随机生成一组均匀分布的向量，不妨设为：(0.693 214，0.791 452，0.986 142，0.988 432，0.243 672，0.967 721，0.091 432 4，0.348 767)。这样，由于随机数小于0.98 的缘故，解集中的1，2，5，6，7 和8 要根据第一个过程选择要归属的类，而解集中的3，4 则要按照第二个过程选择要归属的类。8 个样本与其所属类间的转换概率在表 12.7 中列出。

表 12.7　样本与所属类的转换概率

N	K		
	1	2	3
1	0.369 5	0.382 5	0.247 9
2	0.382 5	0.247 9	0.369 5
3	0.382 5	0.369 5	0.247 9
4	0.247 9	0.382 5	0.369 5
5	0.369 5	0.382 5	0.247 9
6	0.247 9	0.369 5	0.382 5
7	0.247 9	0.504 1	0.247 9
8	0.382 5	0.369 5	0.247 9

解集 S_1 中的第 3 个样本与 3 个类的转换概率分别为 0.382 5, 0.369 5, 0.247 9。依据这 3 个数值可以选出第 3 个样本要归属哪一个类。随机产生一个(0, 1) 之间的数,如果这个数值在 0 和 0.382 5 之间,则第 3 个样本属于第 1 类;若这个数值在 0.382 5 和 0.752 0 之间,则第 3 个样本属于第 2 类;若这个数值大于 0.752 0,则第 3 个样本属于第 3 类。假设产生的随机数值为 0.784 342,大于 0.752 0,因此第 3 个样本被蚂蚁划分到第 3 类当中。同样的,解集 S_1 中其他的样本依次划分到各个类当中。

5. 交叉算子

为提高算法中蚂蚁的搜索效率,很多改进的蚁群算法都加入了局部搜索,局部搜索可以对所有解都实行,也可以只对部分解实行,这里只对当前可行解的最好的 20% 实行局部搜索。在局部搜索前,把所有的解按照目标函数值进行升序排列。

局部搜索操作有很多种,不同于传统的一点交叉或两点交叉,我们使用参数均匀交叉产生新的解。均匀交叉更加广义化,将每个点都作为潜在的交叉点。随机地产生与个体等长的随机数变量,使用一个阈值概率 p_{ls} 来判断哪个父个体向子个体提供变量值。

表 12.8 是一个参数均匀交叉的例子。首先随机生成一组位于 0 和 1 之间的数,如果相应位置上的随机数小于阈值概率 p_{ls},则父体 1 提供这个位置的元素;否则父体 2 提供相应位置的元素。不妨设生成的随机数为(0.231 345, 0.742 312, 0.655 361, 0.198 312, 0.001 636, 0.127 834 5, 0.874 452, 0.436 587),令 $p_{ls} = 0.7$,则生成的子个体中第 1,3,4,5,6,和 8 位置上的元素来自于父体 1,第 2,7 位置上的元素来自于父体 2。不同于传统的以很小的概率进行的基因变异,这个过程能随机生成更多的解,防止种群的早熟收敛。

表 12.9　参数均匀交叉

父个体 1	1	3	1	2	1	3	2	1
父个体 2	2	1	2	1	2	3	1	3
子个体	1	1	1	2	1	3	1	1

对于通过交叉而产生的新的解集要根据公式(12.57) 重新计算其目标函数值,与原解集的目标函数值比较,择优。

6. 全局信息素更新

信息素更新能够动态地反映蚂蚁个体在运动中产生的信息。因此,当蚁群完成一次搜索之后可利用全局最优解对信息素矩阵进行更新。信息素更新公式为

$$\tau_{ij}(t+1) = (1-\rho)\tau_{ij}(t) + \rho\Delta\tau_{ij}^{bs}$$

$$\Delta\tau_{ij}^{bs} = \begin{cases} 1/F_{bs} & \text{如果最优解中第 } i \text{ 个元素属于类 } j \\ 0 & \text{否则} \end{cases} \tag{12.60}$$

其中,F_{bs} 表示最优解的目标函数值;$\rho(0 < \rho < 1)$ 为全局信息素挥发系数,ρ 越大表示信息素挥发得越快。

7. 蚁群聚类算法流程

在算法的运行过程中,反复执行以下 3 个步骤:(1) 使用伪随机比例选择规则构造 R 只蚂蚁的解。(2) 使用均匀交叉算子改善解的质量。(3) 使用全局信息素更新。蚁群聚类算法流程如图 12.20 所示。

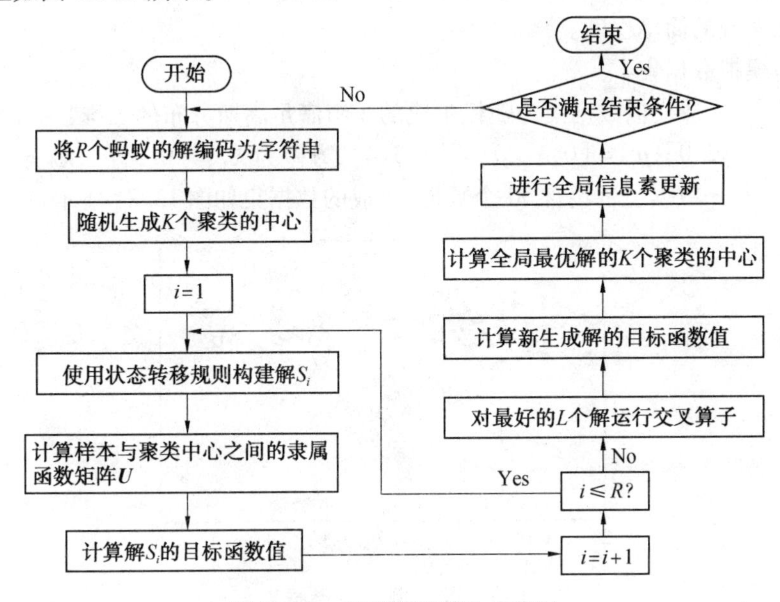

图 12.20　蚁群聚类算法流程图

12.4.4　仿真结果及分析

为了验证和比较蚁群聚类算法的性能和有效性,利用两个模拟数据集和 UCI 机器学习数据库中的 Iris 和 Wine 数据集进行聚类分析测试,并与没有启发式信息的蚁群算法(WHACO) 和遗传算法(GA) 作比较。在实验中,我们使用 Pentium 4 (1.5G) 的 PC,在 MATLAB 上运行所有算法。

用 ACCA 算法聚类分析上述数据集,参数设置如下:

蚂蚁数 $R=40$,伪随机比例选择阈值 $q_0=0.8$,启发式因子 $\beta=2$,全局信息素挥发因子 $\rho=0.1$,均匀交叉算子阈值 $p_{ls}=0.7$。

用 WHACO 算法对上述数据库进行聚类,蚂蚁数 $R=50$, $q_0=0.98$, $\rho=0.01$,局部搜索概率 $p_{ls}=0.01$。用 GA 聚类分析上述数据库,群体规模为 50,每个变量编码长度为数据库中样本数 N ,采用单点交叉和精英策略,交叉率和变异率根据不同的数据库分别给定为区间[0.6,0.8] 和[0.001,0.02] 内的某一个值。

为了降低初始解对随机算法性能的影响,对每一个数据集和每个算法采用不同的随机初始群体优化计算 10 次。设 ACCA 的最大迭代次数为 50,WHACO 和 GA 的最大迭代次数为1000。数值仿真结果见表12.9 ~ 12.12。表中,“BF”、“AF”和“WF”分别表示在10次优化计算中算法得到的最好目标函数值、平均目标函数值和最差目标函数值,以此反映算法优化得到的解的优劣。“AE”是算法找到最优解所需要的平均目标函数评价次数,以此衡量算法的收敛速度。“AT”是算法找到最优解所需平均时间,单位为秒(s),以此反映算法实现的简单程度。

1. 人造模拟数据集

例12.1　人造模拟数据集为随机生成的3组满足高斯分布的二维数据,数据集的均值分别为$\mu_1=[2,0]$,$\mu_2=[0,3]$,$\mu_3=[3.5,4]$,方差为$\lambda_1=[0.3,1]$,$\lambda_2=[1,0.5]$,$\lambda_3=[0.5,1]$。每一数据组各包含50个数据,生成的数据集如图12.21所示。

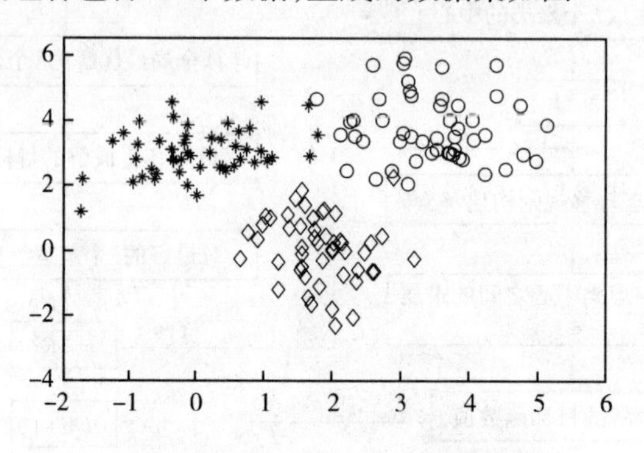

图12.21　例12.1数据集
(∗)类1;(◇)类2;(○)类3

应用ACCA算法将例12.1数据集划分成3类,分类结果如图12.22所示。可以看出,ACCA能够很好地将数据集分成3种模式类。ACCA、WHACO和GA 3种分类算法对例12.1数据集的性能比较结果如表12.9所示。3种算法虽然均能找到最优目标函数值196.014 4,但是,ACCA找到最优目标函数值所需的目标函数评价次数和运行时间均远小于其他两种算法。

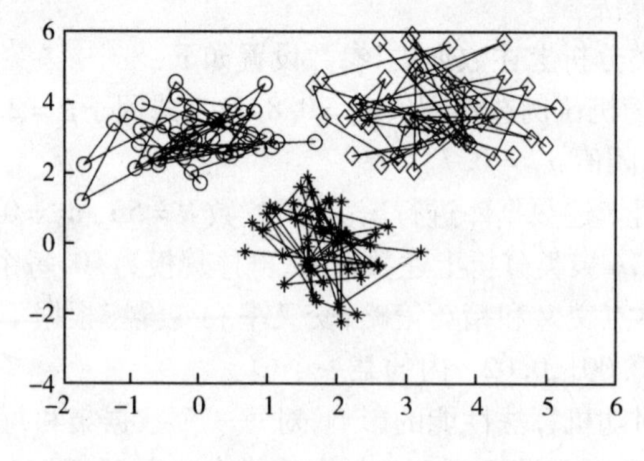

图12.22　ACCA对例12.1数据集的划分

表 12.9　ACCA，WHACO 和 GA 对例 12.1 的性能比较结果

Method	BF	AF	WF	AE	AT/s
ACCA	196.014 4	196.014 4	196.014 4	512	7.351
WHACO	196.014 4	196.014 4	196.014 4	12 497	31.47
GA	196.014 4	197.057 2	197.689 4	33 757	69.58

例 12.2　人造模拟数据集为随机生成 6 组满足高斯分布的二维数据，数据集的均值分别为 $\mu_1=[3,0]$，$\mu_2=[0,3]$，$\mu_3=[1.5,2.5]$，$\mu_4=[0.2,0.1]$，$\mu_5=[1.2,0.8]$，$\mu_6=[0.1,0.1]$，方差分别为 $\lambda_1=[0.3,1]$，$\lambda_2=[1,0.5]$，$\lambda_3=[1,1]$，$\lambda_4=[0.03,1]$，$\lambda_5=[2,0.5]$，$\lambda_6=[0.2,0.4]$，每一个数据组各包含 25 个数据。生成的数据集如图 12.23 所示。

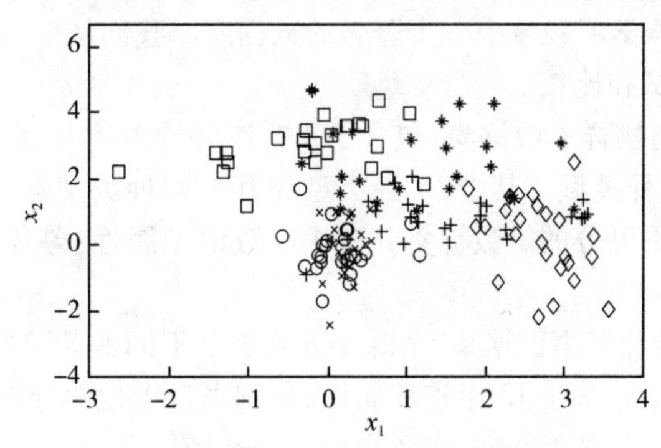

图 12.23　例 12.2 数据集

(◇) 类 1；(□) 类 2；(＊) 类 3；(×) 类 4；
(+) 类 5；(○) 类 6

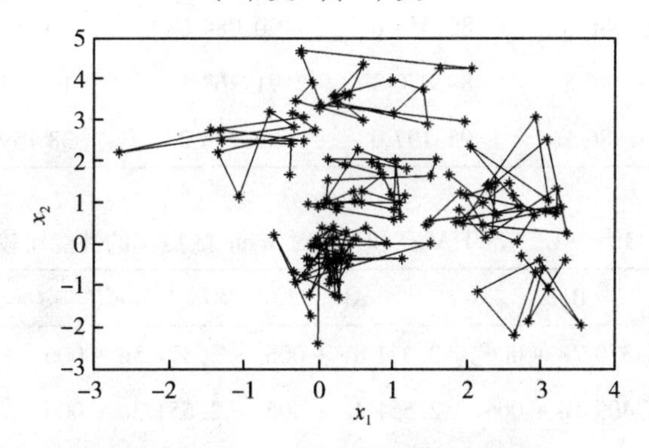

图 12.24　ACCA 对例 12.2 数据集的划分

应用本算法将例 12.2 数据集划分为 6 类，分类结果如图 12.24 所示。ACCA，WHACO 和 GA 3 种算法对例 12.2 模拟数据集的分类性能比较结果如表 12.10 所示。可以看出，

ACCA 和 WHACO 都能找到最优目标函数值 91.097 9。ACCA 得到的平均目标函数值比 GA 的最优目标值还要小。就目标函数评价次数和运行时间来说,ACCA 优于 WHACO 和 GA。

表 12.10　ACCA, WHACO 和 GA 对例 12.2 模拟数据集的性能比较结果

Method	BF	AF	WF	AE	AT/s
ACCA	91.097 9	93.364 8	93.564 1	1 720	25.41
WHACO	91.097 9	94.266 5	105.867 6	25 260	66.21
GA	97.214 4	101.572 3	104.802 6	40 065	93.79

2. UCI 机器学习数据集

UCI 数据库是机器学习领域中一个著名的数据库。我们从中选取了两个典型的数据集对本文算法进行测试和比较。

例 12.3　Iris 是植物样本数据集,包含了 3 类各 50 个样本事例,每一类代表鸢尾属植物(又称蝴蝶花)的一种类型。其中,一种类型与其他两种类型是线性可分的,而后者的两种类型之间是线性不可分的。数据集共有 4 个数值型属性:萼片长度、萼片宽度、花瓣长度和花瓣宽度。

例 12.4　Wine 是葡萄酒数据集,来源于 $K = 3$ 个不同的栽培品种,有 $N = 178$ 个样本。葡萄酒的种类的划分基于 13 个连续属性,分别来自于化学分析:酒精,苹果酸,灰,灰的碱性,镁,酚,黄烷酮,非黄烷类酚,颜色亮度,色彩,脯氨酸等。

表 12.11　ACCA, WHACO 和 GA 对 Iris 数据集的性能比较结果

Method	BF	AF	WF	AE	AT/s
ACCA	89.386 8	89.454 6	90.084 6	432	6.337
WHACO	89.386 8	89.970 3	91.267 1	10 998	68.899
GA	93.986 1	95.197 0	99.778 2	38 159	156.325

表 12.12　ACCA,WHACO 和 GA 对 Wine 数据集的性能比较结果

Method	BF	AF	WF	AE	AT(s)
ACCA	2.370 7e + 006	2.371 8e + 006	2.377 5e + 006	550	11.447
WHACO	2.409 1e + 006	2.551 4e + 006	2.651 3e + 006	2 859	40.719
GA	3.091 1e + 006	3.592 1e + 006	4.412 5e + 006	4 823	89.67

表 12.11、12.12 分别给出了 3 种算法对 Iris 和 Wine 数据库的分类结果。对于 Iris 数

据集,ACCA 和 WHACO 都得到了最优函数值89.386 8。但是 ACCA 需要更少的函数评价次数和运行时间。对于 Wine 数据集,ACCA 在最优目标函数值、运行时间和函数评价次数上都远优于其他两种算法,即使是最差目标函数值也要好于其他两种算法。

在上述仿真试验中,使用的数据库的分类从 $K = 3$ 到 $K = 6$,样本属性从 $n = 2$ 到 $n = 13$。由仿真结果可看出,ACCA 算法具有更强的全局搜索能力,能够得到更精确的解,并且减少了进化的次数,加快了蚂蚁的搜索速度,收敛到最优解所需平均时间远小于其他两种算法。

12.5　蚁群算法在机器人路径规划中的应用

移动机器人路径规划是指移动机器人在有障碍物的工作环境中,依据某个或某些优化准则(如工作代价最小,行走路线最短,行走时间最短等)搜索一条从起始点到目标点最优或近似最优的、安全的、避障的运动路径。

自主移动机器人的路径规划问题已经得到了广泛的研究,路径规划方法有自由空间法,Petri 网算法,神经网络算法,人工势场法和遗传算法等,每一种方法都在某些性能指标上优于其他算法,但同样也都存在一些明显不足。文献[71]提出了基于栅格法的机器人路径规划的蚁群算法,但该算法没有考虑机器人路径规划中,蚂蚁陷入陷阱的问题。作者将一种改进的蚁群算法用于移动机器人在复杂的静态环境下的路径规划,采用蚂蚁回退策略来跳出陷阱,并使用惩罚函数防止蚂蚁再次掉入陷阱。仿真研究表明,所提出的算法在复杂环境下不仅得到的路径短,而且速度快。

12.5.1　问题描述与建模

为了实现路径规划算法,我们在机器人运动空间建模时作如下假设:(1) 移动机器人在二维有限空间中运动。(2) 在移动机器人运动空间中分布着有限已知的静态障碍物,忽略障碍物高度。环境建模方法有多种,如栅格法,顶点图像法,链接图法,拓扑图法等,其中栅格法在许多机器人系统中得到应用,是使用较为广泛的一种方法。

路径规划的目的是使机器人能够由起始节点 g_{begin} 出发,安全避障地沿一条最短路径到达已知的目标节点 g_{end}。

设 AS 为机器人 Rob 在二维平面上的凸多边形有限运动区域,其内分布着有限个静态障碍物。在 AS 中建立直角坐标系,且以 AS 左上角为坐标 0 点,以横向为 X 轴,纵向为 Y 轴,则有 AS 在 X、Y 方向的最大值分别为 $x_{\max}$ 和 $y_{\max}$。设机器人能自由运动的活动范围为 $[0,R_a]$,以 R_a 为步长将 X、Y 分别进行划分,由此形成一个个栅格,每行的栅格数 $N_x = x_{\max}/R_a$,每列的栅格数 $N_y = y_{\max}/R_a$。考虑 AS 为任意形状,在 AS 边界补以障碍栅格,将其补为正方形或长方形,其中障碍物占一个或多个栅格,当不满一个栅格时,算一个栅格。

每个栅格都有对应的坐标和序列号,而且坐标与序列号一一对应,如图 12.25 给出了栅格坐标与序号之间关系的示意图,定义左上角第一个栅格 g_1 的坐标为(1,1),序号为 s_1。第二个栅格 g_2 的坐标为(2,1),序号为 s_2。第(N_x+1) 个栅格 g_{N_x+1} 的坐标为(1,2),序号为 s_{N_x+1},其他依此类推。

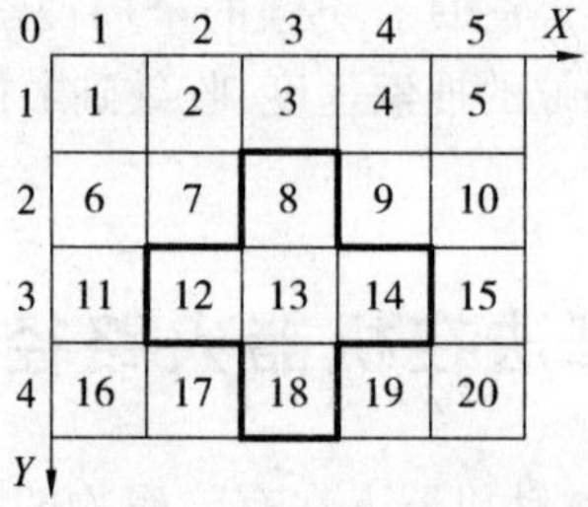

0	1	2	3	4	5 X
1	1	2	3	4	5
2	6	7	8	9	10
3	11	12	13	14	15
4	16	17	18	19	20
Y					

图 12.25　栅格坐标与序列号之间的关系

根据上述约定,g_i 的坐标(x_i,y_i) 与序号 s_i 构成互为映射关系,可用式(12.61 - a) ~ (12.61 - c) 表示为

$$s_i = x_i + N_x \times (y_i - 1) \tag{12.61 - a}$$

$$x_i = ((s_i - 1)\bmod N_x) + 1 \tag{12.61 - b}$$

$$y_i = (\mathrm{int})((s_i - 1)/N_x) + 1 \tag{12.61 - c}$$

其中,int 为舍余取整运算;mod 为求余运算。为了描述方便,作出以下定义:

设 AS 中的栅格构成集合 A,记 $OS=\{o_1,o_2,\cdots,o_m\}\in A$ 为障碍栅格集,第 k 只蚂蚁在 t 时刻所在的位置是 $g_i(k)$。$BRg_i(k)$ 是 $g_i(k)$ 的邻域,它包含 4 个元素:$\{g_i(k)-1, g_i(k)+1, g_i(k)-N_x, g_i(k)+N_x\}$,分别为 $g_i(k)$ 的左、右、上、下邻居。如图 12.25 中粗线十字范围就是 $BRg_{13}(k)$。$Z_i(k)=BRg_i(k)-OS-tabu_k$,是 $g_i(k)$ 的可行域。其中 $tabu_k$ 表示第 k 只蚂蚁的禁忌表,存放的是第 k 只蚂蚁已经走过的栅格,显然 $Z_i(k)\in BRg_i(k)$。

12.5.2　用于机器人路径规划的改进蚁群算法

在蚁群算法中,蚂蚁 k 采用伪随机比例原则选择下一个城市,即位于城市 i 的蚂蚁 k,以概率 q_0 转移到城市 j,j 为使$[\tau_{is}]^\alpha\cdot[\eta_{is}]^\beta$ 达到最大的城市,蚂蚁的状态转移公式为

$$j=\begin{cases}\arg\max\limits_{s\in allowed_k}\{[\tau_{is}]^\alpha\cdot[\eta_{is}]^\beta\} & \text{If } q\leqslant q_0\\ S & \text{otherwise}\end{cases} \tag{12.62}$$

其中,$q_0\in(0,1)$ 是事先设定的常数,$q\in(0,1)$ 是随机数。如果 $q\leqslant q_0$,则从所有可行城市中找出$[\tau_{is}]^\alpha\cdot[\eta_{is}]^\beta$ 最大的城市,否则,按照式 12.63 以赌轮盘的方式选择下一个城市。

$$
p_{ij}^{k}(t)=\begin{cases}\dfrac{[\tau_{ij}(t)]^{\alpha}\cdot[\eta_{ij}(t)]^{\beta}}{\sum_{s=allowed_k}[\tau_{is}(t)]^{\alpha}\cdot[\eta_{is}(t)]^{\beta}} & if \quad j\in allowed_k\\ 0 & otherwise\end{cases} \tag{12.63}
$$

其中，τ_{ij} 为栅格 g_i 与栅格 g_j 之间的信息素；$\eta_{ij}=\dfrac{1}{d_{ij}}$ 为能见度的启发因子；d_{ij} 为栅格 g_i 与栅格 g_j 之间的距离；α、β 分别为信息素与能见度启发式因子的影响权值；$allowed_k=Z_i$。

随着时间的推移，以前留下的信息素逐渐消逝，每只蚂蚁从栅格 g_i 转移到栅格 g_j 后，都要进行一次局部信息素更新。原则是使已经走过的路径对后面的蚂蚁产生较小的吸引力，从而增加蚂蚁选路的多样性。

局部信息素更新规则公式为

$$
\tau_{ij}=(1-\xi)\cdot\tau_{ij}(t)+\xi\cdot\tau_0 \tag{12.64}
$$

其中，ξ 为局部更新规则中的信息素挥发系数；τ_0 为常数，可取信息素初值。

当所有蚂蚁都到达目的节点后，要对最优蚂蚁的路径进行全局信息素更新，更新规则为

$$
\tau_{ij}(t+1)=(1-\rho)\cdot\tau_{ij}(t)+\rho\cdot\Delta\tau^{gb} \tag{12.65}
$$

$$
\Delta\tau_{ij}^{gb}=\begin{cases}\dfrac{Q}{L^{gb}} & if(i,j\in global\text{-}best\text{-}tour)\\ 0 & \text{otherwise}\end{cases} \tag{12.66}
$$

其中，L^{gb} 为最优路径长度；ρ 为全局更新规则中的信息素挥发系数。

为将蚁群算法很好地用于路径规划，提出以下四种改进策略。

1. 蚂蚁回退策略

对于特定的地形，蚂蚁 k 会无后续结点可选，此时 $|Z_i(k)|=0$，$|Z_i(k)|$ 表示蚂蚁 k 在该时刻可行点集合中元素的数目，从而算法出现死锁状况，称蚂蚁 k 落入陷阱。

如图 12.26 所示，蚂蚁 k 从开始结点 g_{begin} 出发，经过栅格为：$1\to2\to3\to8\to13$，可以看出 $|Z_{13}(k)|=0$，k 将无后续结点可选，落入陷阱，所以 $|Z_i(k)|$ 的值是蚂蚁 k 在某时刻判断是否落入陷阱的标志。当蚂蚁落入陷阱时，若没有好的策略处理该情况，该蚂蚁将会处于“死亡”状态，整个算法将处于停滞状态，使得算法对环境的复杂程度和健壮性不够强。

对于陷阱问题，常见的方法是：在环境初始化时，对障碍物作特定的处理或设定，使得环境中所描述障碍物都是凸的形状，以消除由凹形障碍物形成的陷阱。将图 12.26 的栅格环境按这种方法处理后得到结果如图 12.27 所示。

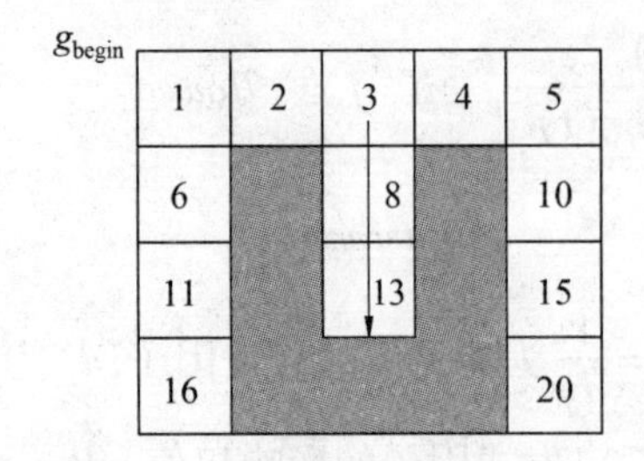

图 12.26　蚂蚁落入陷阱示意图

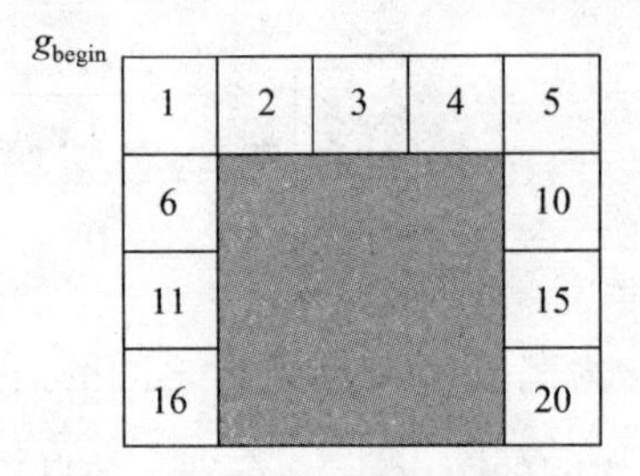

图 12.27　环境凸处理示意图

作这样的处理一方面能起到较好的作用,另一方面也给算法在处理复杂环境问题时,带来一些比较隐蔽的问题,影响算法的适应性和健壮性。通过这种处理后,虽然消除了单个障碍物生成的陷阱,但并不能消除障碍物与障碍物之间或障碍物与环境边界之间形成的陷阱($1 \rightarrow 6 \rightarrow 11 \rightarrow 16$)或($5 \rightarrow 10 \rightarrow 15 \rightarrow 20$),可见该方法存在很大的局限性。为此,提出落入陷阱时的蚂蚁回退策略,其实现步骤如下:

Step1:当 k 处于结点 13 时,$|Z_{13}(k)| = 0$,无后续结点可选,做出蚂蚁 k 落入陷阱的判断。

此时 $tabu(N(k)) = 13$,$N(k)$ 表示第 k 只蚂蚁已经走过的步数。

Step2:k 从位置 13 退回到 8,$N(k) = N(k) + 1$,$tabu(N(k)) = 8$。

Step3:k 在集合($Z_8(k) - \{13\}$)中重新选择结点,发现 $|Z_8(k) - \{13\}| = 0$,故又做出蚂蚁落入陷阱的判断。

Step4:k 再从位置 8 退回到 3,$N(k) = N(k) + 1$,$tabu(N(k)) = 3$。

Step5:k 在集合($Z_3(k) - \{8\}$)中重新选择结点,发现 $|Z_3(k) - \{8\}| \neq 0$,故可得到后续结点 4,k 跳出了陷阱。

由于局部信息素的更新,该陷阱周围边上的信息素不断增强,致使蚂蚁在下一次迭代中很容易再次选择该陷阱周围的路径。如果继续这样循环下去,会延缓找到最短路径的时间,甚至找不到最短路径。为了防止出现这样的局面,采用惩罚函数使蚂蚁能够摆脱其束缚。在遇到陷阱时,将原来的局部信息素更新公式用惩罚函数代替。惩罚函数定义为

$$\tau_{ij} = \lambda \cdot \tau_{ij}, 0 < \lambda < 1 \tag{12.67}$$

该惩罚函数保证了陷阱周围路径上信息素的减少,使得蚂蚁在下一次搜索中不再选择该路径,从而避免了遇到陷阱时形成的路径死锁情况,同时也提高了最优路径的搜索效率。

2. 目标吸引策略

目标栅格 g_{end} 对栅格 g_i 的吸引力启发因子为

$$\eta_{i,end} = \frac{1}{d_{i,end}} \tag{12.68}$$

$$d_{i,\mathrm{end}}=\sqrt{(x_i-x_{\mathrm{end}})^2+(y_i-y_{\mathrm{end}})^2} \tag{12.69}$$

在式(12.62)、(12.63)中用 $\eta_{i,\mathrm{end}}$ 来代替 η_{ij}，可以使蚂蚁尽快地向目标栅格移动。

3. 参数自适应调整

信息素影响权值为 $\alpha=\mathrm{e}^{\frac{N_c}{N_{\mathrm{cmax}}}}$；全局信息素挥发系数为 $\rho=0.5\mathrm{e}^{\frac{-N_c}{N_{\mathrm{cmax}}}}$；局部信息素挥发系数为 $\xi=0.2\mathrm{e}^{\frac{-N_c}{N_{\mathrm{cmax}}}}$。其中，$N_c$ 为本循环的迭代代数；N_{cmax} 为设定的最大迭代数目。

在迭代初始阶段，由于各条边的信息素的浓度是相同的，没有太大的指导作用，所以让蚂蚁选择下一个栅格的概率主要由吸引力启发因子决定，能够尽快找到一条较优的路径。随着迭代次数的增加，各条边的信息素浓度差别越来越大，较好路径上的信息素浓度较大，增加信息素在选择下一个栅格的作用（α 逐渐增大），可得到全局最优解。

4. 路径优化策略

由于蚂蚁选择的随机性，可能使得到的路径走过一些多余栅格，增加了一些不必要的路径长度。应用路径优化策略（去掉路径中不必要的栅格），使蚂蚁运动路线尽量拉直，可以提高路径的可用性。

12.5.3　改进蚁群算法的实现步骤

Step1：定义所需的数据结构：$N_x=10, N_y=10, P=(a_{ij})_{N_x\times N_y}$，其中 $a_{ij}\in\{0,1\}$ 满足 $a_{ij}=1$，此栅格为障碍物，$a_{ij}=0$，此栅格为自由空间。

Step2：初始化：将 m 只蚂蚁放置在出发点 g_{begin}，并将 g_{begin} 设置到禁忌表 $tabu_k$ 中，($k=1,2,\cdots,m$)，令 $\tau_{ij}(0)=\tau_0$（τ_0 为常数）。$\tau_{\min}<\tau_0<\tau_{\max}$。设置迭代计数器 $NC=0$，最大迭代次数为 $NCMAX$，令 $m\leqslant 4$。

Step3：$\forall k$，以当前栅格 g_{begin} 为中心，按照式(12.62)或式(12.63)选择并走到下一栅格 g_j，并有 $g_j\in Z_i$，不同的蚂蚁选择不同的栅格。

Step4：$\forall k$，以当前栅格 g_i 以根据按照式(12.62)或式(12.63)选择并走到下一栅格 g_j，并有 $g_j\in Z_i$，选择完毕后，按式(12.64)进行局部信息素更新。

（注：$\Delta\tau_{ij}^k$ 有多种不同的取法，在保证算法性能的前提下，为减少计算开销提高算法速度，本算法取 $\Delta\tau_{ij}^k$ 为常数，$\tau_{\min}<\Delta\tau_{ij}^k<\tau_{\max}$。当 $\tau_{ij}<\tau_{\min}$ 时，设置 $\tau_{ij}=\tau_{\min}$；当 $\tau_{ij}>\tau_{\max}$ 时，设置 $\tau_{ij}=\tau_{\max}$，其中，$\tau_{\min}$ 为设定的信息素最小值，$\tau_{\max}$ 为设定的信息素最大值。）

Step5：$\forall k$，($k=1,2,\cdots,m$) 选择栅格 g_j 后，检查是否所有的蚂蚁都到达目标栅格 g_{end}，如是则转到 Step6，否则，返回 Step4 开始选择下一个栅格，直到所有的蚂蚁都到达目标栅格。

Step6：当 m 只蚂蚁都到达目标节点后，计算各个蚂蚁走过的路径长度 L_k，并保存最短路程 $L_{k\min}$，将本次得到的 $L_{k\min}$ 与已得到的历史最优长度 L_d 比较，若有 $L_{k\min}<L_d$ 则用 $L_{k\min}$

替换 L_d，并记忆最佳通道的节点集合。

Step7：按式(12.5)、(12.6)进行全局信息素更新。

当 $\tau_{ij}(t+1) < \tau_{\min}$ 时，令 $\tau_{ij}(t+1)=\tau_{\min}$。当 $\tau_{ij}(t+1) > \tau_{\max}$ 时，令 $\tau_{ij}(t+1)=\tau_{\max}$。

Step8：优化最优路径。

Step9：令迭代次数 NC 加 1，若不等于 $NCMAX$，则清空禁忌表，转到 Step2 重复上述过程，直到 $NC=NCMAX$ 为止。最终记忆的最佳通道即为规划的最优路径。

12.5.4　基于改进蚁群算法的机器人路径规划仿真

为验证算法的有效性，我们做了大量的仿真实验，分别考虑了具有任意障碍物和复杂程度不同的工作空间。

图 12.28 表明在同一个环境下，相同的起始节点和目标节点，其最优路径长度是相同的(都是 19 步)，但具体的最优路径是不唯一的(第 2、第 3、第 4 条路径)。而第 1 条路径显示了该算法的蚂蚁有回退策略，能够跳出 14→24→34，18→28 这两个陷阱，能确保每只蚂蚁从出发结点出发安全到达目标结点，增强了算法的适应性和健壮性。

图 12.29 显示了在 10 * 10 环境下遇到陷阱的情况，采用惩罚函数前后搜索到的路径。标有 old 的路径是未采用惩罚函数所得到的，由于局部信息素的更新，使蚂蚁在陷阱(1,4)处进行回退。标有 new 的路径是采用惩罚函数后所得到的，选择 λ 值为 0.2。比较这两条路径可以看出，采用蚂蚁回退策略和惩罚函数有效地避免了蚂蚁"死亡"。

图 12.28　仿真试验结果

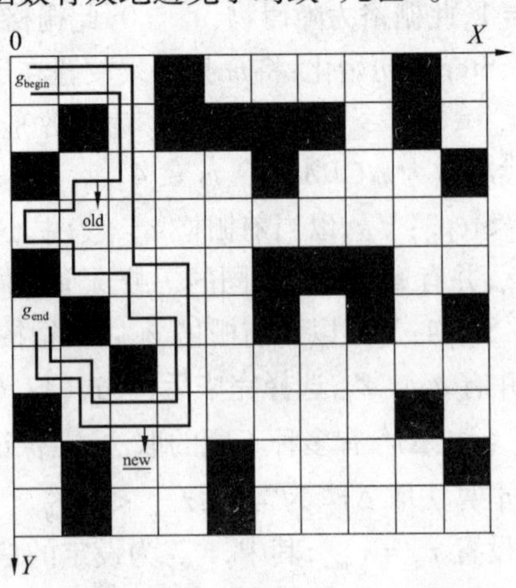

图 12.29　具有"陷阱"时两种算法规划的路径比较

图 12.30 为 20 * 20 环境下的仿真图。其中标有 old 的路径为用基本蚁群算法搜索到的路径，标有 new 的路径为用改进蚁群算法搜索到的路径。用路径长度和转弯数衡量算法的性能，old 路径长度为 41 步，转弯数为 26；new 路径长度为 37 步，转弯数为 11。

显然，改进的蚁群算法除了有效地避免路径死锁之外，其性能明显地优于基本的蚁群算法,随着环境复杂度的增加,其求解能力几乎没有影响,可以看出该算法对环境复杂程度的适应能力很强,特别适合复杂环境下的机器人路径规划。

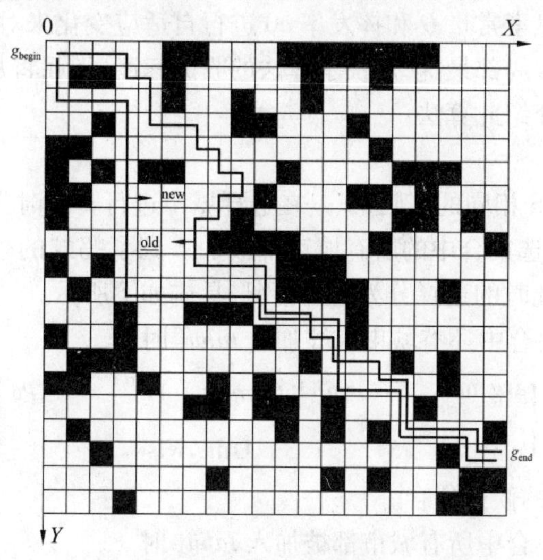

12.30 基本蚁群算法和改进蚁群算法规划路径比较

12.6 改进的蚁群算法在巡航导弹航迹规划中的应用

12.6.1 基于 $Q/a0$ 自适应蚁群算法原理

蚁群算法的一个缺点是它的时间复杂度过高。由基本AS算法的表述可知:算法运行时间很大一部分消耗在环游中,为了提高实验模拟速度,有必要对单个蚂蚁的路径构造进行简化。通常采用的方法就是为问题中的每个城市计算一个 Candidate Set(候选集合),蚂蚁对下一个城市的选择优先在该候选集合中进行;仅当候选集中所有城市都在蚂蚁的禁忌表中时,才可选择其他城市。通过使用 Candidate Set(大小通常设定为10到30个城市之间),可以大大降低蚂蚁路径构建的时间复杂度。

建立候选城市集的一种方法为:首先将一个城市周围所有的城市都设为候选集合,然后在蚁群算法运行过程中根据各路径上的信息素浓度来动态地增减候选集合中的城市。这种动态建立候选集合的方法可以得益于蚁群算法本身:信息素浓度不强的路径不容易被蚂蚁选中,因此与该路径相连的城市便可从候选集中删除,也就是说,可以用蚁群算法本身来确定候选集。另一种方法:可根据一个城市与其周围城市之间的距离排序,采用选择一个城市附近固定数目城市的方法。实验证明,这种方法虽然简单,但它对于缩短蚁群算法的运行时间也是非常有效的。

为了克服基本蚁群算法易于陷于局部最优以及收敛速度比较慢的缺陷，在 ACS 的基础上提出了一种 $Q/a0$ 自适应蚁群算法，它应用了候选集合策略，并且通过将 ACS 中信息素全局更新规则的信息素常量 Q 和挥发率 $a0$ 进行自适应变化来对算法进行了改进，有效地避免了算法过早陷入局部最优，加快了算法的收敛速度，下面将从状态转移规则和信息素更新规则方面详细介绍此算法。

1. 状态转移规则

采用与已有的 ACS 相同的规则，只是在选择城市进行转移时先从当前城市的候选集合中选择，当且仅当候选集合中的所有城市都被加入到了蚂蚁的禁忌表中时才选择候选集合以外的城市。即此时的选择分为两种情况，具体如下所示。

当城市 r 的候选集合中还有城市未被加入 $tabu_k$ 时

$$s=\begin{cases}\arg\max\limits_{u\in cset_r}\{[\tau(r,u)]\cdot[\eta(r,u)]^{\beta}\} & \text{If } p_0\leqslant q\\ S & \text{Otherwise}\end{cases}\tag{12.70}$$

其中，$cset_r$ 表示城市 r 的候选集合。

当城市 r 的候选集合中所有城市都被加入 $tabu_k$ 时

$$s=\begin{cases}\arg\max\limits_{u\in allowed_k}\{[\tau(r,u)]\cdot[\eta(r,u)]^{\beta}\} & \text{If } p_0\leqslant q\\ S & \text{Otherwise}\end{cases}\tag{12.71}$$

2. 信息素更新规则

同 ACS 一样采用局部更新和全局更新协同作用的机制，而局部更新规则同 ACS 完全一致，全局更新规则为

$$\tau(r,s)\leftarrow(1-a0)\cdot\tau(r,s)+a0\cdot\Delta\tau(r,s)\tag{12.72}$$

$$\Delta\tau^{e}(r,s)=\begin{cases}Q/L_e & \text{If 边}(r,s)\text{ 属于最优路径}\\ 0 & \text{Otherwise}\end{cases}\tag{12.73}$$

$$Q=\begin{cases}Q_0 & \text{If } N_c<N_{\text{cmax}}/10\\ Q_0+N_c\cdot Q_{0\max}/N_{\text{cmax}} & \text{Otherwise}\end{cases}\tag{12.74}$$

$$a0=\begin{cases}a0_{\min} & \text{If } N_c<N_{\text{cmax}}/10\\ a0_{\min}+N_c\cdot a0_{\max}/N_{\text{cmax}} & \text{Otherwise}\end{cases}\tag{12.75}$$

在迭代初始阶段得到的迭代最优解还不稳定，往往离全局最优解有很大距离，为了减少它对迭代过程的影响，公式(12.72)、(12.73) 在迭代初始阶段，让 Q 和 $a0$ 分别取较小值 Q_0 和 $a0_{\min}$，有利于避免算法过早地陷入局部最优。随着迭代次数增加，迭代最优解逐步向全局最优解逼近，所以此时增加 Q 和 $a0$ 值，以增大迭代最优路径上的信息素浓度，有利于提高算法收敛速度。

上述算法实现过程同已有的 ACS 算法相似，只是在编程时做适当的变化，其算法流

程图如图 12.31 所示。

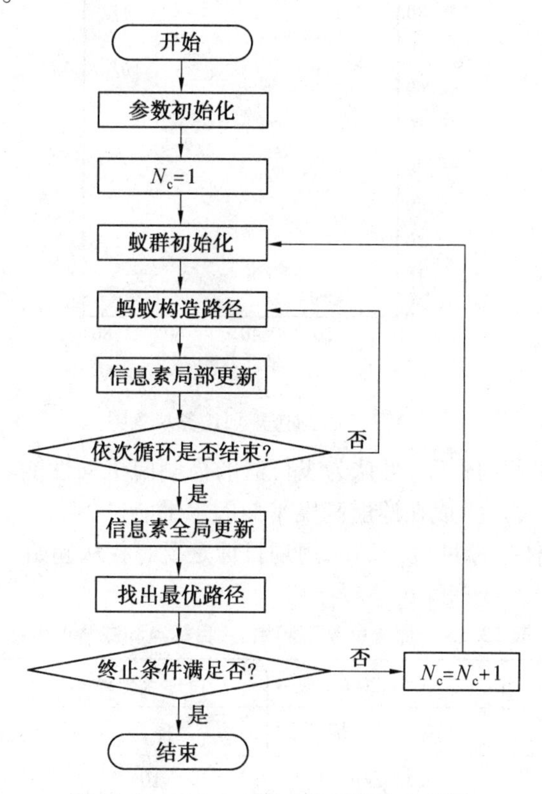

图 12.31　$Q/a0$ 自适应蚁群算法流程图

12.6.2　二维航迹规划问题

我们把飞行器进入敌方防御区域的方位点作为起始点，而把战役 / 战术攻击目标所处的方位定为目标点，对飞行器所要飞行的区域采用网格划分进行战场建模，网格图的各节点就定义为飞行器的飞行节点，即在蚁群算法中蚂蚁在行进过程中的选择节点。这种方法是一种确定性状态空间搜索方法，可以减小规划空间的规模，降低了航路规划的难度。假设飞行器在执行任务过程中保持高度不变、速度不变，而且考虑敌方防御区处于平坦地域，那么飞行器就无法利用地形因素进行威胁回避机动，航路规划问题就可以被简化成为一个二维航迹规划问题。

1. 二维航迹规划模型

航迹规划任务示意图如图 12.32 所示。

飞行器的航迹规划根据任务信息和威胁分布(目标点位置、高度、气候和敌方防空火力与雷达的部署等) 进行最优航路选择。这里进行了某一高度下的飞行器巡航路径寻

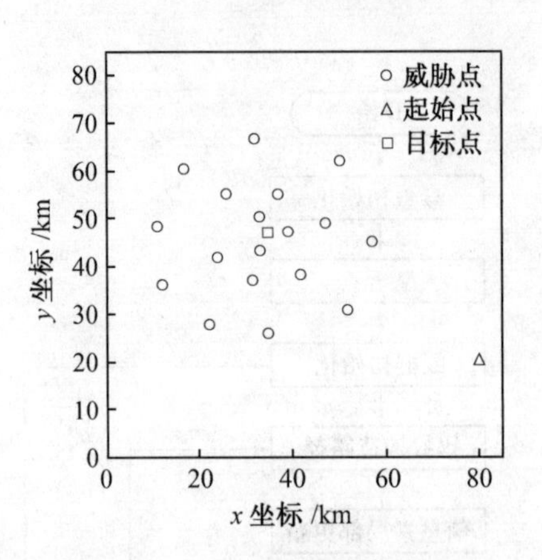

图 12.32　航迹规划任务示意图

优,仅考虑飞行器的横侧向运动,且认为飞行器的横侧向机动性能非常优良(即认为飞行器的横向转弯角足够大),生成在巡航高度平面的水平航迹。

图 12.32 中的具体坐标见表 12.13,规划目标是要寻找从起始点到目标点的一条既短又安全的航迹。

表 12.13　原坐标系下起始点、目标点和威胁点坐标

起始点坐标	(80,20)	目标点坐标	(35,47)
序号	威胁点坐标	序号	威胁点坐标
1	(17,60)	10	(6,55)
2	(32,66.5)	11	(47,49)
3	(50,62)	12	(24,42)
4	(57,45)	13	(33,50)
5	(51.5,31)	14	(37,55)
6	(35,26)	15	(42,38)
7	(22,28)	16	(39,47)
8	(12,36)	17	(33,43)
9	(11,48)	18	(32,37)

2. 航迹性能指标的确定

二维航迹规划常采用低于某一探测性指标,且具有可接受航程的航迹作为任务航迹。我们采用按最短航迹和最小可探测性指标加权方法作为航迹的性能指标,即

$$\min W = \int_0^L [kw_t + (1-k)w_f]\mathrm{d}s \tag{12.76}$$

其中,L 为航路长度;W 为优化目标函数,又称为广义代价;w_t 为航路威胁代价,是根据雷达可探测概率计算的;w_f 为航路油耗代价,是航程的函数;k 为权系数,$k \in [0,1]$,它是航路制订人员根据任务安排在制订航迹过程中做出的倾向性选择,航迹规划时可根据飞行任务需求调整 k 的大小,如果任务需求重视飞行的安全性,则 k 选择较大的值;反之,如果要执行任务的快速性,则 k 取较小的值。

当优化目标函数确定后,网格图中各条边的权值也就确定了。在对节点进行搜索过程中,计算网格图中第 i 条边的代价采用代价函数

$$w_i = kw_{t,i} + (1-k)w_{f,i} (0 \leqslant k \leqslant 1) \tag{12.77}$$

其中,w_i 为第 i 条边的广义代价;$w_{t,i}$ 为第 i 条边的威胁代价;$w_{f,i}$ 为第 i 条边的油耗代价;系数 k 同式(12.74)中定义,通常取为 0.1,能保证总的代价函数最优(但只就油耗代价航路不一定最短,只就威胁代价航路不一定最安全)。

(1) 威胁代价的确定。通常计算威胁代价时,将雷达威胁模型进行简化处理,且认为敌方防御区域内各雷达均相同且无相互联系。考虑到雷达信号正比于 $1/d^4$(d 是巡航导弹到敌方雷达、导弹威胁阵地的距离),故当飞行器沿网格图的第 i 条边飞行时,两节点间的威胁代价可近似为正比于 $1/d^4$ 沿这条边的积分,如图 12.33 所示,可把该条边划分为 5 段进行计算,即

$$w_{it} = L_i \sum_{j=1}^{N} \left(\frac{1}{d_{1/10,i,j}^4} + \frac{1}{d_{3/10,i,j}^4} + \frac{1}{d_{5/10,i,j}^4} + \frac{1}{d_{7/10,i,j}^4} + \frac{1}{d_{9/10,i,j}^4} \right) \tag{12.78}$$

其中 L_i 为第 i 条边的长度;N 为雷达、导弹等威胁阵地的数目;$d_{1/10,i,j}$ 代表第 i 条边的 1/10 处距第 j 个威胁点的距离,其余四项含义与此相同。

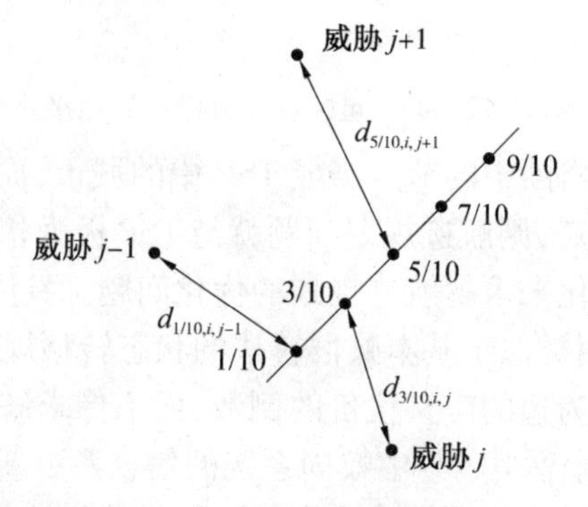

图 12.33　威胁代价的计算

(2) 油耗代价的确定。燃油代价是指燃油消耗代价,是航程的函数。

假定飞行器的巡航段速度恒定,因此飞行器飞行所消耗的燃油与飞行航迹的长度成

正比，可简单地认为 $w_f = L$，则飞过第 i 条路径消耗的燃油代价表示为

$$w_{f,i} = L_i \tag{12.79}$$

12.6.3 二维航迹规划的蚁群算法实现

下面分别用蚂蚁系统算法（AS）、蚁群系统算法（ACS）以及 $Q/a0$ 自适应蚁群算法来实现二维航迹规划，并通过实验结果对上述三种算法性能进行比较。

1. 用 AS 来实现二维航迹规划

为了确定规划空间，采用网格划分思想将上面图 12.32 给出的航迹规划任务示意图进行网格划分，确定了一个矩形区域，其大小为56 km × 56 km，左角点被定在(6,21)。这种做法是为了节省内存空间及节约计算时间。这一区域随后被划分为 1 km × 1 km 大小的矩形网格，各节点即为飞行器的可行途经节点，其坐标也随之确定。为了能够制订、规划出一条连接起始点及目标点的航迹，另外，把起始点及目标点简单地与网格图中 4 个最近的网格节点相连，如图 12.34 中虚线所示。这样，起始点和目标点被引入到网格图中，它们的相邻节点个数都是 4 个。作为对应，与起始点／目标点相连的节点的相邻节点数目应该都增加一个。

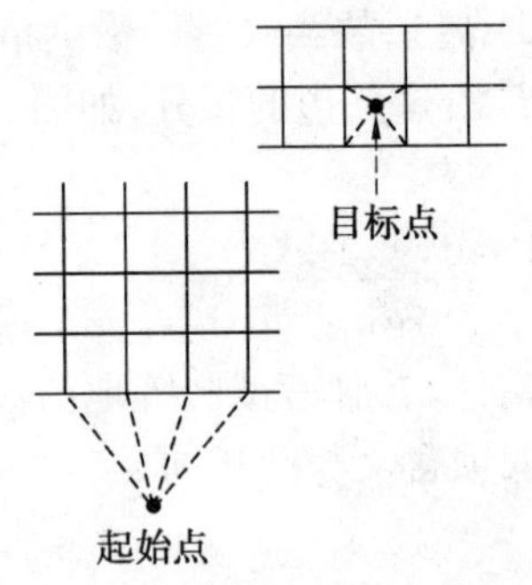

图 12.34 起始点／目标点的连接

若把航迹规划空间网格图中的节点当成 TSP 中的城市，而把航迹规划中起点和目标点当成 TSP 中的起点和终点，则航迹规划问题就与 TSP 极为相似，于是就可以用求解 TSP 问题的蚂蚁算法做适当变化来求解航迹规划的优化问题。具体做法如下。

航迹点选择规则，采用类似于基本蚁群算法的状态转移规则，所不同的是此时可供选择的边的启发因子应设置为边的广义代价的倒数，而不像求解 TSP 时简单设置为边的长度的倒数；信息素更新规则，采用 AS 中蚁周系统的信息素更新规则。

2. 用 ACS 和 $Q/a0$ 自适应蚁群算法来实现二维航迹规划

为了减少用AS搜索过程蚂蚁环游消耗的时间，使搜索更趋向于朝着目标点的方向前进；同时为了在编程实验中更好地体现真实蚂蚁搜索的并行性，使每只蚂蚁每一步的局部信息素更新机制能立刻影响到下一只蚂蚁的选择。在利用 ACS 和 $Q/a0$ 自适应蚁群算法

来求解二维航迹规划之前,做这样的处理:将图 12.32 所示的任务示意图进行坐标变换,如图 12.35 所示,以起始点为坐标原点,以从起始点指向目标点的射线为横轴,以将横轴沿逆时针方向旋转 90 度形成的射线为纵轴,形成新坐标系。

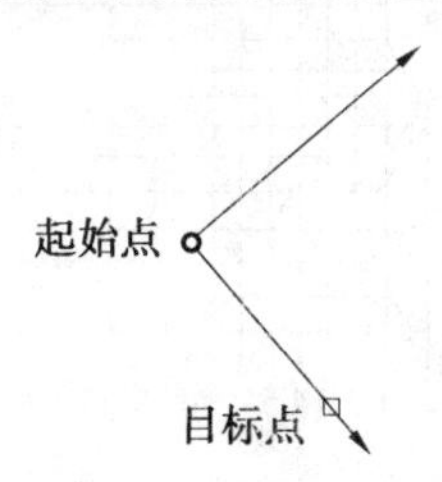

图 12.35　新坐标系

经过编程计算出在新坐标系下起始点、目标点和威胁点的坐标如表 12.14 所示。

表 12.14　新坐标系下起始点及目标点和威胁点的坐标

起始点坐标	(0,0)	目标点坐标	(52.479,0)
序号	威胁点坐标	序号	威胁点坐标
1	(74.602, -1.887)	10	(81.462,8.060)
2	(65.084, -15.178)	11	(43.218, -7.889)
3	(47.334, -20.580)	12	(59.339,9.947)
4	(32.585, -9.604)	13	(55.737, -1.544)
5	(30.098,5.231)	14	(54.880, -7.889)
6	(41.674,18.007)	15	(41.846,4.116)
7	(53.851,22.981)	16	(49.049, -2.058)
8	(66.542,21.266)	17	(52.136,4.459)
9	(73.573,11.490)	18	(49.906,10.118)

算法中航迹点选择规则和信息素更新规则详细介绍如下。

(1) 航迹点选择规则。在用 ACS 和 $Q/a0$ 自适应蚁群算法时均采用类似于蚂蚁系统的状态转移规则,只是这时对节点的候选节点做了限制,如图 12.36 所示。

当蚂蚁位于第1列上的某个节点时,其候选节点只能位于第2列上,即当蚂蚁位于第j列时,只选择转移到第$j+1$列上的某个节点。另外,在候选集合策略中选择候选列表长度为 5,将与每个节点最近的 5 个候选节点加入到该节点的候选列表中,在图 12.36 中用虚线与节点 A 相连的4 个节点以及与 A 具有相同纵坐标的另一个候选节点共同构成了节点 A 的候选集合,蚂蚁在选择转移节点时,先从候选列表中选择,只有当候选列表中的节

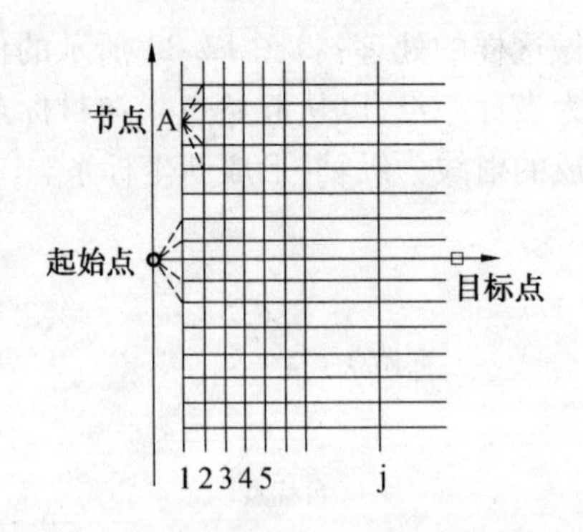

图 12.36　新坐标系下的网格图

点均不满足要求时，再从别的候选节点中选择。通过这样的设计，一方面可以保证每只蚂蚁选择的路径所包含的节点数是相同的，进而在编程时更好地体现蚂蚁搜索的并行性，另一方面也可以减少蚂蚁的环游时间，进而减少算法的计算时间，提高收敛速度。

(2) 信息素更新规则。ACS 算法采用已有的方法进行信息素局部更新和信息素全局更新；而 $Q/a0$ 自适应蚁群算法信息素局部更新同 ACS 算法一样，但采用公式(12.72)～(12.75)进行信息素全局更新，其中的 L_e 均用 W_e 来代替，W_e 表示最优的航迹广义代价。

由于上述三种算法的程序流程图都很相似，所以下面只给出用 $Q/a0$ 自适应蚁群算法求解二维航迹规划问题的程序流程。

```
Begin
    坐标变换以及节点候选集合和候选列表的生成；
    参数设置；
nc ← 0(nc 为迭代次数)；
    Repeat
nn ← 1 (nn - 1 表示蚂蚁已经访问过的节点总数)
        将 m 只蚂蚁均置于航路的起点；
        For nn = 2 to nnmax
(nnmax 为蚂蚁到目标点前需要访问的节点总数)
        For   i = 1 to m
        第 i 只蚂蚁选择第 nn 步要访问的节点；
        信息素局部更新；
        End
        End
        找到本次迭代的最优路径；
        信息素全局更新；
```

Until　nc 大于预定的迭代次数;

坐标反变换并输出全局最优路径;

End

3. 实验结果

首先采用基本蚁群算法(蚂蚁系统 AS)来求解航迹规划问题,其参数分别设置为最大迭代次数 $NC_{max}=30$,蚂蚁总数 $m=50$,$\alpha=1$,$\beta=2$,$Q=10$,$e=1.5$,$\rho=0.5$,$k=0.1$。经过 5 次实验仿真结果见表 12.15。其中最好结果表示在 5 次实验中取得最优广义代价的那次实验结果。

然后采用前述的 ACS 算法来求解航迹规划问题。其参数设置为:最大迭代次数 $NC_{max}=30$,蚂蚁总数 $m=50$,$Q=10$,$\rho_1=0.2$,$\alpha=1$,$a0=0.2$,$k=0.1$,$\beta=2$。经过 5 次仿真实验计算的结果见表 12.16。

最后采用前述的 $Q/a0$ 自适应蚁群算法来求解航迹规划问题。其参数设置为:最大迭代次数 $NC_{max}=30$,蚂蚁总数 $m=50$,$Q_0=1$,$Q_{0max}=10$,$\rho_1=0.2$,$\alpha=1$,$a0_{min}=0.02$,$a0_{max}=0.2$,$k=0.1$,$\beta=2$。经过 5 次仿真实验计算的结果如表 12.17 所示。表 12.15 ~ 12.17 中的数据除了“仿真时间”以外都是相对量,所以没有单位。

表 12.15　基于 AS 算法的仿真结果

实验序号	广义代价	威胁代价	油耗代价	仿真时间 /s
1	7.038	0.326	67.278	54.313
2	7.059	0.304	67.853	55.031
3	7.205	0.479	67.734	50.766
4	6.798	0.284	65.425	48.750
5	7.278	0.390	69.268	53.046
最好结果	6.798	0.284	65.425	48.750
平均结果	7.076	0.357	67.512	52.381

表 12.16　基于 ACS 算法的仿真结果

实验序号	广义代价	威胁代价	油耗代价	仿真时间 /s
1	5.728	0.323	54.369	31.188
2	5.516	0.240	53.000	31.343
3	5.669	0.303	53.961	31.125
4	5.548	0.168	53.961	31.218
5	5.596	0.236	53.828	33.156
最好结果	5.516	0.240	53.000	31.343
平均结果	5.611	0.254	53.824	31.606

表 12.17　基于 $Q/a0$ 自适应蚁群算法的仿真结果

实验序号	广义代价	威胁代价	油耗代价	仿真时间 /s
1	5.516	0.240	53.000	31.062
2	5.506	0.137	53.828	31.313
3	5.496	0.168	53.448	31.484
4	5.496	0.168	53.448	31.016
5	5.506	0.137	53.828	31.281
最好结果	5.496	0.168	53.448	31.016
平均结果	5.504	0.170	53.510	31.231

为了比较不同算法的性能，图 12.37 给出了采用 $Q/a0$ 自适应蚁群算法进行 5 次试验找到的最优航迹以及采用 AS 以及 ACS 分别进行 5 次实验找到的最优航迹。分析表 12.15、表 12.16、表 12.17 以及图 12.37 的仿真结果可知，将任务示意图进行坐标变换后，用 ACS 和 $Q/a0$ 自适应蚁群算法所求得的二维航迹规划结果无论是从找到的解的质量还是仿真时间方面来看，都比 AS 算法优越得多；另一方面，比较表 12.16 和表 12.17 的结果可知，$Q/a0$ 自适应蚁群算法通过自适应调整全局更新规则中的 Q 和 $a0$，也在一定程度上提高了解的质量，并进一步加快了算法的收敛速度。

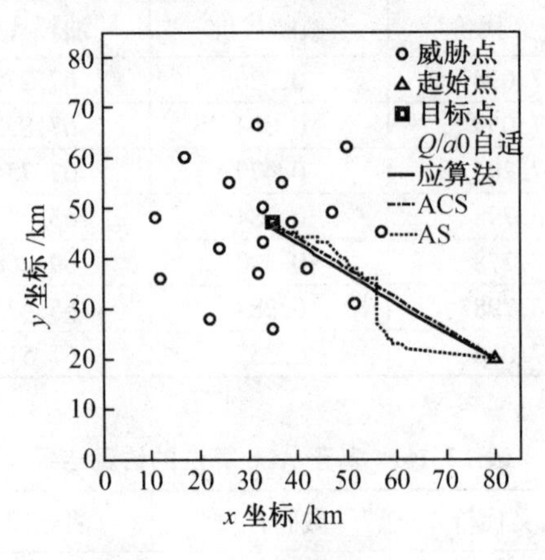

图 12.37　二维航迹规划图

上述研究的飞行器无法利用地形因素进行威胁回避机动的情况下的二维航迹规划问题。由于二维航迹规划仍然需要考虑无人机在执行作战任务过程中的生存性和执行任务的有效性，所以仍是较为特殊的优化问题。分别用基本蚁群算法 AS，蚁群系统算法 ACS 和 $Q/a0$ 自适应蚁群算法来求解二维航迹，仿真结果表明，$Q/a0$ 自适应蚁群算法具有航迹品质高以及仿真时间少的优点。

12.7　混沌量子免疫算法及其在连续优化问题中的应用

将混沌优化和免疫优化各自的空间搜索优势及量子优化的高效性相结合，我们提出了一种混沌量子免疫算法（CQIA）。该算法采用量子位初始化种群，采用量子旋转门更新个体。对于优良个体的克隆扩增和较差个体的突变，分别定义量子门转角的范围，并引入混沌变量在相应范围内进行遍历。仿真结果表明，该算法在较好保持种群多样性的同时，具有收敛速度快，搜索能力强的特点。

12.7.1　混沌量子免疫算法原理

1. 混沌系统

混沌是自然界中普遍存在的一种非线性现象，其行为复杂，类似随机，有内在规律性。混沌优化中用于产生混沌变量的混沌系统一般选为虫口模型。虫口模型是在一定地域范围内，统计昆虫数目时得到的昆虫数目随时间变化的一种数学模型，也称为 Logistic 映射

$$x_{n+1} = \mu x_n(1 - x_n) \tag{12.80}$$

其中，μ 是混沌吸引子，当 $\mu = 4$ 时，系统进入混沌状态，产生混沌变量 $x_n(n = 1,2,\cdots)$，其值在 $[0,1]$ 区间内。混沌系统用于优化问题，主要利用其对初始条件的敏感依赖性和搜索空间的遍历性。

2. 免疫克隆选择算法

基于抗体克隆选择机理，采用克隆选择算子的算法统称为免疫克隆选择算法。为了建立这种算法，首先把抗原、抗体分别对应于要解决的问题和候选解，将抗体亲和力的计算作为寻找最优解的依据；然后模拟淋巴细胞再生过程，对抗体进行克隆裂变，扩增出新的个体，同时根据免疫抗体的成熟过程，对候选解进行高频变异（超变异），在局部搜索空间中选择亲和力最大的抗体；最后根据免疫系统的正、负反馈调节机制，当抗体的浓度超过一定的阈值时，就进行抑制，从而保持抗体浓度的平衡。

3. 混沌量子免疫算法

若将 r 维连续空间优化问题的解看做 r 维空间中的点或向量，则连续优化问题可表述为

$$\max f(X_1, X_2, \cdots, X_r) \tag{12.81}$$

其中，$a_i \leqslant X_i \leqslant b_i, i = 1,2,\cdots,r$；$r$ 为优化变量数目；$[a_i, b_i]$ 为变量 X_i 的定义域。用 CQIA 优化计算时，抗原对应于要优化的问题，抗体对应于问题的可行解，抗体亲和力对应于由式（12.81）计算得到的目标函数值。下面详细给出 CQIA 的具体操作。

（1）产生初始群体。利用以下 r 个 Logistic 映射产生 r 个混沌变量

$$x_{n+1}^{i} = \mu_i x_n^i (1 - x_n^i), i = 1,2,\cdots,r \tag{12.82}$$

其中，$\mu_i = 4$，i 是混沌变量的序号。令 $n = 0$，分别给定 r 个混沌变量不同的初始值，利用方程(12.82) 产生 r 个混沌变量 $\delta_i^1(i = 1,2,\cdots,r)$。利用这 r 个混沌变量初始化群体中第一个抗体上的量子位；令 $n = 1,2,\cdots,N - 1$，按上述方法产生另外 $N - 1$ 个抗体。这 N 个抗体就组成了初始群体。以第 n 个抗体 P_n 为例，初始化结果为

$$P_n = \begin{vmatrix} \alpha_1^n \\ \beta_1^n \end{vmatrix}\begin{vmatrix} \alpha_2^n \\ \beta_2^n \end{vmatrix}\begin{vmatrix} \cdots \\ \cdots \end{vmatrix}\begin{vmatrix} \alpha_r^n \\ \beta_r^n \end{vmatrix} \tag{12.83}$$

其中，$\alpha_i^n = \cos(2x_n^i\pi)$；$\beta_i^n = \sin(2x_n^i\pi)$。

(2) 解空间变换。群体中的每个抗体包含 $2r$ 个量子比特概率幅，利用线性变换，可将这 $2r$ 个概率幅由单位空间映射到优化问题的解空间。抗体的每个概率幅对应于解空间的一个优化变量。记抗体 P_n 上的第 i 个量子位为 $[\alpha_i^n, \beta_i^n]^{\mathrm{T}}$，则相应的解空间变量分别为

$$X_{1i}^n = \frac{1}{2}[b_i(1 + \alpha_i^n) + a_i(1 - \alpha_i^n)] \tag{12.84}$$

$$X_{2i}^n = \frac{1}{2}[b_i(1 + \beta_i^n) + a_i(1 - \beta_i^n)] \tag{12.85}$$

因此，每个抗体与优化问题的两个解相对应。其中，量子态 $|0\rangle$ 的概率幅 α_i^n 对应于 X_{1i}^n；量子态 $|1\rangle$ 的概率幅 β_i^n 对应于 X_{2i}^n，下标 $i = 1,2,\cdots,r$；$n = 1,2,\cdots,N$。

(3) 实施克隆扩增。为了对优秀抗体进行克隆扩增，需要计算群体中每个抗体的亲和力来选择优秀抗体。不妨从含 N 个抗体的群体中选出 q 个亲和力最高的抗体进行克隆 $(q < N)$，并利用选出的抗体和克隆生成的新抗体组成新群体。抗体亲和力越高，其克隆产生的抗体数目就越多。设选出的 n 个抗体按亲和力降序排列为 $P_1, P_2, \cdots, P_q$，则第 k 个抗体 $P_k(1 \leqslant k \leqslant q)$ 克隆产生的抗体数目为

$$N_k = [\frac{\rho N}{k}] \tag{12.86}$$

其中，$[\cdot]$ 表示按四舍五入取整算符；ρ 为给定的控制参数。为保持群体规模稳定，如果 $\sum_{i=1}^{q} N_i < N - q$，用式(12.83) 产生新抗体补充；否则取前 $N - q$ 个抗体作为新群体。

克隆扩增的具体过程是由量子旋转门改变抗体上量子位的相位来实现的。对于量子旋转门转角的遍历范围，首先定义一个克隆幅值 λ_k，然后按式

$$\Delta\theta_i^k = \lambda_k x_{n+1}^i \tag{12.87}$$

确定转角。为使遍历范围呈现双向性，混沌变量 δ_i^{j+1} 的计算公式为

$$x_{n+1}^i = 8x_n^i(1 - x_n^i) - 1 \tag{12.88}$$

此时 $\Delta\theta_i^k$ 的遍历范围为 $[-\lambda_k, \lambda_k]$。对于需要扩增的母体，亲和力越高，扩增时所叠加的混沌扰动应越小，因此 λ_k 可按式

$$\lambda_k = \lambda_0 \exp((k - q)/q) \tag{12.89}$$

选取。式中,λ_0 为控制参数,用以控制对抗体所附加的混沌扰动的大小。

设第 k 个克隆母体为

$$P_k = \begin{vmatrix} \cos(\theta_1^k) \\ \sin(\theta_1^k) \end{vmatrix} \begin{vmatrix} \cos(\theta_2^k) \\ \sin(\theta_2^k) \end{vmatrix} \begin{vmatrix} \cdots \\ \cdots \end{vmatrix} \begin{vmatrix} \cos(\theta_r^k) \\ \sin(\theta_r^k) \end{vmatrix}$$

应用量子旋转门克隆后的抗体为

$$P_{ks} = \begin{vmatrix} \cos(\theta_1^k + \Delta\theta_{1s}^k) \\ \sin(\theta_1^k + \Delta\theta_{1s}^k) \end{vmatrix} \begin{vmatrix} \cdots \\ \cdots \end{vmatrix} \begin{vmatrix} \cos(\theta_r^k + \Delta\theta_{rs}^k) \\ \sin(\theta_r^k + \Delta\theta_{rs}^k) \end{vmatrix}$$

其中,$s = 1,2,\cdots,N_k$。

从上述优良抗体的克隆扩增过程不难看出,选出的优良抗体本身具有优化路标的作用;在小区域内混沌变量的引入增强了局部优化的遍历性;量子门转角的方向不需要与当前最优抗体比较,有利于提高种群的多样性和优化效率。

(4) 较差抗体的变异操作。对克隆扩增后的群体实施解空间变换后,计算每个抗体的亲和力。与前节类似,通过量子旋转门对抗体量子位的相位施加混沌扰动,来实现亲和力最低的 $m(m < N)$ 个抗体的变异操作。首先定义一个变异幅值 $\widetilde{\lambda}_k$ 表示量子门的转角范围,然后引入混沌变量确定量子门的转角大小。母体亲和力越低,突变时所叠加的混沌扰动就越大。对于选出的 m 个亲和力最低的抗体,按亲和力升序排列,第 k 个母体的变异幅值 $\widetilde{\lambda}_k$ 可按式

$$\widetilde{\lambda}_k = \widetilde{\lambda}_0 \exp((m - k)/m) \tag{12.90}$$

确定。式中,$\widetilde{\lambda}_0$ 为控制参数,用以控制对抗体所附加混沌扰动的大小。此时,转角的遍历范围为 $[-\widetilde{\lambda}_k, \widetilde{\lambda}_k]$。

单纯量子进化算法中使用的量子非门变异,实际上等价于一种相位旋转操作。由变异过程

$$\begin{bmatrix} 0 \\ 1 \end{bmatrix} \begin{bmatrix} \cos(\theta) \\ \sin(\theta) \end{bmatrix} = \begin{bmatrix} \sin(\theta) \\ \cos(\theta) \end{bmatrix} = \begin{bmatrix} \cos(\frac{\pi}{2} - \theta) \\ \sin(\frac{\pi}{2} - \theta) \end{bmatrix} \tag{12.91}$$

可知,这种旋转大小固定,方向单一,缺乏遍历性。

在 CQIA 中,对于使用量子旋转门的变异,它不同于克隆扩增过程,抗体上量子位的幅角遍历范围要大得多,即 $\widetilde{\lambda}_0 >> \lambda_0$,通常取 $\widetilde{\lambda}_0 = (5 \sim 10)\lambda_0$;它也不同于使用量子非门的变异操作,由于在使用量子旋转门时引入了混沌变量,故能在较大范围内充分发挥混

沌遍历搜索的优势。因此,使用抗体的变异操作提高了算法的全局搜索能力。

(5) 加入新抗体操作。将经过克隆扩增和变异后的群体按亲和力大小排序,把其中 d 个亲和力最低的抗体,用式(12.83) 生成的新抗体替换,其中 $d < N$。这一过程相当于在整个解空间内进行混沌搜索,即在全局范围内搜索亲和力更高的抗体,避免陷入局部最优解。

12.7.2　混沌量子免疫算法的实现步骤

混沌量子免疫算法的实施步骤可概括如下:

(1) 产生初始群体:按式(12.83) 产生 N 个抗体组成初始群体。

(2) 选择操作:从群体中选出 q 个亲和力最高的抗体。

(3) 克隆扩增操作:对选出的抗体,用式(12.86) 确定扩增数目,用基于小区间混沌遍历的量子旋转门进行克隆扩增。

(4) 变异操作:从种群中选出 m 个亲和力最低的抗体,用基于大区间混沌遍历的量子旋转门进行变异。

(5) 替换操作:对克隆扩增和变异后的抗体进行选择,用式(12.83) 生成的新抗体替换其中部分亲和力最低的抗体。

(6) 最优抗体保留:若当前世代群体中最好个体的亲和力低于上一世代,则用上一世代的最好抗体替换当前世代的最差抗体。

(7) 返回步骤(2),循环计算,直到满足收敛条件或代数达到最大限制为止。

12.7.3　收敛性分析

对于式(12.81) 描述的连续空间优化问题,设解空间为 S:$S = \prod_{i=1}^{r} [a_i, b_i]$,可将问题重新描述为

$$\max f: S \rightarrow R \tag{12.92}$$

其中,f 为评价函数。

关于 CQIA 的收敛性,我们提出如下定理。

定理 12.1　对于连续优化问题(12.92),混沌量子免疫算法是完全收敛的,并且收敛性与初始群体无关。

证明　在 CQIA 中,由于采用量子位的概率幅对个体进行编码,故优化空间为 $\widetilde{S} = [-1,1]^r$;设 B_n 为 $\widetilde{S}$ 上的波莱尔域,对于 B_n 上的集合,其 Lebesgue 测度 $m(\cdot)$ 满足 $m(\widetilde{S}) = 1$,故 $P = (\widetilde{S}, B_n, m)$ 构成一个概率空间。记 $X \in S, \widetilde{X} \in \widetilde{S}$,根据式(12.84)、

(12.85)，X 与 $\widetilde{X}$ 之间存在一一映射关系

$$F:\widetilde{S}\rightarrow S;\text{即 } X=F(\widetilde{X})$$

记 $f^{*}=\max\limits_{\widetilde{X}\in\widetilde{S}}f(F(\widetilde{X}))$ 为全局最大值，$M\varepsilon$ 为 $\widetilde{S}$ 中的有界闭集，$M\varepsilon=\{\widetilde{X}\in\widetilde{S}\mid f(F(\widetilde{X}))\geqslant f^{*}-\varepsilon\}$。考虑CQIA对第 k 代种群中 d 个最差抗体的替换操作，其中任一抗体 $\widetilde{X}$ 被替换为 $\widetilde{S}$ 中的随机向量 $\widetilde{X}^{*}$，$\widetilde{X}^{*}$ 的各分量是独立同分布的随机变量，服从均匀分布 $U(-1,1)$，其概率密度函数为

$$P\widetilde{X}^{*}(t)=\begin{cases}1/2^{r} & t\in\widetilde{S}\\ 0 & t\notin\widetilde{S}\end{cases}\tag{12.93}$$

对于 $\forall\varepsilon>0$，有 $M\varepsilon\in\widetilde{S}$，故

$$P(\widetilde{X}^{*}\in M\varepsilon)=\int_{M\varepsilon}P\widetilde{X}^{*}(t)\,\mathrm{d}m=m(M\varepsilon)>0\tag{12.94}$$

令 $m(M\varepsilon)=\delta$，则第 k 代种群中评价值最低的 d 个抗体，经替换后未产生 $M\varepsilon$ 内向量的概率为 $\bar{P}_{k}=(1-\delta)^{d}\leqslant1-\delta$；经过全部 k 代循环替换操作，仍未产生 $M\varepsilon$ 内向量的概率为

$$\bar{P}(k)=\prod_{l=1}^{k}\bar{P}_{l}\leqslant(1-\delta)^{k}\tag{12.95}$$

由于在前 k 代循环中，通过克隆扩增和变异操作，可能产生进入 $M\varepsilon$、未被替换且被最优个体保留策略所保留的抗体，故 $P(f^{*}-f_{k}>\varepsilon)\leqslant\bar{P}(k)$，其中 f_{k} 为第 k 代群体中最优抗体的评价值。由于 $0<\delta<1$，幂级数 $\sum\limits_{k=1}^{\infty}(1-\delta)^{k}$ 收敛，故

$$\sum_{k=1}^{\infty}P(f^{*}-f_{k}>\varepsilon)\leqslant\sum_{k=1}^{\infty}\bar{P}(k)\leqslant\sum_{k=1}^{\infty}(1-\delta)^{k}=0\tag{12.96}$$

因此，CQIA 完全收敛。由证明过程可以看出，算法的收敛性与初始群体无关。

12.7.4　在求解连续优化问题中的应用

下面以两个函数极值优化为例，并通过与其他算法对比，检验 CQIA 的优化性能。

1. 多峰函数

$$f_{1}(x,y)=1+x\sin(4\pi x)-y\sin(4\pi y+\pi)+\frac{\sin(6\sqrt{x^{2}+y^{2}})}{6\sqrt{x^{2}+y^{2}+10^{-15}}}\quad x,y\in[-1,1]\tag{12.97}$$

该函数有四个全局最大值点，分别为(+0.64，+0.64)、(−0.64，−0.64)、(+0.64，

-0.64)、(-0.64，+0.64)，全局最大值为2.118 76。该函数还存在大量局部极大值，尤其是在中间区域有一个取值与全局最大值很接近的局部极大值(2.077)凸台。其空间分布特征如图12.38所示。当优化结果大于2.118 0时，认为该算法收敛。

2. Needle-in-Haystack 函数

$$f_2(x,y)=\left(\frac{3}{0.05+x^2+y^2}\right)^2+(x^2+y^2)^2 \quad x,y\in[-5.12,5.12] \tag{12.98}$$

该函数的最大值为3 600，最大值点为(0,0)，四个局部极大值点对称分布于(+5.12，+5.12)，(-5.12，-5.12)，(+5.12，-5.12)，(-5.12，+5.12)，其空间特征如图12.39所示。当优化结果大于3 599时，认为算法收敛。

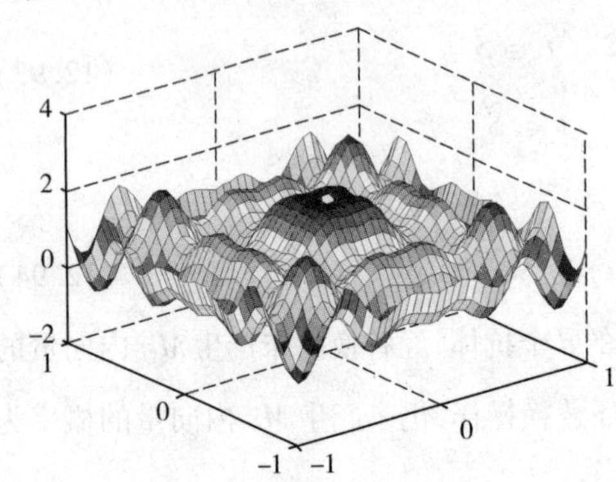

图12.38 $f_1(x,y)$ 的空间特征

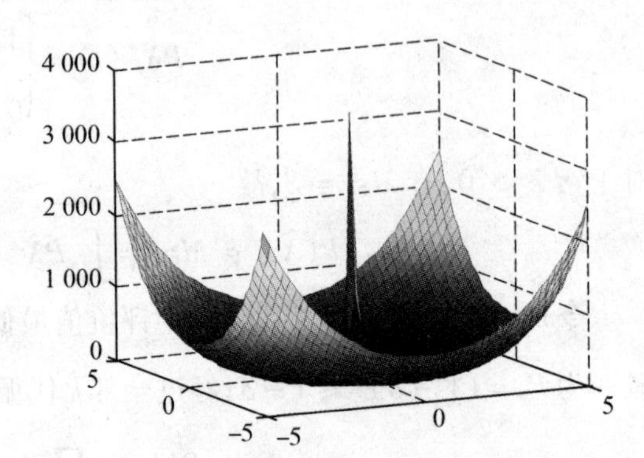

图12.39 $f_2(x,y)$ 的空间特征

对上述两个函数，分别用混沌量子免疫算法(CQIA)、免疫克隆选择算法(ICSA，Immune Clone Select Algorithm)、普通遗传算法(CGA，Common Genetic Algorithm)各优化50次，其优化结果如表12.18所示。

表12.18 三种算法对函数极值问题的优化结果

算法	$f_1(x,y)$					$f_2(x,y)$				
	最优结果	最差结果	平均结果	收敛次数	平均步数	最优结果	最差结果	平均结果	收敛次数	平均步数
CQIA	2.118 8	2.117 6	2.118 4	49	128.56	3 600.0	3 584.3	3 597.7	46	173.56
ICSA	2.118 7	2.116 9	2.118 2	43	220.50	3 599.8	3 585.3	3 595.7	35	309.84
CGA	2.118 7	2.077 1	2.117 0	40	270.96	3 600.0	2 577.0	3 377.5	31	361.68

三种算法种群数均取为50；限定优化代数为500；CQIA和ICSA的参数选择如下：$n=10$；$\rho=0.3$；$m=10$；$d=5$。CGA的参数为交叉概率 $P_c=0.8$、变异概率 $P_m=0.05$。

由表12.18可知，CQIA算法的收敛次数最多，平均优化步数最少，且优化结果最好，其次是ICSA算法；收敛次数最少且平均步数最多的是CGA算法。对上述结果，可作如下分析。首先,CQIA 和 ICSA 在收敛次数和平均时间两方面均优于 CGA。一方面是因为 CQIA 和 ICSA 均有克隆选择操作(克隆扩增、超突变等),比 CGA 更有利于种群多样性和最优个体的选择。其次,CQIA 在 ICSA 的基础上引入了混沌搜索和量子机制,从而增强了对解空间的遍历性和搜索能力。

参考文献

[1] 李士勇. 模糊控制 · 神经控制和智能控制论[M]. 哈尔滨:哈尔滨工业大学出版社,1998.

[2] 李士勇. 工程模糊数学及应用[M]. 哈尔滨:哈尔滨工业大学出版社,2004.

[3] 张立明. 人工神经网络的模型及其应用[M]. 上海:复旦大学出版社,1993.

[4] [日]萩原将文,山口亨,谷萩隆嗣. 人工神经网络与模糊信号处理[M]. 马炫,译. 北京:科学出版社,2003.

[5] 云庆夏. 进化算法[M]. 北京:冶金工业出版社,2000.

[6] 刘勇,康立山,陈毓屏. 非数值并行算法:第二册遗传算法[M]. 北京:科学出版社,1997.

[7] 李士勇,黄雁南. 用自适应遗传算法优化倒立摆模糊控制器的参数[J]. 机器人,1998,20(增):248-252.

[8] 唐立山,谢云,尤矢勇,等. 非数值并行算法:第一册模拟退火算法[M]. 北京:科学出版社,2000.

[9] ANSARI N, HOUE. 用于最优化的计算智能[M]. 李军,边肇祺,译. 北京:清华大学出版社,1999.

[10] 刑文训,谢金星. 现代优化计算方法[M]. 北京:清华大学出版社,1999.

[11] 王凌. 智能优化算法及其应用[M]. 北京:清华大学出版社,2001.

[12] 李涛. 计算机免疫学[M]. 北京:电子工业出版社,2004.

[13] 漆安慎,杜婵英. 免疫的非线性模型[M]. 上海:上海教育出版社,1998.

[14] 左兴权,李士勇. 人工免疫系统研究的新进展[J]. 计算机测量与控制,2002,10(11):701-705.

[15] 左兴权,李士勇. 一类自适应免疫进化算法[J]. 控制与决策,2004,19(3):252-256.

[16] 李远贵,李士勇. 基于免疫原理的自适应模糊控制器优化设计[J]. 电机与控制学报,2003,7(4):335-338.

[17] 左兴权,李士勇. 利用免疫进化算法优化设计径向基函数模糊神经网络控制器[J]. 控制理论与应用,2004,21(4):521-525.

[18] 栾秀春,李士勇. 基于局部神经网络模型的过热汽温多模型预测控制制的研究[J]. 中国电机工程学报,2004,24(8):190-195.

[19] ZUO Xingquan, LI Shiyong. The chaos artificial immune algorithm and its application to RBF neuro-fuzzy controller design[C]. Washington D. C.: IEEE International Confer-

ence on System, Man and Cybernetics,2003.

[20] 李士勇,陈永强,李妍. 蚁群算法及其应用[M]. 哈尔滨:哈尔滨工业大学出版社,2004.

[21] 李士勇. 蚁群优化算法及其应用研究进展[J]. 计算机测量与控制,2003,11(12):911-913,917.

[22] 曾建潮,介婧,崔志华. 微粒群算法[M]. 北京:科学出版社,2004.

[23] 徐宗本. 计算智能:第一册模拟进化算法[M]. 北京:高等教育出版社,2004.

[24] 张彤,王宏伟,王子才. 变尺度混沌优化方法及其应用[J]. 控制与决策,1999,14(3):285-287.

[25] 王子才,张彤,王宏伟. 基于混沌变量的模拟退火优化方法[J]. 控制与决策,1999,14(4):381-384.

[26] 费春国,韩正文. 一种新混沌优化方法及在神经网络中的应用[J]. 系统仿真学报,2005,17(4):812-814.

[27] 李士勇,田新华. 非线性科学与复杂性科学[M]. 哈尔滨:哈尔滨工业大学出版社,2006.

[28] 张筱磊,李士勇. 实时修正函数模糊控制器组合优化设计[J]. 哈尔滨工业大学学报,2003,35(1):8-12.

[29] 章钱,李士勇. 拦截大机动目标自适应模糊制导律[J]. 哈尔滨工业大学学报,2009,411(11):21-24.

[30] 章钱,李士勇. 一种新型自适应 RBF 神经网络滑模制导律[J]. 智能系统学报,2009,4(4):339-344.

[31] 李士勇,章钱. 变结构控制在导弹制导中的应用研究[J]. 飞航导弹,2009(7):47-51.

[32] 杨旭东,胡恒章,李士勇. 带有成长算子的遗传算法[J]. 哈尔滨工业大学学报,1999,31(5):44-47.

[33] 左兴权,李士勇. 人工免疫系统研究的新进展[J]. 计算机测量与控制,2002,10(11):701-705.

[34] 左兴权,李士勇. 一种新的免疫算法及其性能分析[J]. 系统仿真学报,2003,15(11):1607-1609.

[35] 左兴权,李士勇. 一种用于优化计算机的自适应免疫算法[J]. 计算机工程与应用,2003,39(20):68-70.

[36] 焦李成,杜海峰,刘芳,等. 免疫优化计算、学习与识别[M]. 北京: 科学出版社,2006.

[37] ZUO Xingquan, LI Shiyong. An immune-based optimization algorithm for tuning neuro-fuzzy controller[C]. Xian: The Second International Conference on Machine Learning and Cybernetics,2003.

[38]ZUO Xingquan, LI Shiyong. Design of a fuzzy logical controller by immune algorithm with application to an inverted pendulum system[C]. Canberra: The International Congress on Evolutionary Computation, 2003.

[39]ZUO Xingquan, LI Shiyong. Solving function optimization problems with the immune principle[J]. Journal of Systems Engineering and Electronics, 2004, 15(4): 702-709.

[40] 李士勇,赵宝江. 一种蚁群聚类算法[J]. 计算机测量与控制, 2007, 15(11): 1590-1592, 1596.

[41]赵宝江,李士勇,金俊. 基于自适应路径选择和信息素更新的蚁群算法[J]. 计算机工程与应用, 2007, 43(3): 12-15.

[42] 赵宝江,李士勇. 基于蚁群聚类算法的非线性系统辨识[J]. 控制与决策, 2007, 22(10): 1193-1196.

[43]李士勇,杨丹. 基于改进蚁群算法的巡航导弹航迹规划[J]. 宇航学报, 2007, 28(4): 903-907.

[44]郭玉,李士勇. 基于改进蚁群算法的机器人路径规划[J]. 计算机测量与控制, 2009, 17(1): 187-189.

[45]李盼池,李士勇. 求解连续空间优化问题的量子蚁群算法[J]. 控制理论与应用, 2008, 25(2): 237-241.

[46]单宝灯,李士勇. 基于粒子群算法的导弹模糊导引律设计[J]. 哈尔滨商业大学学报: 自然科学版, 2008, 24(1): 56-59.

[47]李士勇,王青. 求解连续空间优化问题的扩展粒子蚁群算法[J]. 测试技术学报, 2009, 23(4): 319-325.

[48]李士勇,李盼池. 求解连续空间优化问题的量子粒子群算法[J]. 量子电子学报, 2007, 24(5): 569-574.

[49]ZHAO Baojiang, LI Shiyong. Ant colony optimization algorithm and its application to neuro-fuzzy controller design[J]. Journal of Systems Engineering and Electronics, 2007, 18(3): 603-610.

[50]黄忠报,李士勇. 免疫克隆算法调节参数的非线性控制器设计[J]. 智能系统学报, 2008, 3(5): 408-415.

[51]李士勇,李盼池. 量子计算与子值优化算法[M]. 哈尔滨: 哈尔滨工业大学出版社, 2009.

[52]李士勇,李盼池. 量子搜索及量子智能优化进展[J]. 计算机测量与控制, 2009, 17(7): 1239-1242.

[53]李士勇,李盼池,袁丽英. 量子遗传算法及在模糊控制器参数优化中的应用[J]. 系统工程与电子技术, 2007, 29(7): 1134-1138.

[54]李盼池,李士勇. 基于量子遗传算法的正规模糊神经网络控制器设计[J]. 系统仿真学报,2007,19(16):3710-3714.

[55]李盼池,李士勇. 求解连续空间优化问题的混沌量子免疫算法[J]. 模式识别与人工智能,2007,20(5):654-660.

[56]李盼池,李士勇. 一种 Grover 量子搜索算法的改进策略[J]. 智能系统学报,2007,2(1):35-39.

[57]李盼池,李士勇. 基于自适应相位旋转的 Grover 量子搜索算法[J]. 系统仿真学报,2009,21(12):3557-3660.

[58]LI Panchi, LI Shiyong. Phase matching in Grover' s algorithm[J]. Physics Letters A, 2007,366: 42-46.

[59]LI Panchi, LI Shiyong. Two improvements in Grover's algorithm[J]. Chinese Journal of Electronics,2008,17(1):100-104.

[60]LI Panchi, LI Shiyong. Quantum-inspired evolutionary algorithm for continuous space optimization[J]. Chinese Journal of Systems Engineering and Electronics,2008,17(1): 80-84.

[61] LI Panchi, LI Shiyong. Learning algorithm and application of quantum BP neural networks based on universal quantum gates[J]. Journal of System Engineering, 2008, 19(1):166-174.

[62] LI Panchi, LI Shiyong. Grover quantum searching based on weighted targets[J]. Journal of Systems Engineering and Electronics,2008,19(2):363-369

[63]LI Shiyong. Quantum-inspired evolutionary algorithm for continuous spaces optimization based on Bloch coordinates of qubits[J]. Neurocomputing, 2008(72):581-591.

[64]CAMPELO F, GUIMARAES F G. A modified immune network algorithm for multimodal electromagnetic problems[J]. IEEE Transactions on Magnetics, 2006, 42(4): 1111-1114.

[65]LEANDRO N D C, FERNANDO J V Z. Immune and neural network models: Theoretical and empiricial comparisons[J]. International Journal of Computational Intelligence and Applications, 2001, 3(1): 239-257.

[66]TAN K C. An evolutionary artificial immune system for multi-objective optimization[J]. European Journal of Operational Research, 2008(187): 371- 392.

[67] LEANDRO N D C, FEMAMDRO J V. Learning and optimization using the clonal selecting principle[J]. IEEE Transactions on Evolutionary Computation, 2002, 6(3): 239-251.

[68]朱庆保,张玉兰. 基于栅格法的机器人路径规划蚁群算法[J]. 机器人,2005,27(2):

133-136.

[69]毛琳波,刘士荣,俞金寿. 移动机器人路径规划的一种改进蚁群算法[J]. 华东理工大学学报:自然科学版,2006(8):997-1001.

[70]MORAVEC H, ELFES A. High resolution maps from wide angle sonar [C]. St. Louis: IEEE International Conference on Robotics and Automation, 1985.

[71] 柳长安. 无人机航路规划方法研究[D]. 西安: 西北工业大学, 2004.